高效毁伤系统关键技术丛书

THE THEORY AND APPLICATIONS OF
EXPLOSIVE DETONATION

炸药爆炸理论及应用

朱建生　陈　栋　陈　凯　孙姗姗●主编

北京理工大学出版社
BEIJING INSTITUTE OF TECHNOLOGY PRESS

版权专有　侵权必究

图书在版编目（CIP）数据

炸药爆炸理论及应用 / 朱建生等主编． －－北京：北京理工大学出版社，2023.3
ISBN 978 － 7 － 5763 － 2450 － 1

Ⅰ．①炸…　Ⅱ．①朱…　Ⅲ．①炸药－爆炸－研究　Ⅳ．①TQ560.1

中国国家版本馆 CIP 数据核字（2023）第 103333 号

| 责任编辑：李颖颖 | 文案编辑：李丁一 |
| 责任校对：周瑞红 | 责任印制：李志强 |

出版发行 / 北京理工大学出版社有限责任公司
社　　址 / 北京市丰台区四合庄路 6 号
邮　　编 / 100070
电　　话 / （010）68944439（学术售后服务热线）
网　　址 / http：//www.bitpress.com.cn

版 印 次 / 2023 年 3 月第 1 版第 1 次印刷
印　　刷 / 三河市华骏印务包装有限公司
开　　本 / 710 mm × 1000 mm　1/16
印　　张 / 20.25
字　　数 / 375 千字
定　　价 / 98.00 元

图书出现印装质量问题，请拨打售后服务热线，负责调换

前　言

炸药爆炸理论是兵器类专业中弹药工程与爆炸技术专业及特种能源技术与工程专业一门重要的专业课，是研究炸药的热化学、起爆、爆轰以及炸药对外作用与效应的一门课程，是相关专业的教师和学生进一步学习其他专业课及相关知识的理论基础。

本书内容偏重于炸药爆炸理论的基本概念、基本理论，包括爆炸与炸药的概念、炸药的爆炸热化学特性、炸药的安定性和相容性特点、炸药的起爆和爆轰理论、爆轰产物的飞散与抛射机制、炸药在介质中的爆炸作用和炸药爆炸的军事应用等。通过本书的学习，可使读者掌握必要的炸药爆炸基础理论知识，了解炸药的物化性质和爆炸性质的关系，了解炸药在使用、储存过程中的安全性以及炸药在军事领域的典型应用；根据不同需要，设计、选择炸药品种和装药条件，合理地使用炸药，最大限度地发挥其效能。

本书在编写过程中，参考了北京理工大学、南京理工大学、中北大学、安徽理工大学、陆军工程大学等院校的相关教材与讲义，对此一并表示感谢。

由于编者水平有限，加之时间仓促，不当之处恳请批评指正。

编　者

2022 年 9 月

目 录

第一章　炸药、爆炸的基本概念 ··· 001
　　第一节　爆炸的现象及其分类 ··· 002
　　第二节　炸药的一般概念 ··· 005
　　第三节　炸药的发展史 ··· 013

第二章　炸药爆炸的热化学 ··· 015
　　第一节　炸药的氧平衡 ··· 016
　　第二节　炸药爆炸的反应方程式 ······································· 020
　　第三节　炸药的爆热 ··· 025
　　第四节　炸药的爆温 ··· 038
　　第五节　炸药的爆容 ··· 045

第三章　炸药的安定性与相容性 ··· 047
　　第一节　炸药的安定性 ··· 048
　　第二节　炸药的热分解 ··· 049
　　第三节　炸药热分解的研究方法 ······································· 055
　　第四节　炸药的热安定性理论和安全贮存期 ····························· 065
　　第五节　炸药的相容性 ··· 068

第四章　炸药的起爆理论 ……………………………………………… 071

　　第一节　炸药的起爆 …………………………………………………… 072
　　第二节　炸药的起爆机理 ……………………………………………… 075
　　第三节　炸药的感度 …………………………………………………… 094
　　第四节　炸药钝感与敏化 ……………………………………………… 112

第五章　炸药的爆轰理论 ……………………………………………… 115

　　第一节　冲击波基础知识 ……………………………………………… 117
　　第二节　爆轰理论的形成与发展 ……………………………………… 123
　　第三节　炸药的 C－J 爆轰理论 ………………………………………… 124
　　第四节　炸药的 ZND 爆轰模型 ………………………………………… 129
　　第五节　凝聚相炸药的爆轰 …………………………………………… 132
　　第六节　非理想爆轰现象 ……………………………………………… 143

第六章　爆轰产物的飞散与抛射作用 ………………………………… 149

　　第一节　爆轰产物向真空的一维飞散 ………………………………… 150
　　第二节　爆轰波在刚性壁面的反射 …………………………………… 160
　　第三节　接触爆炸对刚体的一维抛射 ………………………………… 168
　　第四节　瞬时爆轰假设 ………………………………………………… 175
　　第五节　有效装药 ……………………………………………………… 179

第七章　炸药的空中爆炸理论 ………………………………………… 185

　　第一节　装药在空气中爆炸的基本知识 ……………………………… 187
　　第二节　爆炸相似律 …………………………………………………… 192
　　第三节　TNT 装药在空气中爆炸的参量计算式 ……………………… 195
　　第四节　炸药在空气中爆炸的 TNT 当量 ……………………………… 204
　　第五节　爆炸空气冲击波在刚性壁面上的反射 ……………………… 206
　　第六节　空气冲击波与有限尺寸刚性壁的相互作用 ………………… 221
　　第七节　装药在空气中爆炸对目标的破坏作用 ……………………… 223

第八章　炸药在密实介质中的爆炸作用 ……………………………… 231

　　第一节　装药在岩土介质中的爆炸作用 ……………………………… 232
　　第二节　装药在水介质中的爆炸作用 ………………………………… 244

第九章　炸药爆炸的军事应用 …………………………………………… 261

　　第一节　杀伤爆破弹 ……………………………………………… 263
　　第二节　聚能战斗部 ……………………………………………… 272
　　第三节　燃料空气弹药 …………………………………………… 288
　　第四节　炸药应用发展展望 ……………………………………… 296

参考文献 ……………………………………………………………………… 302
索　引 ………………………………………………………………………… 303

第一章

炸药、爆炸的基本概念

第一节　爆炸的现象及其分类

一、爆炸的定义

爆炸是一个急剧的物理或化学变化过程。在爆炸过程中，爆源在有限的体积内，发生物质能量形式的快速转变和物质体积的急剧膨胀并对外做功，伴有强烈的机械、热、声、光、辐射等效应。爆炸最重要的一个特征，就是爆炸点周围的压力发生剧烈的突跃变化。

二、爆炸现象的类型

按照在爆炸过程发生反应的性质，爆炸通常分为以下三类：

（一）物理爆炸

凡是物质的形态发生变化，而化学成分没有改变的爆炸，都称为物理爆炸。例如闪电，它是一种强力的火花放电，在放电处达到极其巨大的能量密度和极高的温度（数万摄氏度），同时导致放电区域空气压力急剧上升，产生爆炸。再如轮胎、蒸汽锅炉或高压气瓶的爆炸及地震、火山爆发等现象，因能量急剧变化是由物理变化引起的，故都称为物理爆炸。但在物理爆炸的过程中，也不排除局部或细节上发生化学变化。

（二）化学爆炸

化学爆炸是指由物质的化学变化或快速化学反应引起的爆炸。在化学爆炸过程中，物质的形态和化学成分都发生变化。如悬浮于空气中的细煤粉爆炸，甲烷、乙炔等可燃气体与空气形成的混合气体的爆炸，以及炸药爆炸等，都属于化学爆炸。本书中后续涉及的爆炸，如不特别说明，均指化学爆炸。

（三）核爆炸

由核裂变（如 U235 的裂变）或聚变（如氘、氚、锂的聚变）反应释放出的核能形成的爆炸，称为核爆炸。如原子弹和氢弹的爆炸等。核爆炸在释放能量和爆炸速度上远大于上述两类爆炸，例如，5 kg 铀全部裂变仅需 0.58 μs，释放能量 1 亿 kW，相当于 10 万吨 TNT 炸药爆炸的能量。而密度为 1.6 g/cm^3 的 10 万吨 TNT 球形装药，装药半径为 77.7 m，若爆轰速度为 7 000 m/s，球中心起爆，则爆轰完毕需要 11 ms。核爆炸在释放能量的量和速率方面比普通的炸药爆炸要强得多，所以核爆炸比炸药爆炸具有更大的破坏力。核爆炸除了产生冲击波作用外，还产生很强的光、热辐射及各种粒子辐射。

三、化学爆炸的基本特征

炸药的爆炸是一个化学变化过程，其变化过程的放热性、快速性及生成气体产物是任何一个化学反应成为爆炸性反应必须具备的三个条件。这三个特征称为炸药爆炸的三要素或三个基本特征，它是衡量一个化学反应是否形成爆炸性反应的标准。

（一）反应过程的放热性

反应的放热性是爆炸反应所具备的第一个必要条件，有此条件，化学反应才能自行传播，而不需外界能源来维持反应的进行。例如草酸盐的分解反应：

$$\left. \begin{array}{l} \text{ZnC}_2\text{O}_4 \longrightarrow 2\text{CO}_2 \ + \ \text{Zn} - 21 \text{ kJ/mol} \\ \text{草酸锌}\quad\text{二氧化碳}\quad\text{锌} \end{array} \right\} \text{不爆炸}$$

$$\left. \begin{array}{l} \text{PbC}_2\text{O}_4 \longrightarrow 2\text{CO}_2 \ + \ \text{Pb} - 70 \text{ kJ/mol} \\ \text{草酸铅}\quad\text{二氧化碳}\quad\text{铅} \\ \text{HgC}_2\text{O}_4 \longrightarrow 2\text{CO}_2 \ + \ \text{Hg} + 72 \text{ kJ/mol} \\ \text{草酸汞}\quad\text{二氧化碳}\quad\text{汞} \\ \text{Ag}_2\text{C}_2\text{O}_4 \longrightarrow 2\text{CO}_2 \ + \ 2\text{Ag} + 123 \text{ kJ/mol} \\ \text{草酸银}\quad\text{二氧化碳}\quad\text{银} \end{array} \right\} \text{爆炸}$$

上述反应表明，虽然都是草酸盐，但它们在分解时的热效应不同，在是否形成爆炸方面也出现了不同结果。一般来讲，凡是吸热的，都不能引起爆炸，只有放热的才能形成爆炸。因此，一个反应是否具有爆炸性，与反应过程能否放出热量密切相关。

（二）反应过程的快速性

反应过程的快速性也是爆炸变化的必要条件，它是区别于一般化学反应的最重要标志。爆炸反应具有极高的反应速度，在极短的时间内（$10^{-5} \sim 10^{-6}$ s）反应结束，达到很高的能量密度。就单位质量物质的放热性而言，炸药往往比不上普通燃料。但是普通燃料的燃烧一般不具有爆炸特征，而炸药的反应却具有爆炸特征，这是由炸药反应的快速性决定的。例如，1 kg 汽油在发动机中燃烧的时间为 5～6 min，而 1 kg 炸药的爆炸在百分之几到万分之几秒的时间内即能完成，炸药的爆炸要比燃料的燃烧快千百万倍。由于爆炸反应的快速性，可以认为，炸药在反应过程中来不及膨胀，反应放出的能量集中在原来炸药所占有的空间内，维持很高的能量密度并形成了高温高压的气体。正是爆炸反应的快速性这一特点，使炸药的爆炸具有巨大的功率和强烈的破坏作用。对三种化学反应体系的对比见表 1-1，从中也可以看出，反应过程的快速性正是爆炸反应区别于其他反应形式的显著特征。

表 1-1 三种化学反应体系的比较

特征	燃料燃烧	火药燃烧	炸药爆炸
物质	煤-空气	火药	炸药
线性速度/(m·s^{-1})	10^{-6}	$10^{-3} \sim 10^{-2}$	$(2 \sim 9) \times 10^3$
反应类型	氧化-还原	氧化-还原	氧化-还原
反应时间/s	10^{-1}	10^{-3}	10^{-6}
反应速度控制因素	热传递	热传递	冲击波传递
能量输出/(kJ·kg^{-1})	10^4	10^3	10^3
功率输出/(W·cm^{-3})	10	10^3	10^9
引发反应模式	热	热质点和气体	高温、高压冲击波
反应建立的压力/MPa	0.07～0.7	0.7～700	$(10 \sim 40) \times 10^3$

（三）生成气体产物

炸药在爆炸时对周围介质做功是通过高温高压气体的迅速膨胀实现的。1 kg 梯恩梯（TNT）炸药爆炸时，能产生 1 180 L 气态产物。由于反应过程的放热性及快速性，气体产物被压缩在近似于原有的空间体积内，形成高温（数千摄氏度）和高压（数万兆帕）气体对外界进行膨胀做功。

有些物质反应的放热性大于一般炸药，反应的速度也很快，但不能生成大量的气体，自身把热转化为功，所以不具有爆炸性，如铅热剂反应：

$$2Al + Fe_2O_3 = Al_2O_3 + 2Fe + 828 \text{ kJ/mol}$$

该反应产生的热量足以把反应产物加热到 3 000 ℃，并且反应速度也很快。但是产物在 3 000 ℃下仍处于液态，没有气体生成，因而不产生爆炸。

某些特殊情况，如研细的大量铝热剂在空气中燃烧时，由于粉末铝热剂内有空气，受热时膨胀也会发生弱爆炸。但是这种爆炸是由受热膨胀造成的，不是铝热剂本身发生的化学反应造成的。爆鸣气的反应虽然体积不增加，但也会发生爆炸：$2H_2 + O_2 \rightarrow 2H_2O + 483.67 \text{ kJ}$（体积减小），虽然总的体积减小，但反应放出的热使得产物体积急剧膨胀而发生爆炸。

总之，反应的放热性、快速性和生成气体产物对炸药的爆炸过程起着决定性作用，是构成一般意义上炸药爆炸的三个基本要素。放热性给爆炸变化提供了能量，而快速性则是使有限的能量集中在较小容积内的必要条件，反应生成的气体则是能量转换的工作介质。同时，这三个条件又是互相联系与共存的。放热促使炸药和反应产物温度升高，因而反应速度增加，放热速率更快，产物温度急剧升高，结果使更多的产物处于气态。

炸药爆炸的三要素与炸药爆炸做功能力密切相关，对不同的炸药，放热量的多少、反应速度的快慢及生成气体的量是不同的，因而在爆炸性能上存在着差异。由此，炸药的爆炸现象可以定义为一种高速进行的能自动传播的化学反应过程，在此过程中放出大量的热并生成大量的气体产物。

第二节　炸药的一般概念

一、炸药的定义

炸药是一种能在外部激发能作用下，不需要外界物质的参与便能发生化学爆炸并对周围介质做功的化合物或混合物。

炸药除能发生爆炸反应外，还存在其他如燃烧、分解等形式的反应，因此，对炸药的利用也存在多种方式，炸药的概念也存在狭义与广义之分。狭义上的炸药通常只指爆炸做功的主要装药，包括猛炸药和起爆药，主要化学变化形式为爆轰或者说主要利用其爆轰性能。从广义上讲，火药、烟火剂也属于炸药的范畴，但主要利用的是其燃烧性能。

二、炸药的基本特征

（一）高体积能量密度

炸药具有单位体积释放能量高的特点。从表1-2中所列数据可以看出，虽然炸药的单位质量含能量不及普通的燃烧混合物，但单位体积能量指标则明显高出很多。其中，1 kg 汽油或碳与氧的混合物（按化学当量比计）释放的热量是 1 kg 密度为 1.6 g/cm³ 的 TNT 爆热的 1.9 倍或 2.14 倍。但 1 L 密度为 1.6 g/cm³ 的 TNT 的爆热是 1 L 汽油或碳与氧混合物（按化学当量比计）燃烧时放热的 341 倍或 380 倍。

表1-2 炸药和燃料混合物的含能量（燃烧或爆炸放出的热量）

物质名称	单位质量含能量/（kJ·kg^{-1}）	单位体积含能量/（kJ·L^{-1}）
汽油和氧气化学计量混合物	7 950	19.6
碳和氧气的化学计量混合物	8 943	17.6
氢气和氧气的混合物	13 433	7.2
黑火药（密度为1.2 g/cm³）	2 782	3 384
梯恩梯（密度为1.6 g/cm³）	4 180	6 688
硝化甘油（密度为1.6 g/cm³）	6 280	10 048
硝化棉（密度为1.3 g/cm³）	4 289	5 575

常用炸药的密度与其定容爆热的乘积来表示炸药的体积能量密度。

（二）自行活化

炸药在外部激发能作用下发生爆炸后，在没有外界补充任何条件和没有外来物质参与的情况下，爆炸反应能以极快的速度自行进行，直至反应完毕。

几种炸药的爆热和分解活化能见表1-3。仅从二者的数值关系上，可以认为，1 mol TNT 的爆热可活化 4.6 mol 的 TNT，爆炸释放的爆热足以提供爆炸反应所需要的活化能，因而炸药的爆炸变化可以自行活化，自动传播。

表 1-3 炸药的爆热、活化能及其比值

炸药	$Q_V/(\text{kJ}\cdot\text{mol}^{-1})$	$E/(\text{kJ}\cdot\text{mol}^{-1})$（分解活化能）	Q_V/E
TNT	1 093	223.8	4.6
PETN	1 944	163.2	11.9
RDX	1 404	213.4	6.6
HMX	1 832	220.5	8.3

（三）亚稳态

炸药是危险品，不安全，但具有足够的稳定性。从热分解角度来看，除了起爆药外，大部分猛炸药的热分解速率低于某些化学肥料及农药。因此，在很多情况下炸药不是一触即发的危险品。要想使炸药发生爆炸，必须给予一定外界能量刺激。有实用价值的炸药必须具有足够的稳定性，能够承受相当强度的外界作用而不发生爆炸。近代战争要求炸药具有低的敏感性、高的安全性。某些工业炸药（爆破剂）的敏感度很低，不能被一只工程雷管直接引爆，还得借助于猛炸药，所用起爆的药量达到百克级别。某些具有爆炸性但很不稳定的物质没有应用价值，过于钝感或者过于敏感的物质都不适合作为炸药。

（四）自供氧

炸药的燃烧和爆轰是分子或组成内组分之间的化学反应，不需要外界供给氧。因此，当炸药着火时，隔氧法灭火不但不起作用，而且可能造成燃烧转爆轰，导致更为严重的后果。

三、炸药的爆炸性基团

炸药的爆炸性通常是其分子结构中存在特定的爆炸性基团所致。这些爆炸性基团有以下几种。

（一）C≡C 基团

化合物：乙炔及其衍生物，如 Ag—C≡C—Ag。

（二）N≡C 基团

化合物：雷酸及其盐类、氰化物，如雷酸汞（$Hg(ONC)_2$，图 1-1）。

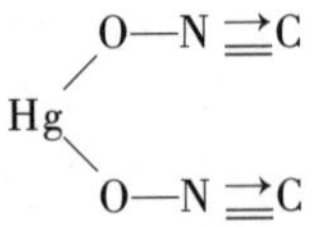

图 1-1 雷酸汞分子式

（三）N ═N、N≡N 基团

化合物：重氮、叠氮化合物，如二硝基重氮酚（图 1-2）、四氮烯、叠氮化铅（图 1-3）。

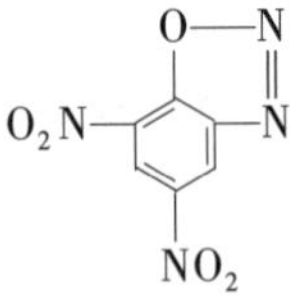

图 1-2 二硝基重氮酚

N≡N—N—Pb—N—N≡N

图 1-3 叠氮化铅

（四）ClO_3、ClO_4、NO_3 基团

化合物：卤酸盐、高卤酸盐、硝酸盐，如高氯酸铵、硝酸铵、氯酸钾。

（五）C—NO_2、N—NO_2、O—NO_2 基团

化合物：硝基化合物、硝胺、硝酸酯，如图 1-4 ~ 图 1-6 所示。

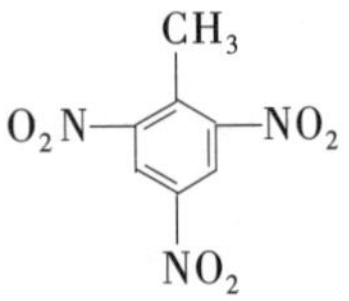

图 1-4 TNT

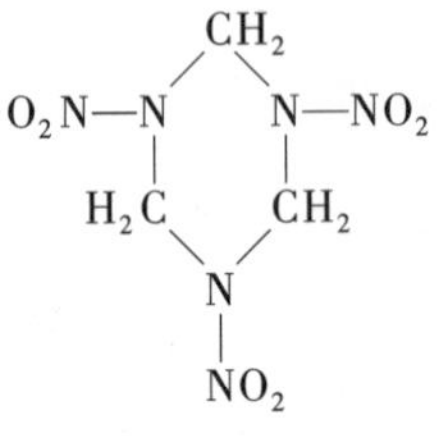

图 1-5 RDX

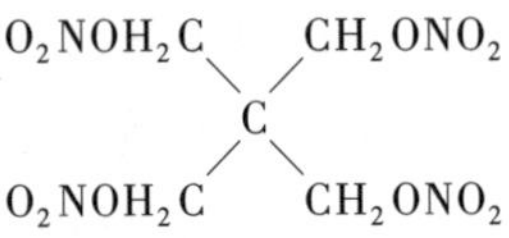

图 1-6 PETN

（六）—O—O—或—O—O—O—等其他特殊基团

如过氧化三环酮［$((CH_3)_2$—$COO)_3$，TATP］，如图 1-7 所示。

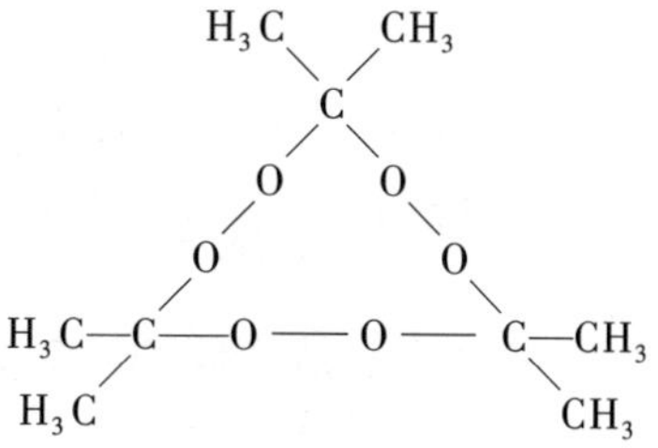

图 1-7　TATP 分子式

四、炸药的化学变化形式

随着反应方式和环境条件的不同，炸药的化学变化有热分解、燃烧和爆轰三种基本形式。

（一）热分解

炸药的热分解是一种缓慢的化学变化，其特点是：分解反应在整个炸药内部进行，反应速度主要取决于环境温度，基本服从阿累尼乌斯定律。

（二）燃烧

炸药的燃烧是一种较快速的化学反应，其特点是：化学反应不是在整个炸药体积内进行，而是在某一局部如反应阵面或者说反应区发生化学反应，以波的形式在炸药中传播。

炸药的燃烧和一般燃料的燃烧不同，炸药本身既含有氧化剂又含有可燃剂，不需要外界氧（空气）就可以发生燃烧。燃烧速度，即反应阵面沿炸药表面法线方向传播的速度，与外界压力关系密切。压力升高，燃烧速度显著增加，一般情况下炸药燃烧的速度在每秒几毫米到数百米，低于炸药中的声速。少量的炸药铺成薄层在空气中可以发生比较缓慢的燃烧，并不伴随着声响和压力升高效应，但在有限的容积中（例如在枪弹或炮弹药筒内）燃烧时，燃烧十分迅速，压力升高，具有明显的声响效应，并能做机械功。

（三）爆轰

炸药的爆轰是在一定条件下，以其最大速度传播的爆炸变化。从广义上看，爆轰也是一种燃烧，爆轰速度就是爆轰反应区或反应阵面沿炸药表面法向线方向传播的速度。但爆轰的传播速度超过炸药中的声速，一般可达每秒数千米至近万米。爆轰速度受环境条件影响很小。爆炸点附近的压力急剧升高，不论是在敞开体系还是在密闭容器中，爆炸产物都会急剧冲击周围介质，从而导致附近物体的碎裂和变形。

燃烧和爆轰的传播机制是不同的。燃烧是靠热的传导、扩散和辐射引起下一层炸药发生燃烧；而爆轰则是通过冲击波的绝热压缩引起高速化学反应，从而造成下一层炸药的爆轰。

燃烧和爆轰是炸药的两个典型而迥然不同的化学变化过程，燃烧与爆轰的区别见表1-4。

表1-4　燃烧与爆轰的区别

区别的因素	燃烧	爆轰
• 燃速或爆速	受外界因素如压力影响大	受外界因素影响小
• 传播机理或者引起化学反应的机制	热传导、热辐射及产物扩散	冲击波绝热压缩
• 产物质点运动方向	与燃烧波传播相反	与爆轰波传播一致（固体）
• 反应的放热区	凝聚炸药主要集中在气相区	在凝聚相区
• 波阵面运动速度或者燃烧或爆轰的传播速度	相对于波前介质是亚声速的	相对于波前介质是超声速的
• 反应产物最初的密度	比原始物低	比原始物高

炸药化学变化的三种基本形式在性质上各不相同，但它们之间存在着紧密的联系。炸药的热分解在一定条件下可以转换为燃烧，而燃烧在一定条件下也可以过渡成爆轰。在不利条件下，炸药的爆轰也可以转变成燃烧和热分解。热分解、燃烧和爆轰可以发生转换：

$$热分解 \underset{燃烧熄灭}{\overset{放热量>散热量}{\rightleftharpoons}} 燃烧 \underset{熄爆}{\overset{燃速加快}{\rightleftharpoons}} 爆轰$$

实际应用中，人们总是利用炸药的爆轰或者燃烧，一般不希望炸药发生明显的热分解。有些实际应用如采用燃烧法销毁炸药时，只希望炸药平稳地燃烧，而不希望发生爆轰或不稳定的燃烧；有些实际应用如工程爆破，总希望炸药发生稳定爆轰，而不希望其燃烧。

爆轰与爆炸在概念上既有联系又有区别。二者的联系在于都是快速的变化过程，都具有爆炸特征。其主要区别见表1-5。

表1-5　爆轰与爆炸的区别

区别因素	爆炸	爆轰（有时称爆震）
• 概念的广延性	广义，如物理爆炸、核爆炸等	比较狭义，仅仅是指化学爆炸
• 传播速度	迅速燃烧（deflagration）往往是不稳定的	有稳定爆轰和不稳定爆轰，不稳定爆轰往往称为爆炸

五、炸药的分类

（一）按组成成分

按照组成成分的特点，炸药通常分为单质炸药（单一化合物）和混合炸药两大类。单质炸药为单一的爆炸化合物，在爆炸化合物分子内含氧化性基团和可燃元素，氧化反应发生在分子内不同基团间，因此又称为分子内炸药。混合炸药则包含两种类型：一类是氧化性基团和可燃元素，分别存在于不同的物质当中，其氧化反应发生在不同的分子之间的炸药，故又称为分子间炸药；另一类是分子内炸药或分子间炸药与其他物质的混合物。

（二）按用途

按用途可以将炸药分为四大类，即起爆药、猛炸药、火药和烟火剂。

1. 起爆药

起爆药对外界作用十分敏感，即轻微的外界刺激（如机械、热、火焰）就能引发爆炸变化，并在极短的时间内由燃烧转变为爆轰，主要用于装填雷管或其他起爆装置。起爆药由点火到稳定爆轰在毫米量级的距离即可完成。起爆药对机械作用比较敏感，但将其装在一个金属壳体内却相当安全。常见的起爆药有叠氮化铅 [$Pb(N_3)_2$]、雷汞 [$Hg(ONC)_2$]、三硝基间苯二酚铅 [$C_6H(NO)_3O_2Pb$] 和二硝基重氮酚 [$C_6H_2(NO_2)_2ON_2$] 等。

起爆药用来引起其他炸药发生爆炸变化，在工程上和军事上用其装填各种起爆器材和点火装置，例如工程雷管、火帽（用于起爆猛炸药、点燃火药）等。

起爆药在一个爆炸装置中最先发生爆炸，因而也称为初级炸药、主发炸药或第一炸药。

2. 猛炸药

猛炸药是主要的爆炸做功装药，主要利用其爆轰性能。猛炸药又有军用和民用之分。和起爆药相比，猛炸药对外界的作用比较钝感，需要较大的外界能量作用才能发生爆炸，因而猛炸药也称为次发炸药、高级炸药或第二炸药。例如 TNT、RDX、硝化甘油、B 炸药和民用工业用的乳化炸药等。

3. 火药

火药在没有外界助燃剂（如氧）作用下，能进行有规律的快速燃烧，用作抛掷、发射、推进等。虽然火药也可以爆轰，但实际中主要利用其燃烧性能，例如枪弹、炮弹的发射药，火箭、导弹的推进剂等。

黑火药或有烟火药是我国古代四大发明之一，现在仍被广泛使用，用于制造导火索、点火药、传火药等。除了黑火药外，常用的火药或发射药使用最多的是由硝化棉、硝化甘油为主要成分，外加部分添加剂胶化而成的无烟火药。

单基火药又称硝化棉火药，主要成分为硝化棉（硝化纤维）（NC），NC含量为95%。

双基火药又称硝化甘油火药，其主要成分为硝化棉（NC）和硝化甘油（NG）或其他活性硝酸酯（硝化乙二醇）。

高聚物复合火药用于火箭的发射装药，又称固体推进剂。其以高分子化合物、金属粉（铝粉）等为可燃剂，固体氯酸盐（如高氯酸铵）等为主要氧化剂成分。

4. 烟火剂（烟火药）

烟火剂在隔绝外界氧的条件下能燃烧，并产生光、热、烟等效应。其主要成分为氧化剂、可燃剂、黏结剂和其他附加物。烟火剂用于制造焰火、爆竹等，军事上用于制造照明剂、燃烧剂、信号弹、曳光剂、有色发烟剂等，也用于装填特种弹药，产生特定的烟火效应，例如安全气囊、照明弹、烟幕弹等。烟火剂也可以发生爆炸，但是实际应用中只希望其发生燃烧。

（三）按物理形态

按物理形态的不同，炸药可以分为固体炸药、液体炸药、浆状炸药和燃料空气炸药等。固体炸药应用最广泛，如黑火药、硝酸铵、TNT等。液体炸药有液氧炸药、硝化甘油、硝基苯炸药等。浆状炸药是一种处于固液两相之间的多相混合炸药。燃料空气炸药则可以看成固气或液气两相混合的炸药。

（四）按应用领域

按应用领域的不同，炸药主要分为军用炸药和工业炸药两大类。军用炸药主要以中高能量的有机炸药为主，如TNT、RDX、HMX等；工业炸药则以中低能量的无机炸药为主，如硝酸铵类炸药。

第三节 炸药的发展史

一、黑火药时代

黑火药是现代火炸药的始祖。据记载，在公元 808 年已经出现明确的黑火药配方。

我国宋代已经开始将黑火药应用在军事领域。宋真宗在开封创立了我国第一个炸药厂——"广备攻城作"。宋军使用的霹雳炮、火枪和火箭等武器都应用了黑火药。

"长竹竿火枪"（1132）、"突火枪"（1259）是我国近代枪炮的雏形。"铜铸火铳"（1332）是已经发现的世界上出现最早的铜炮。

黑火药在 13 世纪传入欧洲，用于装填枪弹及炮弹。

1866 年，诺贝尔合成了代那迈特炸药，正式宣告了黑火药时代的结束。

1885 年，法国人 E. 特平首次用 PA 铸装炮弹，结束了黑火药作为弹体装药的时代。

二、近代炸药的兴起与发展

1799 年，霍华德发明了雷汞的合成方法；1802 年，布鲁格纳梯利发明了雷酸银的合成方法。这两个发明分别使他们成为这一时期火炸药技术发展的先驱。

1833 年合成硝化淀粉，1834 年合成硝基苯和硝基甲苯，共同开创了合成炸药的先河。

1843 年合成 PA，但是到 1885 年才首次用于铸装炮弹。

1846 年合成 NG。1866 年诺贝尔用硝化甘油合成了代那迈特炸药，这是第一个实用的炸药。同年出现了硝铵炸药的专利。

1863 年德国人合成 TNT，1891 年实现工业化生产，1902 年才用于装填炮弹取代 PA。

1877 年合成 CE，1894 年合成 PETN，1899 年合成 RDX，1941 年合成 HMX。至此，当代使用的单体炸药全部形成。

军用混合炸药发展：第一次世界大战前以 PA 为基的混合炸药为主；第一次世界大战中以含 TNT 的混合炸药为主；第二次世界大战中则广泛使用 CE、

PETN、RDX 与 TNT 的混合炸药。在此期间，美军形成了 A、B、C 三大系列混合炸药。

三、炸药发展的新时期

第二次世界大战后，HMX 得到实用化，典型的应用是 OCTOL 和以 HMX 为基的多聚物黏结炸药。以 RDX、HMX 为基的多聚物黏结炸药得到重点发展，美军形成了 PBX、LX、PBXN 系列。

20 世纪 60 年代合成了 HNS 和 TACOT，结合 70 年代对 TATB 的研究，开创了军用混合炸药中低易损性炸药的研究方向。

60 年代，我国合成了六硝基苯、四硝基甘尿素等几种高能量密度的炸药，开创了我国高能量密度炸药合成的先河。

1987 年，美国合成了 HNIW。与 HMX 相比，HNIW 的密度高出 8%、爆速高出 6%、爆压高出 8%、能量密度高出 10%，使高能量密度化合物的合成获得突破。

在 20 世纪 90 年代，炸药的发展着重于其钝感化研究，形成了 RX 系列的多聚物黏结炸药。但 RX 系列的多聚物黏结炸药太敏感，离战术实用化尚有距离。

第二章

炸药爆炸的热化学

前面已经提到反应的放热性、快速性和生成气态产物是炸药爆炸的三个基本特征，那么炸药爆炸过程中释放的热量和生成气态产物的体积与温度等热力学指标，可以用来作为评价炸药爆炸性能和对外做功能力的重要依据。本章将介绍炸药爆炸过程的热化学问题，介绍高温高压下炸药爆炸反应产物的组成和相关参数的计算方法。

第一节 炸药的氧平衡

一、炸药的组成

炸药一般都是有机物,多数由 C、H、O、N 四种基本元素组成,其中 C、H 是可燃元素,O 是助燃元素,N 是载氧体。某些炸药还含有 Cl、F、S 及其盐类。含 C、H、O、N 四种元素的炸药可以用通式 $C_aH_bO_cN_d$ 表示。

计算氧平衡时,单质炸药采用 1 mol 炸药的质量 M_r(单位:g)计算,混合炸药采用 1 kg 炸药的质量 1 000(单位:g)计算。

二、氧含量对爆炸产物的影响

(1) 若炸药内含有足够的氧量,按理想的氧化反应,生成的产物应该为 H_2O、CO_2、其他元素的高级氧化物和多余的游离氧。

(2) 若炸药内含有的氧量不足,除了生成 H_2O、CO_2、N_2 以外,还会生成 H_2、CO、C 和其他氧化不完全的产物。

理想的爆炸反应放热量最大,生成产物最稳定。

三、氧平衡

（一）氧平衡的定义和表示方法

氧平衡是指炸药中所含的氧将炸药中所含的可燃元素完全氧化后，所富余或不足的氧量。

氧平衡用每克炸药中富余或不足的氧量的克数或百分数来表示。

（二）氧平衡的计算方法

（1）通式为 $C_aH_bO_cN_d$ 的单质炸药：

$$OB = \frac{[c - (2a + 0.5b)] \times 16}{M} \quad (2-1)$$

（2）对于混合炸药：

$$OB = OB_1 \times m_1 + OB_2 \times m_2 + \cdots + OB_n \times m_n \quad (2-2)$$

（三）氧平衡的计算实例

例 2-1 计算 NG 的氧平衡（NG 的通式为 $C_3H_5O_9N_3$）：

$$a = 3, b = 5, c = 9, M = 227$$

$$OB = \frac{[9 - (2 \times 3 + 0.5 \times 5)] \times 16}{227} = 0.035 \text{ g/g 或 } 3.5\%$$

例 2-2 计算 NH_4NO_3 的氧平衡：

$$OB = \frac{[c - (2a + 0.5b)] \times 16}{M}$$

$$= \frac{[3 - (0 + 4/2)] \times 16}{80} = 0.2$$

例 2-3 计算 2 号岩石铵梯炸药的氧平衡。配方为 NH_4NO_3 85%、TNT（$C_7H_5O_6N_3$）11%、木粉（$C_{15}H_{22}O_{10}$）4%。

计算得各组分的氧平衡：NH_4NO_3 为 0.2，TNT 为 -0.74，木粉为 -1.37。由混合炸药氧平衡计算式可得：$OB = 0.85 \times 0.2 - 0.74 \times 0.11 - 1.37 \times 0.04 = 0.0338$。

（四）氧平衡的分类

1. 零氧平衡，OB = 0

理想反应条件下，能放出最大热量，不会生成有毒气体。

2. 正氧平衡，OB > 0

多余的氧与游离的氮结合，产生吸热反应，生成有毒性且对瓦斯和煤尘爆炸有催化作用的氮氧化合物。

3. 负氧平衡，OB < 0

炸药中的可燃元素不能得到充分的利用，产物中含有 H_2、CO（有毒性），甚至出现固体碳。

按照氧平衡的定义，只要知道物质的化学式，就能够计算它的氧平衡。某些炸药和物质的氧平衡数值见表 2-1。

表 2-1 部分炸药和物质的氧平衡值

名称（代号）	分子式	相对分子质量 M_r	氧平衡 OB/ $(g \cdot g^{-1})$
梯恩梯（TNT）	$C_6H_2(NO_2)_3CH_3$	227	-0.740
黑索今（RDX）	$(CH_2N-NO_2)_3$	222	-0.216
奥克托今（HMX）	$(CH_2N-NO_2)_4$	296	-0.216
特屈儿（Te）	$C_6H_2(NO_2)_4NCH_3$	287	-0.474
硝化甘油（NG）	$C_3H_5(ONO_2)_3$	227	+0.035
硝化乙二醇（NGC）	$C_2H_4(ONO_2)_2$	152	0.000
太安（PETN）	$C_5H_8(ONO_2)_4$	316	-0.101
二硝基甲苯（DNT）	$C_6H_3(NO_2)_2CH_3$	182	-1.144
二硝基萘（DNN）	$C_{10}H_6(NO_2)_2$	218	-1.395
硝化棉（12.2% N）（NC）	$C_{22.5}H_{28.8}O_{36.1}N_{8.7}$	998.2	-0.369
四硝基甲烷（TNM）	$C(NO_2)_4$	196	+0.490
硝基胍（NQ）	$CN_4H_4O_2$	104.1	-0.308
硝基甲烷（NM）	CH_3NO_2	61	-0.395
硝酸肼（HM）	$N_2H_5NO_3$	95	+0.084
硝酸铵（AN）	NH_4NO_3	80	+0.200
硝酸钠（SN）	$NaNO_3$	85	+0.470
硝酸钾	KNO_3	101	+0.396
硝酸钙	$Ca(NO_3)_2$	164	+0.488
高氯酸铵	NH_4ClO_4	117.5	+0.340
高氯酸钾	$KClO_4$	138.5	+0.462

续表

名称（代号）	分子式	相对分子质量 M_r	氧平衡 OB/ $(g \cdot g^{-1})$
高氯酸钠	$NaClO_4$	122.5	+0.523
氯酸钾	$KClO_3$	122.5	+0.392
铝粉	Al	27	-0.890
木粉	$C_{15}H_{22}O_{10}$	362	-1.370
石蜡	$C_{18}H_{38}$	254.5	-3.460
矿物油	$C_{12}H_{26}$	170.5	-3.460
轻柴油	$C_{16}H_{32}$	224	-3.420
沥青	$C_{10}H_{18}O$	394	-2.760
木炭	C	12	-2.667
凡士林	$C_{18}H_{38}$	254	-3.470
亚硝酸钠	$NaNO_2$	69	+0.348
田菁胶	$C_{3.32}H_{5.9}O_{3.25}N_{0.084}$	100	-1.014
古尔胶（加拿大）	$C_{3.21}H_{6.2}O_{3.38}N_{0.043}$	100	-0.982
硬脂酸	$C_{18}H_{36}O_2$	284.5	-2.925
十二烷基苯磺酸钠	$C_{18}H_{20}SNa$	348	-2.300

四、氧系数

氧系数表示的是炸药分子被氧所饱和的程度。对 $C_aH_bO_cN_d$ 类的炸药，计算式为

$$A = \frac{c}{2a + 0.5b} \times 100\% \qquad (2-3)$$

氧系数是炸药中所含氧量与完全氧化炸药中所含可燃元素所需氧量的百分比，与氧平衡概念一致，都是用来衡量炸药中氧含量与可燃元素含量的相对关系。

（1）若 $A > 1$，为正氧的。
（2）若 $A = 1$，为零氧的。
（3）若 $A < 1$，为负氧的。

炸药的氧平衡、氧系数概念可以扩展到一般物质，如 Al、CH_4 等。一般而言，氧系数的值最小为零，而氧平衡的值可以为负值。如 Al、S、C 的氧系数均为零，但是它们氧平衡的正负性不同。

第二节 炸药爆炸的反应方程式

一、确定爆炸反应方程式的意义

建立炸药爆炸的反应方程式,即确定炸药爆炸反应产物的组成,在理论研究和实际工作中都具有重要的意义,主要体现在以下几个方面:

(1) 炸药爆炸的性能参数:Q_V、T、V_0、p、D 计算的主要依据。

(2) 地下爆破作业的爆炸产物毒性的主要依据。

(3) 防止可燃气尘在环境中产生二次火焰的依据。

(4) 研制炸药、选用炸药以达到最佳使用性能的依据。

但许多因素影响着爆炸产物的组成和数量,主要的影响因素表现在以下几个方面:

(1) 炸药的种类与化学组成。

(2) 炸药的爆炸反应条件,如温度、压力、装药条件、引爆条件和密度等。

(3) 混合炸药的混合均匀性等。

因此,精确地确定爆炸反应方程式或者爆炸产物的组成是极其复杂和困难的,通常有试验确定和理论确定两种途径。

(1) 试验确定。爆炸过程十分迅速,为化学非平衡态,可通过光谱侦测等技术来确定。

(2) 理论确定。爆炸过程为化学非平衡,爆炸参数如 p、T、Q_V 与炸药组成密切相关,都随时间变化,因此,理论确定需要通过若干假定来实现。

二、简化理论确定法

简化理论确定法又称化学平衡法,主要依据化学平衡原理与质量守恒定律,有如下基本假定:

(1) 炸药爆炸时,温度高,反应速度极快,爆炸产物间能建立起化学平衡。

(2) 爆炸过程为绝热等容的过程。

(3) 爆炸产物的状态方程已知,并符合理想气体状态方程。

对于 $C_aH_bO_cN_d$ 类炸药,产物组成十分复杂。为简便起见,只考虑常见的

10 种爆炸产物，于是爆炸反应方程的一般形式可以写为

$$C_aH_bO_cN_d = xCO_2 + yCO + zC + uH_2O + \omega N_2 + hH_2 + iO_2 + jNO + kNH_3 + lHCN$$

由元素的质量守恒原理可得

$$\begin{cases} x + y + z + l = a & (2-4) \\ 2u + 2h + 3k + l = b & (2-5) \\ 2x + y + u + 2i + j = c & (2-6) \\ 2\omega + j + k + l = d & (2-7) \end{cases}$$

式中，a、b、c、d 为已知（炸药给定）。

上面方程组共有 10 个未知数，即 x、y、z、u、ω、h、i、j、k、l，只有 4 个方程，尚需建立 6 个独立方程，才能使方程组封闭。

产物间可能的平衡反应是（要利用假定条件一）

$$2CO \rightleftharpoons CO_2 + C \text{（发生炉煤气反应）}$$
$$CO + H_2O \rightleftharpoons CO_2 + H_2 \text{（水煤气反应）}$$
$$CO + 0.5O_2 \rightleftharpoons CO_2$$
$$NO \rightleftharpoons 0.5O_2 + 0.5N_2$$
$$HCN \rightleftharpoons C + 0.5N_2 + 0.5H_2$$
$$N_2 + 3H_2 \rightleftharpoons 2NH_3$$

上述 6 个反应的分压平衡常数方程分别为

$$K_p^c = \frac{p_{CO}^2}{p_{CO_2}} = \frac{(py/n)^2}{px/n} = \frac{py^2}{nx} \tag{2-8}$$

式中，p_{CO_2}、p_{CO} 分别为产物中 CO_2、CO 的分压，以下类同；p 为爆炸产物总压力；n 为气态产物总摩尔数。

$$K_p^{H_2O} = \frac{p_{CO}p_{H_2O}}{p_{CO_2}p_{H_2}} = \frac{py/n \cdot pu/n}{px/n \cdot ph/n} = \frac{yu}{xh} \tag{2-9}$$

$$K_p^{CO_2} = \frac{p_{CO}p_{O_2}^{\frac{1}{2}}}{p_{CO_2}} = \frac{py/n \cdot (pi/n)^{\frac{1}{2}}}{px/n} = \left(\frac{p}{n}\right)^{\frac{1}{2}} \frac{yi^{\frac{1}{2}}}{x} \tag{2-10}$$

$$K_p^{NO} = \frac{p_{NO}}{p_{O_2}^{\frac{1}{2}}p_{N_2}^{\frac{1}{2}}} = \frac{pj/n}{(pi/n)^{\frac{1}{2}}(p\omega/n)^{\frac{1}{2}}} = \frac{j}{(i\omega)^{\frac{1}{2}}} \tag{2-11}$$

$$K_p^{HCN} = \frac{p_{HCN}}{p_{N_2}^{\frac{1}{2}}p_{H_2}^{\frac{1}{2}}} = \frac{pl/n}{(p\omega/n)^{\frac{1}{2}}(ph/h)^{\frac{1}{2}}} = \frac{l}{(\omega h)^{\frac{1}{2}}} \tag{2-12}$$

$$K_p^{NH_3} = \frac{p_{N_2}p_{H_2}^3}{p_{NH_3}^2} = \frac{p\omega/n \cdot (ph/n)^3}{(pk/n)^2} = \frac{\omega h^3}{k^2}\left(\frac{p}{n}\right)^2 \tag{2-13}$$

由式 (2-8)~式 (2-13)，有

$$n = x + y + u + \omega + h + i + j + k + l \tag{2-14}$$

由假定条件（3）知

$$p = \frac{nRT}{V} \text{ 或 } \frac{p}{n} = \frac{RT}{V} \text{（理想气体状态方程）} \quad (2-15)$$

式中，T 为爆炸产物的温度（K）；R 为普适气体常数，$R = 8.314 \text{ J/(mol·K)}$。

爆炸气态产物体积（假定条件（2））为

$$V = \left(\frac{M_r}{\rho_0} - \frac{12z}{\rho_C}\right) \times 10^{-6} \text{ (m}^3\text{/mol)} \quad (2-16)$$

式中，M_r 为炸药的摩尔质量；12 为 C 的摩尔质量；ρ_0 为炸药的装药密度（g/cm³）；ρ_C 为游离 C 的密度（g/cm³）。

在式（2-4）~式（2-16）中，共有 14 个未知数，而只有 13 个独立方程，同时 K_p 是温度的函数，计算时需进行迭代求解，计算步骤如下：

（1）先假定一个温度（爆炸产物温度）T_1，由表 2-2 查出平衡常数 K_p^C、$K_p^{H_2O}$、$K_p^{CO_2}$、K_p^{NO}、K_p^{HCN}、$K_p^{NH_3}$。

（2）联立式（2-4）~式（2-16），可求出产物组成 x、y、z、u、ω、h、i、j、k、l，从而确定爆炸方程式。

（3）由所确定的爆炸反应方程式计算炸药的爆温 T_B，若 $T_B = T_1$，则认为这组解就是所求各组分的系数；否则，取 $T_2 = 0.5(T_1 + T_B)$，作为新假设的温度重新计算，直至 T_B 与假设值相近为止。

以上就是简化理论计算的全过程。

表 2-2 $\lg K_p - T$

温度/K	$H_2 + N_2 + 2C \rightleftharpoons 2HCN$	$O_2 + N_2 \rightleftharpoons 2NO$	$N_2 \rightleftharpoons 2N$	$CH_4 + H_2O \rightleftharpoons CO + 3H_2$	$CO_2 + H_2 \rightleftharpoons CO + H_2O$	$2CO_2 \rightleftharpoons 2CO + O_2$	$2CO \rightleftharpoons 2C + O_2$	$2H_2O \rightleftharpoons 2OH + H_2$	$2H_2O \rightleftharpoons 2H_2 + O_2$
300	-20.98	-15.090	-118.63	-24.68	-4.95	-44.74	-23.93	-46.29	-39.79
400	-15.21	-11.156	-87.47	-15.60	-3.17	-32.41	-19.13	-33.91	-29.24
600	-9.55	-7.219	-56.21	-6.296	-1.44	-20.07	-14.34	-21.47	-18.63
800	-6.73	-5.250	-40.52	-1.507	-0.61	-13.90	-11.93	-15.22	-13.29
1 000	-5.04	-4.068	-31.84	+1.425	-0.39	-10.199	-10.48	-11.444	-10.060
1 200	-3.92	-3.279	-24.619	+3.395	+0.154	-7.742	-9.498	-8.922	-7.896
1 400	-3.12	-2.717	-20.262	+4.870	+0.352	-5.992	-8.790	-7.116	-6.344
1 600	-2.53	-2.294	-16.869	+5.873	+0.490	-4.684	-8.254	-5.758	-5.175
1 800	-2.07	-1.966	-14.225	+6.70①	+0.591	-3.672	-7.829	-4.700	-4.263
2 000	-1.70	-1.703	-12.106	+7.35①	+0.688	-2.863	-7.486	-3.852	-3.531
2 200		-1.488	-10.370	+7.89①	+0.725	-2.206	-7.201	-3.158	-2.931

续表

温度/K	$H_2 + N_2 + 2C \rightleftharpoons 2HCN$	$O_2 + N_2 \rightleftharpoons 2NO$	$N_2 \rightleftharpoons 2N$	$CH_4 + H_2O \rightleftharpoons CO + 3H_2$	$CO_2 + H_2 \rightleftharpoons CO + H_2O$	$2CO_2 \rightleftharpoons 2CO + O_2$	$2CO \rightleftharpoons 2C + O_2$	$2H_2O \rightleftharpoons 2OH + H_2$	$2H_2O \rightleftharpoons 2H_2 + O_2$
2 400		-1.309	-8.922	+8.32①	+0.767	-1.662	-6.961	-2.578	-2.429
2 600		-1.157	-7.694		+0.800	-1.203	-6.759	-2.087	-2.003
2 800		-1.028	-6.640		+0.831	-0.807	-6.577	-1.670	-1.638
3 000		-0.915	-5.726		+0.853	-0.469	-6.418	-1.302	-1.322
3 200		-0.817	-4.925		+0.871	-0.175	-6.273	-0.983	-1.046
3 500		-0.692	-3.893		+0.894	+0.201	-6.094	-0.577	-0.693
4 000		-0.526	-2.514		+0.920	+0.699	-5.841	-0.035	-0.221
4 500		-0.345	-1.437		+0.928	+1.081	—	+0.392	+0.153
5 000		-0.298	-0.570		+0.937	+1.387	—	+0.799	+0.450

①此值为外推值

三、经验确定法

理论或简化理论确定爆炸反应方程十分繁杂，不便于工程应用，因此，工程上常用经验方法确定爆炸的反应方程式，以便对炸药的爆热、爆温和爆容等参数进行估算。常用的经验方法有吕-查德里（Le-Chatelier）和布伦克里-威尔逊（Brinkley-Wilson）等方法。

（一）吕-查德里方法

该法的确定原则为最大爆炸产物体积原则，并且在体积相同时，偏重于放热多的反应。这个原则及计算方法比较适合自由膨胀的爆炸产物的最终状态。

（1）对第一类炸药，即零氧平衡和正氧平衡的炸药，$c \geqslant 2a + 0.5b$，将 H 全部氧化为 H_2O，C 全部氧化成 CO_2，生成分子状态的 N_2，正氧平衡的炸药还剩分子状态的 O_2。

例如，硝化甘油炸药的爆炸反应方程式：

$$C_3H_5(ONO_2)_3 \rightarrow \frac{5}{2}H_2O + 3CO_2 + \frac{3}{2}N_2 + \frac{1}{2}O_2$$

（2）对第二类炸药，氧含量不足以完全氧化可燃元素，但能使产物完全汽化，爆炸产物中不含有固体 C，满足 $a + 0.5b \leqslant c \leqslant 2a + 0.5b$。首先考虑对生成气体产物有利的反应：$C \rightarrow CO$。余下的氧将平均分配用于氧化反应：$CO \rightarrow CO_2$，$H_2 \rightarrow H_2O$。因此，产物中的 H_2O 与 CO_2 的物质的量是相同的。

例如，RDX 的爆炸反应方程式：
$$C_3H_6O_6N_6 \rightarrow 1.5H_2O + 1.5CO_2 + 1.5CO + 1.5H_2 + 3N_2$$

（3）对第三类炸药，即严重负氧平衡的炸药，产物中有固体 C 生成，满足 $c < a + 0.5b$，此时若使用吕－查德里方法，产物中可能没有 H_2O，这是不合理的。

改进方法为：先将 3/4 的 H 氧化为 H_2O，剩余的氧平均分配用于氧化 C，生成 CO_2 和 CO。显然 CO 的摩尔数是 CO_2 的 2 倍，并有固体 C 生成。

例如，TNT 的爆炸反应方程式：
$$C_7H_5O_6N_3 \rightarrow 1.88H_2O + 0.06CO + 1.03CO_2 + 3.19C + 0.62H_2 + 1.5N_2$$

（注：$1.88 = 3/4 \times 5 \times 0.5 = 15/8$，$6 - 15/8 = 33/8$，$33/8 \times 1/2 = 33/16 = 2.06$）

（二）布伦克里－威尔逊方法

布伦克里－威尔逊方法简称 B－W 方法，是经常采用的方法。考虑产物的原则是能量优先，首先将 H 氧化成 H_2O，剩余的 O 再将 C 氧化成 CO。若还剩余 O，再将 CO 氧化成 CO_2。N 以分子状态 N_2 的形式存在。因此，B－W 方法又称为 $H_2O － CO － CO_2$ 方法。

（1）对第一类炸药，与吕－查德里方法相同。

（2）对第二类炸药，有 $a + 0.5b \leq c \leq 2a + 0.5b$，此时的爆炸反应方程式为

$$C_aH_bO_cN_d \rightarrow 0.5bH_2O + (2a - c + 0.5b)CO + (c - a - 0.5b)CO_2 + 0.5dN_2$$
$$(2-17)$$

例如，RDX 的爆炸反应方程式：
$$C_3H_6O_6N_6 \rightarrow 3H_2O + 3CO + 3N_2 \text{（注意与吕－查德里法比较）}$$

（3）对第三类炸药，有 $c < a + 0.5b$，产物中有固体碳生成，此时的爆炸反应方程式为

$$C_aH_bO_cN_d \rightarrow 0.5bH_2O + (c - 0.5b)CO + (a - c + 0.5b)C + 0.5dN_2$$
$$(2-18)$$

例如，TNT 的爆炸反应方程式：
$$C_7H_5O_6N_3 \rightarrow 2.5H_2O + 3.5CO + 3.5C + 1.5N_2$$

（三）最大放热量规则

最大放热量规则即 $H_2O － CO_2$ 方法。首先 H 被氧化生成 H_2O，然后 C 被氧

化生成 CO_2，无 CO 生成（针对负氧平衡炸药而言）。该规则特别适用于密度 $\rho_0 > 1.4\ g/cm^3$ 的负氧平衡炸药，特别是 ρ_0 接近于晶体密度（注意，堆积密度、装药密度、理论密度的含义是不同的）时的情况。

对于 $C_aH_bO_cN_d$ 类炸药，其爆轰产物组分与下列两个反应的平衡有密切关联：

$$2CO \rightleftharpoons CO_2 + C + 172.47\ kJ$$

$$H_2 + CO \rightleftharpoons H_2O + C + 124.63\ kJ$$

炸药的 ρ_0 高，则爆轰时的爆轰压力高，导致上述反应的平衡向右移动，产物中 CO 含量减少，C 含量增加。例如，黑索今等属于第二类的炸药，最终爆炸产物中炭黑的含量可达 3%~8% 或更高。炸药的初始密度越高，这种倾向越明显。

四、几点讨论

（1）使用不同的确定原则得到的反应方程式不一样。对于自由膨胀的爆炸产物的最终状态，吕-查德里方法是比较准确的。设计炸药组成时，为达到爆炸放热量最大的目的，常采用 B-W 方法，即 $H_2O-CO-CO_2$ 方法，或 H_2O-CO_2 方法（高密度）。

（2）一般情况下，$H_2O-CO-CO_2$ 方法用得最多。

（3）对于含有 K、Na、Ca、Mg、Al 等金属元素的混合炸药，确定原则为：首先将金属元素氧化成金属氧化物，剩余的 C、H、O、N 按 B-W 方法处理。

（4）对于含有 F、Cl 等强氧化性元素的炸药，确定原则为：首先生成金属氯（氟）化物或氯（氟）化氢，剩余 C、H、O、N 按 B-W 方法处理。

第三节 炸药的爆热

按上一节的方法确定出炸药爆炸的反应方程式后，能否根据反应性质和反应产物进一步计算出爆炸反应所释放的热量（爆热）、生成气体产物的体积（爆容）和气体所建立的高温、高压状态量呢？这四者与爆速对评定炸药的爆炸效应、能量的利用及爆轰特征的研究是非常重要的，是炸药的五个重要示性数。从本节开始，先讨论爆热、爆容和爆温的问题，爆压和爆速将结合爆轰理论在后续章节中介绍。

一、爆热的一般概念

定义：一定量炸药爆炸时放出的热量叫作爆热，单位通常为 kJ/mol 或 kJ/kg。爆热与前面讨论的化学反应热效应类似，有定压爆热与定容爆热之分。

一般爆炸过程十分迅速，可将爆炸的瞬间视为等容过程。所以，一般常用定容爆热来表示炸药的爆炸热效应。

爆热与化学中学过的燃烧热是有区别的。燃烧热是指纯氧中物质可燃元素完全氧化时所放出的热量。因此，测量燃烧热需要加氧，而测量爆热不需要加氧。

炸药的爆热是一个总的概念。对爆炸过程来说，爆热可分为三类，即爆轰热 Q_D、爆破热 Q_B 与最大爆热 Q_{max}。这三个能量概念和炸药的其他爆炸性质有密切关系。

爆轰热 Q_D，是指爆轰波波阵面上或爆轰波化学反应区放出的热量，与炸药爆速密切相关。Q_D 的实测十分困难。爆轰热这个概念是与爆轰的流体动力学理论相联系的。

爆破热 Q_B，是指炸药爆轰中进行的一次化学反应的热效应与气体爆炸产物绝热膨胀时所产生的二次平衡反应热效应的总和，与炸药爆炸时实际做功能力有关。Q_B 可实测，实测结果与爆炸或爆破的条件密切相关。

最大爆热 Q_{max}，又称为理想爆热，是指炸药爆炸时放出能量可能的最大限度，也称为理论爆热。Q_{max} 具有理论意义，可以通过理论假设进行计算，在实际中达不到这个值。

综上，三者的数量关系为 $Q_D < Q_B < Q_{max}$。

二、爆热的计算

爆热的计算有理论计算和经验计算两种。理论计算的主要依据是盖斯定律，计算时需要写出爆炸的反应方程式或者说需要知道爆炸时爆炸产物的组成。显然不同的产物组成，其计算结果是不同的。经验计算有各种方法，计算时应注意计算式适用的依据及其适用范围和条件。

（一）爆热的理论计算

计算爆热的理论依据是盖斯定律，即在化学反应过程中，体积恒定或压力恒定，且系统没有做任何非体积功时，化学反应热效应只取决于反应的初态与终态，与反应过程的具体途径无关。

计算爆热的盖斯三角形如图 2-1 所示。

第二章 炸药爆炸的热化学

图 2-1 计算爆热的盖斯三角形

由图 2-1 可知,状态 1→状态 3 的途径有两条:一是由元素的稳定单质直接生成爆炸产物,并放出热量 $Q_{1,3}$;二是由元素的稳定单质先生成炸药,放出或吸收热量 $Q_{1,2}$,然后炸药发生爆炸反应生成爆炸产物并放出热量 $Q_{2,3}$。其中,$Q_{1,3}$ 为各爆炸产物的生成热之和,$Q_{1,2}$ 为炸药生成热,$Q_{2,3}$ 为爆热。

(注意:生成热是指标准状态下,由稳定的单质生成 1 mol 某化合物过程的焓差。)

由盖斯定律知

$$Q_{1,3} = Q_{1,2} + Q_{2,3}$$

所以,炸药的爆热计算式为

$$Q_{2,3} = Q_{1,3} - Q_{1,2} \tag{2-19}$$

上式中,$Q_{1,3}$、$Q_{1,2}$ 可以从一般的热化学手册中查得,从而可以计算爆炸过程的热效应,得出爆热。一些常用炸药和爆炸产物的生成热资料(单质的生成热为零,不考虑相变)见表 2-3。某些物质的生成热还可以通过燃烧热或有关计算(如键能加和法)求得。

表 2-3 某些物质和炸药的生成热(定压,291 K 时)

物质	分子式	相对分子质量 M_r	生成热 Q_f	
			kJ·mol^{-1}	kJ·kg^{-1}
梯恩梯	$C_7H_5O_6N_3$	227	73.22	322.56
2,4-二硝基甲苯	$C_7H_6O_4N_2$	182	78.24	429.89
特屈儿	$C_7H_5O_8N_5$	287	-19.66	-68.52
太安	$C_5H_8O_{12}N_4$	316	541.28	1 712.92
黑索今	$C_3H_6O_6N_6$	222	-65.44	-294.76
奥克托今	$C_4H_8O_8N_8$	296	-74.89	-253.02
硝酸肼	$N_2H_5NO_3$	95	250.20	2 633.83
硝基胍	$CH_4O_2N_4$	104	94.46	879.4

续表

物质	分子式	相对分子质量 M_r	生成热 Q_f kJ·mol^{-1}	生成热 Q_f kJ·kg^{-1}
硝基甲烷	CH_3NO_2	61	91.42	1 498.70
硝化棉（含 N 12.2%）	$C_{22.5}H_{28.8}O_{35.1}N_{8.7}$	998.2	2 689.00	2 702.86
硝化乙二醇	$C_2H_4O_6N_2$	152	247.90	1 630.93
硝基脲	$CH_3O_3N_3$	105	283.05	2 695.69
硝化甘油	$C_3H_5O_9N_3$	227	370.83	1 633.60
硝酸脲	$CH_5N_3O_4$	123	564.17	4 586.75
1,5 - 二硝基萘	$C_{10}H_6O_4N_2$	218	-14.64	-67.17
1,8 - 二硝基萘	$C_{10}H_6O_4N_2$	218	-27.61	-126.67
硝酸铵	NH_4NO_3	80	365.51	4 568.93
硝酸钠	$NaNO_3$	85	467.44	5 499.25
硝酸钾	KNO_3	101	494.09	4 891.97
高氯酸铵	NH_4ClO_4	117.5	293.72	2 499.72
高氯酸钾	$KClO_4$	138.5	437.23	3 156.88
水（气）	H_2O	18	241.75	13 430.64
水（液）	H_2O	18	286.06	15 892.23
一氧化碳	CO	28	112.47	4 016.64
二氧化碳	CO_2	44	395.43	8 987.04
一氧化氮	NO	30	-90.37	-3 012.48
二氧化氮（气）	NO_2	46	-51.04	-1 109.67
二氧化氮（液）	NO_2	46	-12.97	-281.97
氨	NH_3	17	46.02	2 707.29
甲烷	CH_4	16	76.57	4 785.45
石蜡①	$C_{18}H_{38}$	254	558.56	2 199.07
木粉①	$C_{39}H_{70}O_{28}$	986	5 690.24	5 771.03
轻柴油①	$C_{16}H_{32}$	224	661.07	2 951.21
沥青①	$C_{30}H_{18}O$	394	594.13	1 507.94

①为定容条件下的生成热

一般 $Q_{1,3}$、$Q_{1,2}$ 为定压生成热，故得到的 $Q_{2,3}$ 为定压爆热。实际工作中，炸药在爆炸的瞬间近似于体积不变，可以视为定容的过程。因此，常采用定容爆热来表示炸药的爆热。定容热与定压热满足关系式 $Q_V = Q_p + \Delta nRT$。对凝聚炸药，可以忽略最初体积，即有 $Q_V = Q_p + n_2RT$，n_2 为生成产物的气体摩尔数。

因此，计算爆热的步骤大致可以分成 3 步：

（1）写出爆炸反应方程式。

（2）由盖斯定律计算 $Q_p(Q_{2,3})$。

（3）将 Q_p 换算成 Q_V。

例 2-4 计算 TNT 炸药的爆热。已知 TNT 的生成热为 $Q_f = 73.22$ kJ/mol。

解：第一步，按 B-W 法写出 TNT 爆炸反应方程式：

$$C_7H_5O_6N_3 \rightarrow 3.5CO + 2.5H_2O + 1.5N_2 + 3.5C$$

第二步，TNT 的生成热 $Q_f = 73.22$ kJ/mol，查表 2-3 可知，在 291 K、定压条件下，CO 和 H_2O 的生成热分别为 112.47 kJ/mol 和 241.75 kJ/mol，而 N_2、C 的生成热均为 0。所以有

$$Q_p = Q_{2,3} = Q_{1,3} - Q_{1,2} = 3.5 \times 112.47 + 2.5 \times 241.75 - 73.22 = 924.8 \text{ (kJ/mol)}$$

注意：计算过程中用水的气态生成热，因为爆炸瞬间温度高，水的状态是气态。

第三步，换算成 Q_V：

$$\Delta n = n_2 - n_1 = n_2 = 3.5 + 2.5 + 1.5 = 7.5$$

所以有

$$Q_V = 924.8 + 0.008\,314 \times 7.5 \times 291 = 942.1 \text{ (kJ/mol)}$$

或

$$Q_V = (942.1/227) \times 1\,000 = 4\,150.2 \text{ (kJ/kg)}$$

（二）爆热的经验计算

1. 单体炸药爆热的经验计算

单体炸药爆热的经验计算通常采用比较简单而又实用的阿瓦克扬公式。这种方法不需要爆炸反应方程式即可计算爆热，其实质是将爆炸产物和它们的生成物作为氧系数的函数。

阿瓦克扬认为，实际爆炸产物生成热总和 $Q_{1,3}$ 与爆炸产物的最大生成热总和 Q_{max} 之间存在一定的比例关系，即

$$Q_{1,3} = KQ_{max} \tag{2-20}$$

式中，K 为真实性系数，一般小于 1。根据试验，K 值与氧系数 A 之间又存在关系：

$$K = 0.32A^{0.24} \tag{2-21}$$

对 $C_aH_bO_cN_d$ 类炸药，爆热的计算公式可表示如下。

(1) 对正氧平衡炸药（$A \geq 1$），有

$$Q_V = 0.32(100A)^{0.24}(395.4a + 120.9b) - Q_{Vf} \qquad (2-22)$$

(2) 对负氧平衡的炸药（$A < 1$），有

$$Q_V = 0.32(100A)^{0.24}(197.7c + 22.1b) - Q_{Vf} \qquad (2-23)$$

式中，Q_V 为炸药的爆热（定容爆热）（kJ/mol）；Q_{Vf} 为炸药的定容生成热（kJ/mol）；A 为氧系数。

例 2-5 已知 $Q_{Vf} = -93.3$ kJ/mol，试估算 RDX（$C_3H_6O_6N_6$）的爆热。

解：首先计算 RDX 的氧系数：

$$A = \frac{6}{3 \times 2 + \frac{1}{2} \times 6} = \frac{6}{9} = 0.667 < 1$$

由式（2-23）知

$$Q_V = 0.32 \times (100 \times 0.667)^{0.24} \times (197.7 \times 6 + 22.1 \times 6) + 93.3$$
$$= 1\,243.3\,(\text{kJ/mol})$$

或

$$Q_V = \frac{1\,243.3}{222} \times 1\,000 = 5\,600.5\,(\text{kJ/mol})$$

2. 混合炸药爆热的经验计算

混合炸药爆热的经验计算满足质量加权法则，即

$$Q_V(\text{kJ/kg}) = \sum \omega_i Q_{Vi} \qquad (2-24)$$

式中，ω_i 为混合炸药中第 i 组分的质量分数；Q_{Vi} 为混合炸药中第 i 组分的爆热。

若已知第 i 组分的定容生成热 Q_{Vfi}（kJ/mol），则

$$Q_{Vf} = \sum n_i Q_{Vf_i} \qquad (2-25)$$

式中，n_i 为 i 组分的摩尔数。

因此，可以按类似于单体炸药的阿瓦克扬法来估算混合炸药的爆热。

例 2-6 试估算 RDX/TNT = 60/40 混合炸药的爆热。

解：首先确定 1 kg 该混合炸药的化学式是 $C_{20.4429}H_{25.0268}O_{26.7889}N_{21.5026}$，下面计算混合炸药的生成热：

RDX 的定容生成热是 -93.3 kJ/mol；

TNT 的定容生成热是 42.26 kJ/mol。

所以混合炸药的定容生成热为

$$Q_{Vf} = 600/222 \times (-93.3) + 400/227 \times 42.26 = -177.7\,(\text{kJ/mol})$$

再计算氧系数：

$$A = \frac{26.7889}{2 \times 20.449 + 0.5 \times 25.0268} = 0.50167 = 50.167\% < 1$$

最后计算 1 kg 该混合炸药的爆热：

$$Q_V = 0.32 \times 50.167^{0.24} \times (197.7 \times 26.7889 + 22.1 \times 25.0268) - (-177.7)$$
$$= 4789.1 + 177.7 = 4966.8 \text{ (kJ/kg)}$$

注意：以上计算没有考虑装药密度的影响，故只适用于密度较高的装药的爆热计算。

近年来有人应用人工神经网络（Artificial Neural Network，ANN）对含铝粉炸药的爆热进行了计算和预测。人工神经网络是一种新型的黑箱方法，通过自学功能建立输入与输出之间的数学模型，能够很好地解决炸药爆轰参数间的一些非线性关系问题，并能够对这类炸药的爆轰参数进行较好的预测。ANN 在处理炸药爆轰时各参数的一些非线性复杂关系上，以及在建立模型问题上，具有独特的优越性。

三、爆热的试验测定

炸药爆热的试验测定在爆热弹装置中进行。目前已有多种形式和结构的爆热弹，如球形、圆柱形等，弹腔容积从 0.1 L 到数百升不等。试验的药量最小的有几克（用于测定起爆药爆热），最大的可达数百克（用于测定猛炸药爆热）。其装药条件分为有外壳、无外壳，在真空环境或惰性气体环境中爆炸等情形。测得的热量为生成液态水时的热量（注意与理论计算的差别）。典型的爆热弹装置如图 2-2 所示。

图 2-2 是我国多数单位使用的爆热弹装置。弹体由优质合金钢制成，弹重 137.5 kg，弹体容积为 5.8 L，弹高 400 mm，直径为 270 mm，可测试 100 g 炸药试样。

试验时，首先准备好被测试炸药样品，准确称重，压好药柱后计算其密度。然后将装有雷管的炸药试样悬挂在弹盖上，盖好弹盖。通过弹盖上的抽气口将弹内空气抽出，用氮气置换一次弹内剩余气体，再次抽真空。将弹吊入量热筒内，加入一定质量的蒸馏水，直至弹体全部淹没为止。恒温 1 h，记录下筒内的实际水温 T_0，然后引爆炸药试样，测量爆炸后水到达的最高温度 T，即可按下式计算出炸药爆热的试验值：

$$Q_V = \frac{C(M_W + M_A)(T - T_0) - q}{m} \quad (2-26)$$

式中，Q_V 为炸药的爆热，J/g；C 为水的比热容，J/(g·℃)；M_W 为试验用蒸馏水质量，g；M_A 为仪器的水当量，g；T 为爆炸后的最高温度，℃；T_0 为爆炸

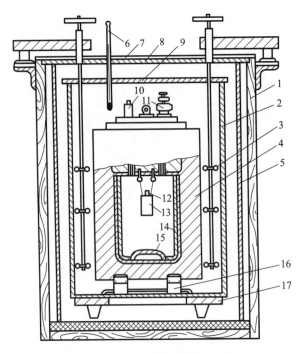

图 2-2 爆热弹装置

1—木桶；2—量热筒；3—搅拌桨；4—爆热弹体；5—保温筒；6—温度计；
7, 8, 9—盖；10—电极接线柱；11—抽气口；12—电雷管；
13—药柱；14—内衬筒；15—垫块；16—支撑螺栓；17—底托

前的水温，℃；q 为雷管的爆热（先由试验测定），J；m 为炸药试样的质量，g。

四、影响实际爆热的因素

（一）装药密度的影响

几种炸药的爆热试验值见表 2-4。从中可以看出，同种炸药装药密度不同，其爆热值也不同。密度对负氧平衡类炸药影响较为显著，如梯恩梯、特屈儿等；对接近零氧平衡和正氧平衡的炸药影响很小，如黑索今、太安、硝化甘油等。

表 2-4 几种炸药的爆热试验值

炸药	装药密度 ρ_0 /(g·cm^{-3})	爆热 Q_V（水为气态） /(kJ·kg^{-1})
梯恩梯	0.85	3 389.0
梯恩梯	1.50	4 225.8

续表

炸药	装药密度 ρ_0 /(g·cm^{-3})	爆热 Q_V（水为气态） /(kJ·kg^{-1})
黑索今	0.95	5 313.7
黑索今	1.50	5 397.4
梯恩梯/黑索今（50/50）	0.90	4 309.5
梯恩梯/黑索今（50/50）	1.68	4 769.8
特屈儿	1.0	3 849.3
特屈儿	1.55	4 560.6
硝化甘油	1.60	6 192.3
太安	0.85	5 690.2
太安	1.65	5 692.2
硝酸铵/梯恩梯（80/20）	0.90	4 100.3
硝酸铵/梯恩梯（80/20）	1.30	4 142.2
硝酸铵/梯恩梯（40/60）	1.55	4 184.0
雷汞	1.25	1 590.0
雷汞	3.77	1 715.4

导致上述现象的原因为，接近于零氧平衡和正氧平衡炸药的爆炸产物 CO_2 和 H_2O 的离解速度较小，并且爆炸瞬间存在以下二次反应：

$$2CO \rightleftharpoons CO_2 + C + 172.47 \text{ kJ}$$
$$CO + H_2 \rightleftharpoons H_2O + C + 124.63 \text{ kJ}$$

$\rho \uparrow \rightarrow p \uparrow \rightarrow$ 平衡向右移动 $\rightarrow Q_V \uparrow$，而对于正氧平衡和接近零氧平衡的炸药，上述爆炸瞬间二次反应几乎不存在。同时，还有可能存在以下反应：

$$CO_2 \rightleftharpoons C + 0.5 O_2 - Q$$
$$H_2O \rightleftharpoons H_2 + 0.5 O_2 - Q$$

（二）外壳的影响

外壳的影响与密度的影响类似。试验表明，负氧平衡的炸药，在大密度和坚固的外壳中爆轰时，爆热会增大很多。外壳对特屈儿爆热的影响见表 2-5。

表 2-5 外壳对特屈儿爆热的影响

外壳材料	外壳厚度/mm	Q_V（水为液态）/(MJ·kg^{-1})
—	—	3.891
铁	0.4	3.891

续表

外壳材料	外壳厚度/mm	Q_V（水为液态）/(MJ·kg^{-1})
软钢	1.6	4.560
软钢	3.2	4.770
软钢	6.4	4.853
软钢	12.7	4.853

从表 2-5 中可以看出，外壳的厚度在一定范围内，爆热值随壳厚的增加而增加。但当厚度超过某一值时，爆热就达到极限而不再增加了。外壳材质和厚度对爆热测量结果的影响见表 2-6。

表 2-6　外壳对炸药爆热的影响

炸药	密度/(g·cm^{-3})	外壳材料	外壳厚度/mm	实测爆热/(MJ·kg^{-1})
TNT	1.59	无		2.810
TNT	1.59	玻璃	2.0	4.019
TNT	1.59	黄铜	2.0	4.229
TNT	1.59	黄铜	4.0	4.370
TNT	1.59	黄铜	5.0	4.383
TNT	1.53	金	12.7	4.576
RDX	1.78	玻璃	2.0	5.334
RDX	1.78	黄铜	4.0	5.964

炸药的装药密度和外壳会影响爆热测试值，负氧程度越大，影响越大。高装药密度和强约束会提高负氧平衡炸药的爆热测试值。产物的化学平衡移动是造成爆热变化的内在原因。炸药爆热与具体的装药密度及使用条件相关，当给出爆热的测试资料时，应同时指明测试条件和相应装药密度。

（三）水等附加物的影响

在炸药中加入惰性液体可以起到与增加炸药密度同样的作用，使爆热增加。在炸药中加水后的影响见表 2-7。

表 2-7　炸药中含水量对爆热的影响

炸药	装药中的含水量/%	氧平衡/%	装药密度/(g·cm^{-3})	干炸药的爆热/(kJ·kg^{-1})	混合物的爆热/(kJ·kg^{-1})
梯恩梯	0	-74	0.8	3 138	—
梯恩梯	35.6	-74	1.24	4 226	2 720

续表

炸药	装药中的含水量/%	氧平衡/%	装药密度/(g·cm^{-3})	干炸药的爆热/(kJ·kg^{-1})	混合物的爆热/(kJ·kg^{-1})
黑索今	0	-22	1.1	5 356	—
黑索今	24.7	-22	1.46	5 816	4 393
太安	0	-10	1.0	5 774	—
太安	29.1	-10	1.41	5 816	4 142

表 2 - 7 中的干炸药是指不含水的纯炸药，混合物是指炸药和水按表中的比例配制而成的混合炸药。由表中的数据可知，在炸药中加入一定量水后，其爆热比不加水时的低。但以其中纯炸药含量计算，爆热有不同程度的增长。含水量对负氧多的炸药影响显著，这说明水这种惰性附加物起着某种"内壳"作用，填充了药粒的空隙，使装药不是处于散装状态，提高了密度，发生的爆轰类似于趋向单晶密度时的爆轰。

除水之外，其他物质也有类似的作用，如煤油、石蜡、惰性重金属等。加入氧化剂如硝酸铵、硝酸钠、高氯酸盐的水溶液，具有重要的实际意义，它们的加入使爆热可以成倍增加。

当往炸药中加入惰性物质时，一般情况下爆热降低，爆热降低与惰性附加物的加入呈线性关系。加入石墨和氟橡胶对爆热的影响如图 2 - 3 所示。

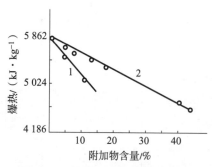

图 2 - 3　惰性附加物对爆热的影响

1—黑索今/石墨（相对密度 0.9）；2—奥克托今/氟橡胶（相对密度 0.9）

五、提高爆热的途径

一般来说，提高爆热的途径大致有以下几个方面：

（1）改善炸药的氧平衡。就是使炸药中的氧化剂恰好将可燃剂完全氧化，即尽量达到或接近零氧平衡。

（2）减少炸药分子或混合组分分子结构中 C—O、C=O、O—H 等键中的

O 含量，因为这种情况下的氧原子是无效或部分无效的。并且，有这类结构的化合物生成热也较大，炸药的爆热较低。

（3）提高炸药组分 H/C 含量比。按照单位质量来考虑，H_2O 的生成热为 13.4 kJ/g，CO_2 的生成热仅为 8.9 kJ/g。对 H_2O 而言，消耗每克氧放出的热量为 15.1 kJ；而对 CO_2 而言，消耗每克氧放出的热量为 12.1 kJ。

（4）引入高能元素或加入高热量（燃烧）的金属元素，如铝、镁等。加入铝、硼、铍后对炸药爆热的影响如图 2-4 所示。常用氧化物的生成热资料见表 2-8。

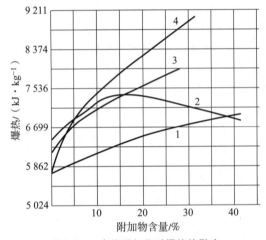

图 2-4 高能附加物对爆热的影响
1—黑索今+铝；2—黑索今+硼；3—太安+硼；4—黑索今+铍

表 2-8 常用氧化物生成热比较（定压，291 K）

氧化物	摩尔生成热 /(kJ·mol^{-1})	每克氧化物 生成热/kJ	每克单质 氧化放热/kJ	放热 1 kJ 消耗氧/g
B_2O_3（固）	1 274	18.2	57.9	0.038
Al_2O_3（固）	1 675	16.4	31.0	0.029
MgO（固）	596	14.9	24.8	0.027
CO	112.5	4.0	9.4	0.023
CO_2	395.4	9.0	32.9	0.081
H_2O（气）	241.8	13.4	120.9	0.066

在单质炸药中引入高能元素可以适量提高炸药的爆热。在混合炸药中加入铝粉、镁粉等是提高爆热常用的方法。如在 RDX 中加入适量的铝或镁粉，爆

热可提高50%。这是因为铝粉除了与氧元素进行氧化反应生成Al_2O_3并放出大量的热外，它还可以和炸药的爆炸产物CO_2及H_2O发生下列二次反应：

$$2Al + 3CO_2 \rightarrow Al_2O_3 + 3CO + 826.3 \text{ kJ}$$
$$2Al + 3H_2O \rightarrow Al_2O_3 + 3H_2O + 949.8 \text{ kJ}$$
$$Mg + N_2 \rightarrow MgN_2 + 463.2 \text{ kJ}$$
$$Al + 0.5N_2 \rightarrow AlN + 241.0 \text{ kJ}$$

最近有文献给出了添加纳米氧化铁（Fe_2O_3）对 TNT 爆热的影响，见表 2-9。由 TNT 和纳米氧化铁组成的混合炸药的爆热随氧化铁粒径的减小而逐渐增大（氧化铁添加量为1%）。当超细氧化铁的粒径从 128.6 nm 减至 50.5 nm 时，混合炸药的爆热值从 5 618.6 kJ/kg 增至 6 692.1 kJ/kg。混合炸药的爆热比没有添加氧化铁时有较大幅度的提高。随着超细氧化铁粒径的减小，混合炸药的爆热快速提高。

表 2-9　含氧化铁颗粒炸药爆热值

添加的氧化铁颗粒粒径 d_e/nm	爆热 Q/(kJ·kg^{-1})
50.5	6 692.1
60.2	6 682.6
66.0	5 909.7
75.7	5 708.5
128.6	5 618.6
不添加	5 437.5

出现这种现象是因为添加的超细氧化铁具有纳米材料所特有的小尺寸效应和表面效应。当氧化铁粒径减小到一定的尺寸时，它的比表面积迅速增大、表面原子数增多，以及表面原子配位不饱和性导致大量的悬键、缺陷和不饱和键等。氧化铁表面的活化点增多，使得氧化铁具有高的表面活性，极不稳定，很容易与其他原子结合。因而，超细氧化铁颗粒能迅速地与炸药结合并反应，超细氧化铁的催化活性也能使炸药爆炸更加迅速，使炸药的爆热得到提高。另外，超细氧化铁可能与爆炸产物发生反应生成 FeN、Fe_4C_3 及氧气等，生成的氧气又进一步与爆炸产物 H_2、CO、C 等反应，生成 H_2O 和 CO_2 并放出热量。这相当于有效地改善了 TNT 炸药的负氧平衡状态，使得炸药的爆热值增加。随着氧化铁粒径的减小，其表面活性增加更多，参与反应更迅速、彻底，表现为炸药爆热随氧化铁粒径的减小而增大。

第四节 炸药的爆温

爆温是炸药的重要示性数之一,一般来说,所提到的"爆温"概念为以下 3 种情形之一:

(1) 炸药爆炸所释放的热量将爆炸产物所能加热到的最高温度(实际为绝热火焰温度)。

(2) 爆轰的 C-J 温度(由流体力学理论与状态方程得出的温度)。

(3) 反应的平均温度(如用光谱法测量得出的温度)。

研究炸药爆温的意义在于,一方面它是爆炸热化学计算所必需的重要参数;另一方面,在对炸药爆炸的实际应用中,对爆温的具体数值有一定的要求。如矿山爆破中,为保证安全作业,要使用爆温较低(2 000~2 500 ℃)的矿用安全炸药。为了达到某些军事目的,则要求炸药爆温尽可能高一些,如水下兵器的装药、防空弹药的装药等。

一、炸药爆温的实测

爆温的试验测定十分困难。因为在爆炸过程中,温度高,变化极快,同时爆炸时破坏性大,而一般直接测量温度需要较长的平衡时间。目前主要采用光学测定和光谱学法两大类方法测量爆温。光学和光谱方法测量爆温有很多方法,近十年来发展很快,并取得了一些成果。光学法实际上是测定爆炸瞬间产物的色温,利用光谱图研究光谱中能量的分配,并将此分配与绝对黑体光谱中的能量分配进行比较,进而得到爆温数据,但得到的温度比真实温度稍微高一些。几种炸药光学法得到的爆温试验值见表 2-10。光谱学测温主要有双谱线测温和多光谱测温两种。双谱线测温的一种方法如图 2-5 所示。

表 2-10 几种炸药的爆温实测值

炸药	NG	RDX	PETN	TNT	Te
密度/(g·cm^{-3})	1.6	1.79	1.77		
爆温/K	4 000	3 700	4 200	3 010	3 700

双谱线测温系统的原理基于原子光谱学理论,同种原子的两条谱线强度比为

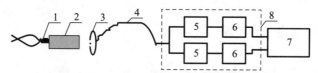

图 2-5　原子发射光谱双谱线测温系统示意图
1—雷管；2—炸药；3—望远镜；4—分束光导纤维；
5—分光系统；6—光电倍增管；7—记录系统；8—暗盒

$$\frac{I_{\lambda_1}}{I_{\lambda_2}} = \frac{A_1 g_1 \lambda_2}{A_2 g_2 \lambda_1} e^{\frac{E_2-E_1}{kT}} \tag{2-27}$$

式中，I_{λ_1} 和 I_{λ_2} 为两条波长分别为 λ_1 和 λ_2 的光谱线的强度；A_1 和 A_2 分别为两条谱线的跃迁概率；g_1 和 g_2 分别为两条谱线激发态的统计权重；E_1 和 E_2 分别为两条谱线的激发态能量；k 为波尔兹曼常数；T 为激发温度。

对式（2-27）两边取对数得

$$\ln \frac{I_{\lambda_1}}{I_{\lambda_2}} = \ln \frac{A_1 g_1 \lambda_2}{A_2 g_2 \lambda_1} + \frac{E_2-E_1}{kT} \tag{2-28}$$

令 $A = \ln \frac{A_1 g_1 \lambda_2}{A_2 g_2 \lambda_1}, B = \frac{E_2-E_1}{kT}$，则

$$T = \frac{B}{\ln \frac{I_{\lambda_1}}{I_{\lambda_2}} - A} \tag{2-29}$$

上式中 A 和 B 是综合考虑了原子的特性、波长及系统的光传递系数等因素后的特定常数，通过单缝型预混燃烧器标准空气-乙炔火焰系统进行标定，测得 $A = 1.880$，$B = -3.191$。试验测得 I_{λ_1} 和 I_{λ_2}，便可以由式（2-29）求得温度。测试时采用的两条谱线分别为 CuI 510.5 nm 和 CuI 521.18 nm，这两条谱线的波长非常接近，它们的辐射率 ε 几乎相等。因此，测温时可以不考虑辐射率对测温的影响。

系统的工作原理如下：炸药爆炸后，炸药中含有的铜元素被瞬态高温原子化，此时利用处于同一水平高度的望远镜将爆炸后发出的光进行传输，该光束经光导纤维一分为二后，分别由一组铜谱线的滤光片（通光波长分别为 510.5 nm 和 521.8 nm）进行滤光，然后到达 2 个同型号的光电倍增管（R300 型），再由这两个光电倍增管接收并转化为电信号，进入数据处理系统。装药密度为 0.90 g/cm³ 时，岩石粉状乳化炸药（某厂工业化产品，规格 ϕ32 mm×150 g，爆速为 4 160 m/s）的爆温在 2 050~2 350 K，装药密度为 1.04 g/cm³ 时，2 号岩石乳化炸药（某厂工业化产品，ϕ32 mm×150 g，爆速为 4 300 m/s）的爆温

为 1 900 ~ 2 000 K。

二、炸药爆温的计算

（一）爆温的计算（绝热火焰温度计算）——热容法

为了简化爆温的理论计算，有以下假定：

（1）爆炸过程是定容绝热的，反应热全部用来加热爆炸产物。

（2）爆炸产物处于化学平衡和热力学平衡，产物的热容只是温度的函数，与爆炸时所处的压力状态（或密度）无关，但此假定将对高密度炸药爆温计算带来一定的误差。

下面根据爆炸产物的平均热容来计算炸药的爆温。

设 T_0 为炸药的初温，取 298 K，T_B 为炸药的爆温，单位为 K，$t = T_B - T_0$。$\overline{C_V}$ 为炸药全部爆炸产物在温度间隔 t 内的平均热容，则有

$$Q_V = \overline{C_V}(T_B - T_0) = \overline{C_V} t \qquad (2-30)$$

$$\overline{C_V} = \sum n_i \overline{C_{V_i}} \qquad (2-31)$$

式中，n_i 为第 i 种爆炸产物的摩尔数；$\overline{C_{V_i}}$ 为第 i 种爆炸产物平均定容比热，J/(mol·K)。

产物的摩尔比热容与温度的关系一般为

$$\overline{C_{V_i}} = a_i + b_i t + c_i t^2 + d_i t^3 + \cdots \qquad (2-32)$$

式中，t 为温度间隔。

对于一般的工程计算，仅取一次项，即认为热容与温度为线性关系。于是，有

$$\overline{C_{V_i}} = a_i + b_i t \qquad (2-33)$$

$$\overline{C_V} = A + Bt \qquad (2-34)$$

式中，系数 $A = \sum n_i a_i$，$B = \sum n_i b_i$。对于不同的产物，只是系数不相同而已。

由式（2-27）、式（2-31）得

$$Q_V = At + Bt^2 \text{ 或 } At + Bt^2 - Q_V = 0$$

$$t = \frac{-A + \sqrt{A^2 + 4BQ_V}}{2B} \qquad (2-35)$$

上式中"-"应舍去，$A > 0$，$B > 0$，而 $t > 0$，因此有

$$T_B = \frac{-A + \sqrt{A^2 + 4BQ_V}}{2B} + 298 \text{ (K)} \qquad (2-36)$$

由式（2-36）可以看出，已知爆热、爆炸产物组成、每种产物的摩尔比热容，就可以算出爆温 T_B。对于爆炸产物的平均比热容，一般采用 Kast 平均热容计算式得出：

对于双原子分子（如 N_2、O_2、CO 等），$\overline{C_V} = 20.08 + 18.83 \times 10^{-4}t$；

对于水蒸气，$\overline{C_V} = 16.74 + 89.96 \times 10^{-4}t$；

对于三原子分子（如 CO_2、HCN 等），$\overline{C_V} = 37.66 + 24.27 \times 10^{-4}t$；

对于四原子分子（如 NH_3 等），$\overline{C_V} = 41.84 + 18.83 \times 10^{-4}t$；

对于五原子分子（如 CH_4 等），$\overline{C_V} = 50.21 + 18.83 \times 10^{-4}t$；

对于碳，$\overline{C_V} = 25.11$；

对于氯化钠，$\overline{C_V} = 118.4$；

对于氧化铝（Al_2O_3），$\overline{C_V} = 99.83 + 281.58 \times 10^{-4}t$；

对于固体化合物，$\overline{C_V} = 25.11n$（式中，n 为固体化合物中的原子数）。

Kast 认为，上面的式子（除 Al_2O_3 外）在 4 000 ℃ 以下是适合的，但其数据的试验温度只在 2 500 ~ 3 000 ℃ 范围内，故外推温度过高时可能带来偏差，使用时应该注意。另外，Al_2O_3 的热容式子适用的温度范围为 0 ~ 1 400 ℃。

例 2-7 计算 TNT 的爆温。已知其爆炸反应方程式如下：

$$C_6H_2(NO_2)_3CH_3 \rightarrow 2CO_2 + CO + 4C + H_2O + 1.2H_2 + 1.4N_2 + 0.2NH_3 + 1\,093.6 \text{ kJ/mol}$$

解：先计算爆炸产物的热容。

对于双原子气体分子：$\overline{C_V} = (1 + 1.2 + 1.4)(20.08 + 18.83 \times 10^{-4}t) = 72.29 + 67.79 \times 10^{-4}t$

对于 H_2O，$\overline{C_V} = 16.74 + 89.96 \times 10^{-4}t$

对于 CO_2，$\overline{C_V} = 2(37.66 + 24.27 \times 10^{-4}t) = 75.32 + 48.54 \times 10^{-4}t$

对于 NH_3，$\overline{C_V} = 0.2(41.84 + 18.83 \times 10^{-4}t) = 8.37 + 3.77 \times 10^{-4}t$

对于 C，$\overline{C_V} = 4 \times 25.11 = 100.44 \text{ [kJ/(mol·K)]}$

$$\sum \overline{C_{V_i}} = 273.16 + 210.06 \times 10^{-4}t$$

因而，$A = 273.16, B = 0.021$。将此值代入式（2-35），得

$$t = \frac{-273.16 + \sqrt{273.16^2 + 4 \times 0.021 \times 1\,093.6 \times 1\,000}}{2 \times 0.021} = 3\,210.9 \text{ (℃)}$$

或

$$T = 3\,210.9 + 273 = 3\,483.9 \text{ (K)}$$

例 2-8 计算 1 kg 混合炸药（AN/TNT/Al(75/20/5)）的爆温。已知爆炸反应方程式为

$$9.38NH_4NO_3 + 0.88C_7H_5O_6N_3 + 1.85Al = 0.925Al_2O_3 + 20.96H_2O +$$

$3.525CO_2 + 2.635CO + 10.7N_2$

(该炸药爆热为 4 852.52 kJ/kg，Al_2O_3 的熔化热为 33.47 kJ/kg)

解：①用于加热爆炸产物的热量为

$$Q_0 = Q_V - Q_L = 4\ 852.23 - 33.47 \times 0.925 = 4\ 821.56\ (kJ)$$

②计算爆炸产物热容：

对双原子分子，$\overline{C_V} = (2.635 + 10.7)(20.08 + 18.83 \times 10^{-4}t) = 267.77 + 251.10 \times 10^{-4}t$

对 H_2O，$\overline{C_V} = 20.96(16.74 + 89.96 \times 10^{-4}t) = 350.87 + 1\ 885.56 \times 10^{-4}t$

对 CO_2，$\overline{C_V} = 3.525(37.66 + 24.27 \times 10^{-4}t) = 132.75 + 85.55 \times 10^{-4}t$

对 Al_2O_3，$\overline{C_V} = 25.11 \times 5 = 125.55\ [kJ/(mol \cdot K)]$

$0.925 \times 125.55 = 116.13\ (kJ/℃)$

$A = 267.77 + 350.87 + 132.75 + 116.13 = 867.5$

$B = (251.10 + 1\ 885.56 + 85.55) \times 10^{-4} = 0.222\ 2$

$$t = \frac{-867.5 + \sqrt{867.5^2 + 4 \times 0.222\ 2 \times 4\ 821.56 \times 1\ 000}}{2 \times 0.222\ 2} = 3\ 098.6\ (℃)$$

$T = 3\ 098.6 + 273 = 3\ 371.6\ (K)$

（二）按爆炸产物的内能值计算爆温

除采用 Kast 平均热容法外，还可以利用爆炸产物的内能值来计算。爆炸产物的内能值随温度变化的数据已经可以比较准确地求出，见表 2 - 11。

表 2 - 11　一些产物的内能变化值

T/K	$E/(kJ \cdot mol^{-1})$									
	H_2	O_2	N_2	CO	NO	OH	CO_2	H_2O	C	Al_2O_3[①]
291	0	0	0	0	0	0	0	0	0	0
298.15										0
300	0.188	0.188	0.188	0.188	0.192	0.192	0.259	0.226	0.079	0.146
400	2.264	2.330	2.276	2.280	2.347	2.335	3.364	2.791	1.114	8.852
500	4.356	4.556	4.381	4.402	4.540	4.452	6.832	5.439	2.446	19.137
600	6.452	6.887	6.535	6.581	6.795	6.577	10.602	8.192	4.025	30.095
700	8.560	9.314	8.745	8.832	9.544	8.699	14.619	11.083	5.799	41.583
800	10.682	11.820	11.025	11.155	11.527	10.845	18.845	14.092	7.799	53.458
900	12.824	14.393	13.372	13.552	14.004	13.021	23.238	17.213	9.765	65.621

续表

T/K	$E/(kJ \cdot mol^{-1})$									
	H_2	O_2	N_2	CO	NO	OH	CO_2	H_2O	C	Al_2O_3 [①]
1 000	15.025	17.025	15.778	16.008	16.544	15.464	27.778	20.456	11.878	78.002
1 200	19.447	22.148	20.769	21.083	21.769	19.799	37.208	28.083	16.292	103.240
1 400	24.066	27.957	25.937	26.338	27.163	24.556	46.999	34.472	20.945	129.101
1 600	28.853	33.614	31.242	31.711	32.673	29.476	57.003	42.066	25.790	155.582
1 800	33.811	39.359	36.660	37.192	38.246	34.564	67.308	50.020 0	—	182.639
2 000	38.920	45.200	42.158	42.752	43.894	39.786	77.697	58.258	35.748	210.262
2 200	44.162	51.141	47.727	48.367	49.589	45.124	88.249	66.731	—	238.429
2 400	49.526	57.170	54.187	54.036	55.338	50.576	98.889	75.400	48.593	376.095
2 600	54.999	63.279	59.015	59.739	61.124	56.120	109.629	84.216	—	405.383
2 800	60.572	69.488	64.722	65.475	66.948	61.747	120.441	93.165	—	434.671
3 000	66.229	75.781	70.454	71.249	72.789	67.446	131.302	102.366	61.898	463.959
3 200	71.965	82.140	76.22	77.044	78.655	73.207	142.248	115.525	—	493.247
3 400	77.764	88.575	82.019	82.860	84.534	79.040	153.306	120.784	—	522.535
3 500								75.454		537.179
3 600	83.626	93.199	87.835	88.697	90.433	84.931	164.406	130.181	—	551.823
3 800	89.546	101.65	93.667	94.554	96.374	90.876	175.506	139.691	—	581.111
4 000	95.512	108.25	99.508	100.429	102.33	96.86	186.669	149.281	89.387	610.399
4 200	101.53	114.93	105.38	106.307	108.32	102.92	197.886	158.820	—	639.687
4 400	107.59	121.66	111.27	112.207	114.32	109.01	209.162	168.377	—	668.975
4 600	113.69	128.44	117.18	118.169	120.37	115.16	220.442	177.975	—	698.263
4 800	119.83	135.22	123.09	124.09	126.44	121.37	231.706	187.606	—	727.551
5 000	126.01	142.02	129.03	129.58	132.54	127.59	243.165	197.409	—	756.839

① Al_2O_3 指 Al_2O_3（晶、液），即 $\Delta E_{Al_2O_3} = \Delta H_{Al_2O_3}$。

该法计算的依据为爆炸产物的内能值随温度的变化而变化，对于定容过程（$dV = 0$）而言，有 $dE = dQ + pdV = dQ$ 成立，即爆炸放出的热量全部用在转变爆炸产物的内能上，即有 $\Delta E = -Q_V$。所以，已知爆炸产物的组成和爆热，就可以利用表 2 – 11 中产物变化的内能数据算出爆温（平衡态）。

具体的计算过程为：首先假定一个爆温 T_B，按此假定的温度查表 2 – 11，求出其爆炸产物的全部内能值 ΔE；将 ΔE 与该炸药的爆热值 Q_V 进行比较，若两者相近，则可以认为该假定温度即为爆温；否则，再假定一个新的温度重新计算。

例 2-9 已知梯恩梯与硝酸铵混合炸药的爆炸反应方程式如下：
$$11.35NH_4NO_3 + C_7H_5(NO_3)_3 \rightarrow 7CO_2 + 25.5H_2O + 12.85N_2 + 0.425O_2 + 4748.8 \text{ kJ}$$

求该炸药的爆温。

解：首先假定它的爆温为 3 200 K，查表 2-11 得

$\Delta E_{CO_2} = 142.248$ kJ/mol；$\Delta E_{H_2O} = 111.525$ kJ/mol

$\Delta E_{N_2} = 76.220$ kJ/mol；$\Delta E_{O_2} = 82.140$ kJ/mol

于是，总的内能值为：$\Delta E = \sum n_i \Delta E_i = 4\ 820.5$ kJ

此内能值比 4 748.84 kJ 稍大，说明假定的温度高了些。故再重新假定爆温 3 000 K，同样查表 2-11 得总的内能值为

$$\Delta E = 4\ 435.88 \text{ kJ}$$

此值又稍微低了一些，但可以明确该炸药的爆温介于 3 000 ~ 3 200 K。若假定在该温度区间 ΔE 与温度呈线性关系，则可以得到

$$T = 3\ 200 - \frac{4\ 820.5 - 4\ 748.84}{(4\ 820.5 - 4\ 435.88)/200} = 3\ 163 \text{ (K)}$$

所以 $t = 3\ 163 - 273 = 2\ 890$（℃）。

三、影响爆温的因素和改变爆温的途径

在使用炸药时，根据实际需要，往往要改变或调整炸药的爆温。由式（2-30），得爆温的净增量为

$$t = \frac{Q_V}{C_V} = \frac{Q_{f,1} - Q_{f,2}}{C_V} \tag{2-37}$$

式中，$Q_{f,1}$ 为爆炸产物生成热的总和；$Q_{f,2}$ 为炸药的生成热。

由上式可见，影响爆热的因素都影响爆温；爆温与爆炸产物的热容量有关。因此，可以通过提高炸药爆热与减小爆炸产物的热容量的方法来提高爆温。但爆热的增加往往伴随着爆炸产物热容的增大，前者可以使爆温提高，但后者会导致爆温下降，应考虑综合效果。一般加入高能金属粉，如铝、镁等，它们的爆炸产物生成热较大，而产物的热容增加不多，有利于爆温的提高。几种反应产物的热化学性质见表 2-12。从表中数据可以看出，当消耗同等氧量时，镁、铝氧化释放的能量与其氧化产物热容的比值比碳、氢的氧化产物的对应比值大得多，因此铝、镁的加入对提高混合炸药的爆温十分有利。在许多弹药中装填含铝炸药，如水雷、鱼雷及对空导弹等，就是基于这个原理。

表 2 – 12　几种反应产物的热化学性质

反应	Q_f/kJ	C_p/(J·K^{-1})	Q_f/C_p
$2Al + 1.5O_2 \to Al_2O_3$	1 675.3	146.4	11.5×10^3
$3Mg + 1.5O_2 \to 3MgO$	1 803.7	182.0	9.9×10^3
$3H_2 + 1.5O_2 \to 3H_2O$	725.5	168.0	4.3×10^3
$1.5C + 1.5O_2 \to 1.5CO_2$	590.3	93.4	6.3×10^3

实际工作中往往需要降低炸药的爆温，其途径与提高爆温的途径正好相反，即通过降低炸药爆热与增大爆炸产物的热容量的方法来降低爆温。常采用的措施有：添加某些附加物；改变氧与可燃元素的比例，使可燃剂不完全氧化；减少爆炸产物的生成热，从而降低炸药的爆热。为了达到这一目的，在工业炸药中，常加入一些带有结晶水的盐类或热分解时能吸热的物质作为消焰剂，如硫酸盐、氯化物、重碳酸盐、草酸盐等。而一些工业炸药中甚至含有游离态的水，如水胶炸药、乳化炸药。

第五节　炸药的爆容

所谓炸药的爆容（或称比容），是指 1 kg 炸药爆炸后形成的气态爆炸产物在标准状况下的体积，常用 V_0 表示，其单位为 L/kg。从定义上看，爆容的大小反映出生成气体量的多少，而气体介质是炸药爆炸做功的工质。所以，爆容是评价炸药做功能力的重要参数，爆容越大，表明炸药爆炸做功效率越高。

爆容通常根据爆炸反应方程式来计算：

$$V_0 = \frac{22.4n}{M} \tag{2-38}$$

式中，n 为爆炸产物中气态组分的总摩尔数；M 为爆炸反应方程式中炸药的质量，kg；22.4 为标准状况下气体的摩尔体积。

例 2 – 10　计算 TNT 的爆容。已知其爆炸反应方程式为

$$C_7H_5O_6N_3 \to 2.5H_2O + 3.5CO + 1.5N_2 + 3.5C$$

解：$n = 2.5 + 3.5 + 1.5 = 7.5$，$M = 0.227$

于是：$V_0 = \dfrac{22.4 \times 7.5}{0.227} = 740$（L/kg）

例 2 – 11　计算阿马托（80/20）混合炸药的爆容。已知其爆炸反应方程式为

$$11.35NH_4NO_3 + C_7H_5O_6N_3 \rightarrow 7CO_2 + 25.2H_2O + 12.85N_2 + 0.425O_2$$

解：$V_0 = \dfrac{(7 + 25.2 + 12.85 + 0.425) \times 22.4}{11.35 \times 0.08 + 0.227} = 897.48$（L/kg）

炸药的爆容也可以通过试验来测定，使用的仪器是毕海尔（Bichel）弹式大型量热弹，也可以与测定爆热同时进行。仪器测定的是炸药的干比容（即无水比容），应将其换算成全比容，即实际爆容。与爆热一样，爆容与装药的密度、引爆条件、外壳限制等因素有关。因此，炸药的爆容是在一定测定条件下测得的结果。几种常用炸药的爆容实测值见表2-13。

表 2-13 常用炸药的爆容实测值

炸药	$\rho_0/(\text{g} \cdot \text{cm}^{-3})$	$V_0/(\text{L} \cdot \text{kg}^{-1})$	$n(CO)/n(CO_2)$
梯恩梯	0.85	870	7.0
	1.50	750	3.2
特屈儿	1.00	840	8.3
	1.55	740	3.3
黑索今	0.95	950	1.75
	1.50	890	1.68
太安	0.85	790	0.5~0.6
	1.65	790	0.5~0.6
RDX/TNT（50/50）	0.90	900	6.7
	1.68	800	2.4
苦味酸	1.50	750	2.1
硝化甘油	1.60	690	—
阿马托（80/20）	0.90	880	—
	1.30	890	—

从表2-13也可以看出，对于负氧平衡炸药，如梯恩梯、特屈儿、黑索今等，密度减小，其爆容增大，导致这种现象的原因可以用化学反应平衡来解释：

$$2CO \rightleftharpoons CO_2 + C + 172.47 \text{ kJ}$$
$$CO + H_2 \rightleftharpoons H_2O + C + 124.63 \text{ kJ}$$

当炸药密度减小时，其爆轰时压力减小，上面两个二次反应就向气态产物增加的方向移动，即平衡向左移动，最终导致炸药的爆容增加。

第三章

炸药的安定性与相容性

第一节　炸药的安定性

炸药及其制品从生产到使用往往要经过一段运输和贮存时间，这就要求炸药，特别是军用炸药，有较长的贮存期（一般为 15~20 年）。炸药本身虽然是一种较稳定的化学体系，但是在正常保管条件下也会发生一定程度的物理或化学变化。炸药的安定性就是指炸药在一定的条件下保持其物理、化学和爆炸性质而不发生明显变化的能力。不够安定的炸药进行长期贮存，不但爆炸性能会发生改变，影响正常使用，还有可能因缓慢的化学变化导致燃烧和爆炸事故的发生。研究炸药的安定性，对于炸药的制造、贮存和使用都具有重要意义。

炸药的安定性可以分为物理安定性和化学安定性。

炸药的物理安定性是指炸药延缓发生吸湿、挥发、渗油、结块、老化、冻结等方面的能力。乳化炸药的析晶，硝化甘油炸药冻结、渗油，硝铵炸药的结块、吸湿，铵油炸药的渗油，高聚物黏结炸药的强度及老化等都属于物理安定性问题。

炸药的化学安定性是指炸药延缓发生分解、水解、氧化和自行催化反应等方面的能力，其中以延缓炸药发生热分解变化为主。所以炸药的化学安定性主要指炸药的热安定性。

炸药的物理安定性和化学安定性并不是完全孤立无关的，两者相互关联。炸药聚集状态和装药结构的改变、含湿量的增加，以及其他物理性质的变化，对炸药的分解速度可能产生很大影响。随着炸药分解的进行,也会引起炸药物理性质的改变,如强度降低、组分分离、老化等。本章主要研究炸药的化学安定性问题,物理安定性不做讨论。

第二节 炸药的热分解

物质的热分解,是指在热的作用下,物质分子发生键断裂,形成相对分子质量小于原来物质分子的众多分解产物的现象,如下所示:

$$A(原物质分子) \xrightarrow{\Delta} B(分解产物) + C(气体产物)$$
$$\searrow D、E 等相对分子质量更小的物质$$

与一般物质一样,炸药在发火温度以下,由于热作用,分子也会发生分解。研究炸药的热分解机理对研究炸药的化学安定性、热爆炸及爆燃等都有重要意义。

一、炸药热分解通性

1. 炸药热分解的阶段性和形式动力学曲线

形式动力学曲线表示的是热分解总体过程的特性,而不是分解基元反应的动力学规律,故称为形式动力学曲线。形式动力学曲线反映的是试样的唯象动力学规律,其往往以测量炸药试样的温度、质量、分解气体产物体积(或压力)与时间的变化关系来反映炸药分解的表观(形式)动力学规律。

如图 3-1 所示,从形式动力学曲线上看,凝聚炸药特别是固体炸药,热分解过程可以分为如下三个阶段。

(1)初期。热分解很缓慢,几乎觉察不到有分解的现象,这个阶段称为感应期或反应延滞期。

(2)加速期。延滞期结束后,分解速度逐渐加快,在某一时刻达到最大值。

(3)减速期。如果炸药量较少,反应速度在达到最大值后急剧下降,直至分解结束;但如果炸药量很大,反应速度也可能一直增加,直至爆炸。

从反应机理上看,炸药分解(与其他化学物质一样)时并不是立即形成最终的分解产物,而是分步进行的(注意与形式动力学曲线阶段性进行区

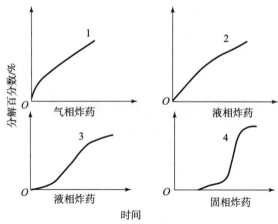

图 3-1 炸药热分解的形式动力学曲线
1—气相；2,3—液相；4—固相

分）。这种阶段性涉及分解反应的反应机理。因此，可以将炸药的热分解分为初始反应和第二反应两步。

初始反应（又称为第一反应）是热分解的开始阶段，是完整的炸药分子发生键断裂的最早步骤。对于气态炸药发生的分解反应，初始反应机理较为简单，可以看作分子的最薄弱处首先断裂。例如，对于气态硝酸酯，O—N 键的断裂首先发生：$R-O-NO_2 \rightarrow R-\dot{O} + NO_2$。初始反应生成的分子碎片（中间不稳定产物）很不稳定，将发生一系列的后续反应，很快再分解，或者生成相对分子质量小的碎片或产物，如 NO_2，反应活性强，可能与一系列中间产物进行反应，该过程综合称为第二反应。

对于液态炸药或固态炸药，分子间作用力强，最薄弱的键不一定是计算的键能最小的键。例如熔态的 RDX，分子的断裂始于六元环的断裂，而不是气相分解时侧链的断裂。

总体来看，初始反应仍然比较简单，可以视为单分子反应（气态）或是双分子反应（固态），也是热分解速率较低的阶段。在这个阶段，热分解产物之间还没有发生互相反应，加速趋势也很弱。第二反应很复杂，由多元反应组成，很难区分某个基元反应的动力学规律，只能笼统地用简化的唯象动力学方程表示。一般来说，第二反应具有自催化性质。第二反应受炸药堆积状态的影响较大，即气态反应产物的反作用影响显著。例如 NO_2 的及时排除，会明显降低硝化甘油和黑索今的热分解速率。

2. 炸药的初始分解反应动力学

试验表明，大多数炸药热分解的初始反应速度常数只受温度影响，服从阿累尼乌斯定律，即

$$k = A\exp\left(-\frac{E}{RT}\right)$$

式中，k 为速率常数；E 为表观活化能；T 为热力学温度；A 为指前因子。

取对数得

$$\ln k = \ln A - \frac{E}{RT} \tag{3-1}$$

对温度 T 求导数（$\ln A$ 为常数，$\frac{E}{R}$ 为与 T 无关的常数），有

$$\frac{\mathrm{d}(\ln k)}{\mathrm{d}T} = \frac{E}{RT^2} \tag{3-2}$$

$\ln k$ 随温度的变化率与 E 的大小成正比，反映了热分解的难易程度。E 值越大，表明试样越难分解；反之，E 值越小，表明试样越容易分解。但是要注意到，低温时 E 值大，$\ln k$ 的温度系数大，从而在低温时分解速度较慢。但是在高温时反应迅速加快。气相的初始反应是单分子反应，是一级反应，形式为 A→B + C + ⋯，则有

$$r = -\frac{\mathrm{d}c_A}{\mathrm{d}t} = kf'(c) = A\mathrm{e}^{-\frac{E}{RT}}f'(c) = A\mathrm{e}^{-\frac{E}{RT}}c_A \tag{3-3}$$

$\left(\text{对一级反应，有 } r = kc_A, f'(c) = c_A，\text{因为 } r > 0, \frac{\mathrm{d}c_A}{\mathrm{d}t} < 0，\text{故前有负号}\right)$

式中，r 为反应速率；c_A 为反应物的浓度；k 为速率常数；$f(c)$ 为关于 c 的函数。

即

$$\frac{\mathrm{d}c_A}{c_A} = -k\mathrm{d}t$$

对上式积分，由于 $t = 0$ 时，$c_A = c_{A_0}$（初始时浓度），则有

$$\int_{c_{A_0}}^{c_A}\frac{\mathrm{d}c_A}{c_A} = -k\int_0^t \mathrm{d}t$$

即

$$\ln \frac{c_A}{c_{A_0}} = -kt \tag{3-4}$$

或

$$c_A = c_{A_0}\exp(-kt) \tag{3-5}$$

则

$$t = \frac{1}{k}\ln\frac{c_{A_0}}{c_A} \tag{3-6}$$

$$t = \frac{\exp\left(\frac{E}{RT}\right)}{A}\ln\frac{c_{A_0}}{c_A} \tag{3-7}$$

当 $c_A = \frac{1}{2}c_{A_0}$ 时,有

$$t_{1/2} = \frac{\exp\left(\frac{E}{RT}\right)}{A}\ln 2 = \frac{1}{k}\ln 2 \tag{3-8}$$

式(3-8)为试样半分解期表达式(一级反应)。

注意:半分解期表达式与反应级数或者反应机理有关,即与 $f'(c)$ 的函数形式有关。例如,对双分子分解反应,有 $A + A \to B + C + \cdots$,则

$$r = -\frac{dc_A}{dt} = kf'(c) = Ae^{-\frac{E}{RT}}c_A \cdot c_A = kc_A^2$$

$$\Rightarrow t = \frac{1}{k} \times \frac{c_{A_0} - c_A}{c_A c_{A_0}}$$

$t_{1/2} = \frac{1}{k}\frac{1}{c_{A_0}}$(二级反应的半分解期)

对一级反应,由式(3-4)得

$$-\frac{dc_A}{dt} = kf'(c) = Ae^{-\frac{E}{RT}}c_A$$

$$\Rightarrow \ln\frac{c_{A_0}}{c_A} = -kt$$

由试验可以测定,在某温度下,根据不同时间的 c_A,可以计算得到 k 值;在另一温度下,根据不同时间的 c_A,可以计算得到另一 k 值。对 $k = A\exp\left(-\frac{E}{RT}\right)$ 的两边取对数,可得 $\ln k = \ln A - \frac{E}{RT}$,确定了 $\ln k - \frac{1}{T}$ 的线性关系,再通过试验就可以得到 E、A 的值。显然,对不同的反应级数(反应机理,或 $f'(c)$ 的函数形式),E、A 是不同的。

唯象动力学问题就是研究反应的 E、A 及 $f'(c)$ 的具体函数形式,或者说动力学参数与动力学规律。

二、炸药热分解的自行加速

炸药热分解的化学机理包含以下两种形式:

一是初始分解反应,反应速度与炸药本身性质有关。在一定的温度下,初始分解反应速度决定了炸药最大可能的化学安全性——潜在的安定性。

二是热分解的第二反应。第二反应是自行加速的,反应速度与外界条件有

很大关系，远大于初始分解反应速度。某种具体炸药的化学安定性取决于其自行加速分解反应的发生、发展。

第二反应或自行加速反应的反应机制有三种基本类型。

1. 热自行加速

由于热分解本身放热，反应物的温度升高，反应加速。反应加速又提高了放热量的强度，使反应物的温度更高，又加速了分解反应。这样累进的自行加速，最后可能导致爆炸，即热爆炸，也就是热自行加速。

2. 自催化加速

由于反应产物有催化作用，随着反应产物的积累，炸药的分解将加速进行。自催化加速往往在分解经过一段时间之后才发生，因为具有催化作用的产物要经历一段产生和积累的过程。炸药的自催化加速分解常导致爆炸。例如，硝化甘油分解时，酸性分解产物积累到一定程度时便开始强烈加速硝化甘油水解和氧化的分解过程。硝化甘油中含有的残余酸和水分严重地影响分解的加速过程，制造硝化甘油时，需要严格控制其产品中的水分和酸度。另外，含有硝化甘油的炸药和火药中往往加入二苯胺等物质，也称为中定剂（起到中和和安定作用），目的就是抑制自催化反应。向 TNT 中加入分解的凝聚态中间产物——2,4,6-三硝基苯甲醛，会大大加速它的分解。

3. 自由基链锁反应自行加速

自由基链锁反应是通过活性组分（自由原子或自由离子）的不断再生，使反应持续进行的一类反应，反应步骤像链锁一样，一环扣一环，故称为链锁反应。

一个活性组分作用后，生成另一个活性组分，这种反应称为直链反应。卤素和氢生成卤化氢的反应是典型的直链反应。

一个活性组分作用后，生成两个以上活性组分，这种反应称为分支链反应。

例如：$H + O_2 \rightarrow HO + O$

$O + H_2 \rightarrow HO + H$

$\Rightarrow R + \cdots \rightarrow \alpha R' + \cdots, \ \alpha > 1$

氢和甲烷的氧化反应就是支链反应。

如果活性组分（活化中心）因相互碰撞或与容器碰撞而消失，则称为链中断。当链分支速度大于链中断速度时，反应自行加速。在许多情况下，链反应过程伴随热积累，造成热自行加速和链自行加速同时进行。

对某一炸药来说，在一定条件下发生热分解第二反应的机理可能是上述两种或三种的综合作用，需要具体分析研究。TNT、RDX 的分解为热与自催化加速。液相炸药的自行加速反应很复杂。固相炸药更为复杂，会有多相分反应，如 g-s 反应。RDX 初始分解的 NO_2 与固相残渣反应就是 g-s 反应。

三、炸药热分解的特点

1. 温度对炸药热分解的影响

温度每升高 10 ℃，大部分炸药的分解速度增加 4 倍。按照一般化学动力学规则（Van't Hoff 规则），温度每升高 10 ℃，反应速率增加 2~4 倍，炸药则取上限。这说明炸药的活化能比一般的化学物质的高。活化能大说明：

（1）炸药分子在常温下有相当好的热稳定性。
（2）炸药分解反应速度随温度的变化率较大。

在不同的温度下，热分解规律（速度、产物类型等）是不同的，因此需要在不同温度下研究炸药的热分解问题。

2. 自行加速反应的特征

自行加速反应速率的变化趋势与炸药结构及外界条件有关，反应速率比初始反应高许多倍。如果分解产物或少量其他杂质能够加快分解速度，那么在炸药中加入一些能够与这些分解产物或少量杂质作用的物质，就能够提高炸药的化学安定性，加入的物质称为安定剂。例如，无烟药中往往加入安定剂二苯胺，加入的二苯胺的作用为中和残酸与分解产物，提高无烟药的安定性。

一般来说，硝酸酯类炸药的热安定性较差，硝基化合物类炸药的热安定性最好，而硝基胺类炸药居中。

3. 相态、晶型对热分解的影响

气相、液相、固相及晶型不同的同一炸药，其热分解规律不一样。一般由固相到液相时，热分解速率加快。

研究热分解时，需要考虑相态的影响，应在同一相态进行热分析比较，相态和温度对分解速率的影响如图 3-2 所示。

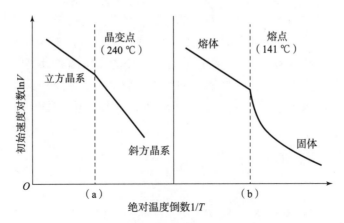

图 3-2　炸药热分解速率与温度的关系
（a）高氯酸铵；（b）太安

第三节　炸药热分解的研究方法

根据炸药热分解的特征，研究炸药热分解的方法有测热、测气体产物压力、测失重和测定气体产物组成等。根据热分解过程中环境温度是否变化，又可分为等温、非等温两类。

一、放出气体分析方法

放出气体分析方法历史悠久，是一种测定在密闭空间内由热分解产生的气体压力（数量）和种类的方法，在实际中应用广泛。主要的测定方法有真空热安定性法、布氏压力计法和气相色谱法。

1. 真空热安定性试验

本方法是一种在国内外使用较多的工业检测方法，原理是以一定量的炸药在恒温和真空条件下进行热分解，测定其在一定时间内放出的气体压力，换算成标准状况下的体积，以该体积评价试样的热安定性。真空热安定性的试验温度，一般炸药为（100±0.5）℃或（120±0.5）℃，耐热炸药为（260±0.5）℃。加热时间方面，一般炸药为48 h，耐热炸药为140 min。

如图 3-3 所示，真空热安定性试验的热分解器可以是一个具有一定形状的玻璃瓶，带有磨口塞，塞上焊有长毛细管。毛细管的另一端与压力传感器相连，以测量瓶内压力。测定时，将试样放置在分解瓶内。加热炸药前，将系统抽到剩余压力为 0.6 kPa 左右，测定此时瓶内压力、室温和大气压。按规定在一定温度下将试样加热一定的时间。加热完毕后，将仪器冷却到室温，再测定瓶内压力、室温及大气压，然后按式（3-9）计算，可以得出上述条件下炸药热分解的体积。

$$V = [A + C(B-H)]\frac{273p}{760(273+T)} - [A + C(B-H_1)]\frac{273p_1}{760(273+T_1)}$$
(3-9)

式中，V 为炸药热分解体积；A、B、C 为仪器的常数；H、H_1 为炸药热分解前后分别测定的分解瓶内的压力，mmHg；p、p_1 为炸药热分解前后分别测定的大气压力，mmHg；T、T_1 为炸药热分解前后分别测定的室温，K。

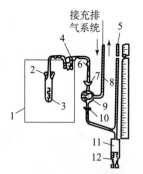

图 3-3 真空热定安性试验装置

1—加热体；2—加热管；3—玻璃珠；4—螺旋管；5—汞压力计；6—基准刻度记号；
7，9—球形接头；8—接管；10—活塞；11—储汞室；12—汞面调节器

这种方法的优点是仪器简单，操作方便，能同时测定多个样品。缺点是不适用于挥发性样品，每次试验只能得出一个数据，不能说明热分解过程。

2. 布氏计试验

布氏计试验是将定量试样置于定容、恒温和真空的专用玻璃仪器（即布氏压力计）中加热，根据零位计原理测量分解气体的压力，用压力（或标准体积）-时间曲线描绘热分解规律的一种炸药热安定性的测定方法。布氏压力计如图 3-4 所示。

布氏计有不同的结构，通常分为两个互相隔绝的空间，即反应空间和补偿

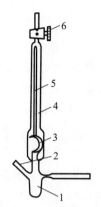

图3-4 布氏压力计

1—反应空间；2—加料和抽真空支管；3—玻璃薄腔；4—补偿空间；5—指针；6—活塞

空间。在反应空间中放有待测样品，补偿空间则与真空泵、压力计连通，用于测量反应空间的压力。与其他测压法相比，此法有以下优点：

（1）试样置于密闭容器内，可完全消除外来杂质对热分解的影响。

（2）反应空间小，仅使用几十到几百毫克样品，操作安全性大大提高。

（3）可在较大范围内调节试验条件，如装填密度在 $0.001 \sim 0.4 \ \text{g/cm}^3$ 之间改变；可以往系统中引入氧气、空气、水、酸和某些催化剂，研究它们对热分解的影响；还可以模拟炸药生产、使用和贮存时的某些条件。

（4）压力计灵敏，精确度较高，指针可感受 13.3 Pa 的压差。这种方法适用于各种炸药及其相关物的热安定性和相容性的测试，也可以用于取得炸药热分解的形式动力学数据。试验条件如下：

①反应温度为 (100 ± 5) ℃。

②装填密度为 $0.35 \sim 0.4 \ \text{g/cm}^3$。

③试验周期为 48 h。

3. 气相色谱法

令试样在定容、恒温和一定真空度下受热分解，用气相色谱仪测定试样分解生成的产物（如 NO、NO_2、N_2、CO_2、CO 等），以这些产物在标准状况下的体积评价试样的热安定性，这种方法称为气相色谱法。用气相色谱法测定炸药分解热安定时，试样温度可为 (120.0 ± 1) ℃ 或 (100.0 ± 1) ℃，连续加热时间为 48 h。

二、热(失)重法

热(失)重法始于 1915 年,由日本本多光太郎提出。热(失)重法是测量炸药质量随温度变化的技术。炸药热分解时产成气体产物,本身质量减小。物质受热分解后,气体分解产物排走进入空气,造成反应物质质量减小。记录试样质量的变化可以研究试样的热分解性质。炸药在热分解过程中不可避免地要发生蒸发和升华,对于易挥发或升华的炸药,用这种方法会产生较大的误差。

热(失)重方法可分为等温热失重和不等温热失重两种情况。

1. 等温热失重

用普通天平就可以测定炸药等温热分解的失重。通常将炸药放置在恒温箱中,定期取出称重。例如,通常采用的 100 ℃ 及 75 ℃ 加热法是在大气压下让定量试样在 (100±1)℃ 或 (75±1)℃,连续加热 48 h 或 100 h,求出试样的减量,来表征试样的热安定性。

库克(M. A. Cook)曾用石英弹簧秤连续测定炸药的热失重。我国也曾采用该仪器进行测定。

太安和黑索今的热失重曲线分别如图 3-5 和图 3-6 所示。

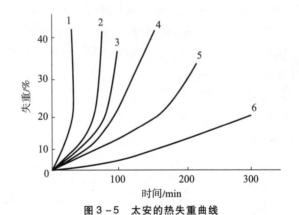

图 3-5 太安的热失重曲线
1—170 ℃;2—165 ℃;3—160 ℃;4—158 ℃;5—150 ℃;6—140 ℃

2. 非等温热失重方法(TG 法)

所谓非等温热失重法,就是在程序升温或者降温的情况下,测定试样质量变化与温度或时间关系的方法。这种方法快速、简单,一般能自动记录出热重

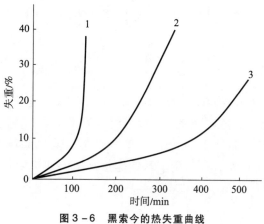

图 3-6　黑索今的热失重曲线

1—200 ℃；2—195 ℃；3—190 ℃

曲线。对记录下来的 TG 曲线进行动力学分析，就可以了解炸药的热分解特性。测得炸药在不同升温速率下的 TG 曲线，就可以求得炸药的热分解动力学参数。两种工业炸药的非等温热失重曲线如图 3-7 所示。程序升温是指单位时间温度升高多少，一般用每分钟多少摄氏度来表示，比如每分钟 1 ℃、每分钟 15 ℃ 等。用这样的程序升温，TG 曲线的横坐标也可以转化为时间，但是要注意这个时间和等温方法的时间概念不一样。

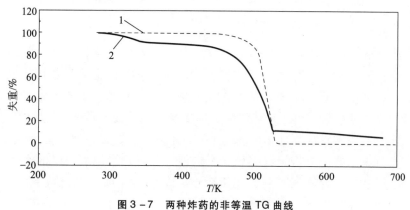

图 3-7　两种炸药的非等温 TG 曲线

1—硝酸铵；2—岩石乳化炸药

三、测热法

测热法是用仪器分析试样热分解过程产生的热量变化的方法。该法研究的是动力学变化,并非古典的热力学数据。常用的测热法有差热分析法(DTA)、差示扫描量热法(DSC)、加速反应量热法(ARC)和微热量量热法(MC)等。

1. 差热分析法

差热分析法(Differential Thermal Analysis,DTA)是在程序控制温度下,测量试样与参比物之间的温度差与温度或时间的关系的一种技术。该法的历史可以追溯到1887年,Lechatelier首次用单根热电偶插入试样中研究黏土的热性质。1899年,Roberts Austen采用了示差连接热电偶研究钢铁等金属材料,奠定了差热分析基础。差热分析仪器的结构原理如图3-8所示。

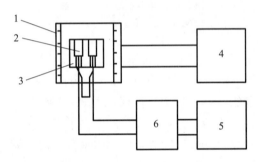

图3-8 差热分析仪原理图
1—加热炉丝;2—样品池;3—均热块;4—程序升温控制器;
5—记录和数据处理;6—微伏放大器

差热分析仪是在均热块的两个示差热电偶洞穴中(现已为片状托盘)分别放入盛有试样和参比物质(又称惰性物质,它在试验温度范围内不发生任何热效应,如 $\alpha\text{-}Al_2O_3$、SiO_2 等)的两个样品池。由程序温度控制器对加热炉进行程序温度控制,通过均热块使试样和参比物质处于同一温度场中。在试样和参比物质没有发生物理和化学变化时,无热效应发生,测量池和参比池中的温度相等,示差热电势始终等于一个定值,此时记录出的DTA曲线为一直线。当试样在某一温度下发生物理或者化学变化以后,则会放出或者吸收一定热量,此时示差热电势会偏离基线,得到试样的DTA曲线。某一炸药的DTA曲线如图3-9所示。

图中曲线的纵坐标为试样与参比物的温度差,零点向上表示放热反应,向下表示吸热反应。

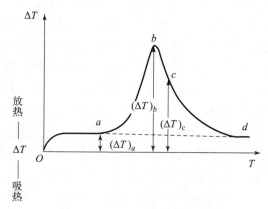

图3-9 某一炸药的DTA曲线

2. 差示扫描量热法

差示扫描量热法（Differential Scanning Calorimetry，DSC）是在程序控制温度下，测量试样和参比物的能量差与温度之间关系的一种技术。按测量方式，分为热流式和功率补偿式两种。前者是直接测量试样的物理、化学变化所引起的热流量与温度的关系；后者是测量试样端与参比物端的温度消失而输送给试样和参比物的能量差和温度的关系。DSC与DTA的主要差别在于，前者是测定在温度作用下试样与参比物的能量变化差；而后者是测定它们之间的温度差。

可以用DSC曲线的峰形、峰的位置、各特征峰温度和动力学参量的变化来分析被测试炸药的热安定性及相容性。例如，混合炸药的DSC曲线与其组分相比，混合体系的初始分解温度和放热分解峰温大幅度地向低温方向移动，反应热效应明显增大，这说明体系相容性不良或安定性下降。另外，DSC峰温与初始分解温度之差在一定程度上反映了热分解加速趋势的大小。差值越小，加速趋势越大。

DSC作为一种多用途、高效、快速、灵敏的分析测试手段已广泛用于研究物质的物理变化（如玻璃化转变、熔融、结晶、晶型转变、升华、汽化、吸附等）和化学变化（如分解、降解、聚合、交联、氧化还原等）。这些变化是物质在加热或冷却过程中发生的，在DSC曲线上表现为吸热或放热的峰或基线的不连续偏移。对于物质的这些DSC表征，多年来通过热分析专家的解析积累了不少资料，也出版了一些热谱（如SADTLER热谱等）。但热谱学的发展尚不够成熟，不可能像红外光谱那样将图谱的解析工作大部分变为图谱的查对工作。尤其是高聚物对热历史十分敏感，同一原始材料，由于加工成型条件不同，往往有不同的 DSC 曲线，这就给 DSC 曲线的解析带来了较大的困难。

解析 DSC 曲线决不只是一个技术问题，有时还是一个困难的研究课题，因为解析 DSC 曲线所涉及的技术面和知识面都比较广。为了确定材料转变峰的性质，不但要利用 DSC 以外的其他热分析手段，如 DSC - TGA 联用，还要借助其他类型的手段，如 DSC - GC 联用、DSC 与显微镜联用、红外光谱及升降温原位红外光谱技术等。这就要求解析工作者不但要通晓热分析技术，还要对其他技术有相应的了解，在此基础上结合研究工作不断积累经验，提高解析技巧和水平。作为 DSC 曲线的解析工作者，至少应该知道，通过 DSC 与 TGA 联用，可以从 DSC 曲线的吸热峰和放热峰及与之相对应的 TGA 曲线有无失重或增重，来判断材料可能发生的反应过程，从而初步确定转变峰的性质。分析纯 AN/机械油（98/2）混合物的 TG 曲线、DTG 曲线和 DSC 曲线如图 3 - 10 所示。DSC 和 TGA 对反应过程的判断见表 3 - 1。

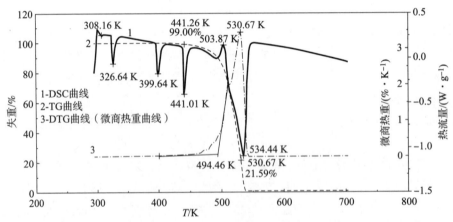

图 3 - 10 分析纯 AN/机械油（98/2）混合物的 TG 曲线、DTG 曲线和 DSC 曲线

表 3 - 1 DSC 和 TGA 对反应过程的判断

DSC		TGA		反应过程
吸热	放热	失重	增重	
√				熔融
√	√			晶型转变
√		√		蒸发
√	√			固相转变
√	√	√		分解

续表

DSC		TGA		反应过程
吸热	放热	失重	增重	
√		√		升华
	√		√	吸附和吸收
√		√		脱附和解吸
√		√		脱水（溶剂）

3. 加速反应量热法

加速反应量热仪是一种绝热量热器，中心部分由具有良好绝热性能的镀镍铜壳体和球形样品池构成。球形样品池内径为 24.5 mm，最多可装 10 g 样品。量热仪壳体中有 3 个测温热电偶和 8 个加热器，它们可以使壳体和试样的温度差在整个运行过程中保持很小的值。第四个热电偶连接在样品池外壁上，用来测量样品温度。膜片式压力传感器通过一个细管和样品池直接相连，探测反应过程中的压力变化。量热仪中还安置了一个辐射加热器，它和绝热系统是独立的，只用于升高试样的温度，直到探测到反应的升温速率。仪器温度操作范围为 0～500 ℃，压力范围为 0～17 MPa。ARC 结构如图 3－11 所示。

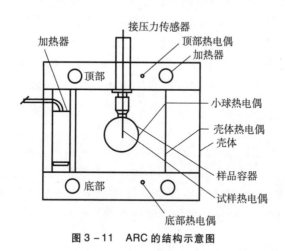

图 3－11　ARC 的结构示意图

ARC 的测试过程为加热（heating）—等待（waiting）—搜索（searching）方式，如图 3－12 所示。试样首先被加热到预先设置的初始温度（比如 150 ℃），等待一段时间，使系统温度达到热平衡，然后搜索（检测）试样的温度变化速率。若试样的温度变化速率小于设定值（比如 0.02 ℃/min），ARC 将按照预先选择的温度升高幅度（比如5 ℃）自动进行加热—等待—搜索循环，直至检测到比预设升温速率高的自加热速率，此后一直将保持绝热状态，直至达到全部的扫描温度范围或试验结束。

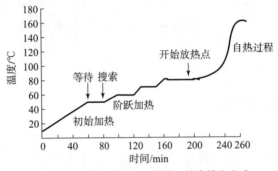

图3-12　ARC的加热—等待—搜索操作方式

4. 微热量量热法

该法与DSC原理相同，只是试样量较大（克级），并且测热灵敏度高。

在研究炸药及相关材料的热安定性和相容性时，曾经讨论过最有实际意义的方法是将试验温度尽可能地接近于实用温度，也就是说，在30～80 ℃下进行试验比较合适，因为物质在不同温度下的分解动力学规律是不完全一致的，甚至完全相反。在实用的温度（比如30～80 ℃）下，试样的热分解反应和相容性试验反应一般都极为缓慢，产生极少量气体产物，甚至不释放出气体产物，反应热也非常小，放热速率缓慢，一般的量热技术难以检测出这么微小的热量变化。目前只有微热量量热法最适合研究这样的反应过程。

DTA与DSC方法取量少（通常为毫克级），只适用于单体炸药。对混合均匀性差的混合炸药，若取样量少，则不能代表真实情况，测试灵敏度低，测试误差大。ARC的样品量较大，微热量热仪样品量也比较大，并且测试灵敏度高，但是DSC、DTA方法技术简单，操作简便、快捷。

四、扫描电镜法

对固体炸药，热分解初始反应在晶体表面发生、发展。用扫描电镜观察晶体表面状况有助于加深对物质的热分解特性的认识。

第四节 炸药的热安定性理论和安全贮存期

一、热安定性理论

炸药的初始分解反应速度取决于炸药的性质和温度，而与外界条件及有无附加物无关。一般而言，炸药的初始分解反应速率大小决定了炸药最大可能的热安定性。例如，对硝化甘油的单分子反应，速率常数 k 为

$$k = A\exp\left(-\frac{E}{RT}\right)$$

半分解期为

$$\tau = \frac{1}{k}\ln 2 = \frac{\exp\left(\frac{E}{RT}\right)}{A}\ln 2 \qquad (3-10)$$

根据诺贝尔的数据，有 $A = 10^{18.64}$，$E = 182\,840.8$ J/mol。

不同的温度下，$\tau_{1/2}$ 的计算见表 3-2。

表 3-2 硝化甘油的速率常数和半分解期

$t/℃$	T/K	k/s^{-1}	$\tau_{1/2}/$年
0	273.15	$10^{-16.34}$	4.8×10^8
20	293.15	$10^{-13.95}$	2.0×10^5
40	313.15	$10^{-10.93}$	1 870
60	333.15	$10^{-9.20}$	35

表 3-2 说明，即使是最不安定的炸药硝化甘油，也仍然是相当稳定的。但是这种计算是不合理的，原因有二：

第一，实际炸药不允许分解到这样深的程度，否则早已失去使用价值。

第二，这种计算仅考虑单分子反应，实际上经过一定延滞期后，便会出现激烈的自催化反应。

考虑自加速反应的计算结果为：30 ℃时，3.2 年；60 ℃时，550 h。显然，炸药热分解发展到自加速阶段，其安定性已大为降低。决定化学安定性的基本因素是自加速反应，而初始反应只起间接作用（初始分解产物引起的自催化）。

研究炸药化学安定性问题，就是要研究热分解延滞期的规律、自行加速反

应的发展的可能性与特点，以及控制自行加速反应的条件和措施。

二、炸药热安定性分析

炸药总的分解速度与温度的关系很复杂。测定炸药的热安定性就是测定炸药热分解速度与温度的关系，即测定在不同温度下，炸药的分解量与时间的关系——形式动力学曲线。

测试结果主要有两种情况。

第一种情况：仅仅测定分解反应量-时间曲线上的一点，或者是确定生成一定量的分解产物所需的时间，或者是确定某一个时间内分解的炸药量。

如图3-13所示，炸药1初始分解反应速度小，但不断加速，在某一时刻开始剧烈加速。炸药2在刚开始时分解速度较大，但加速趋势小，当炸药1剧烈加速时，炸药2还处于平稳的热分解阶段。

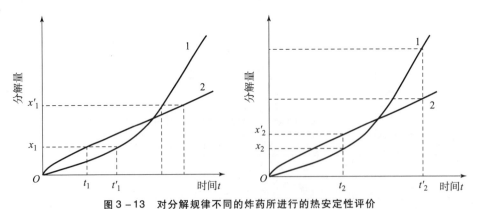

图3-13 对分解规律不同的炸药所进行的热安定性评价
1—炸药1的分解形式动力学曲线；2—炸药2的分解形式动力学曲线

当选用 x_1 和 x'_1 评价热安定性或选用 t_2 和 t'_2 评价热安定性时，都会出现不同的评价结果，无法进行比较合理的评价。

第二情况：测定或观察从开始分解到分解到相当大程度的全过程，并给出分解的形式动力学曲线，同时观测不同 T 下的形式动力学曲线，这种方法可估性大。对混合炸药，还必须考虑不同炸药分子间的相互作用等影响，因此，除测定混合物的形式动力学曲线外，还要测定每个组分及每两个组分的两两组合等情况的形式动力学曲线。此外，还应采用多种手段从不同侧面研究炸药的热安定性。

三、炸药的安全贮存期和有效寿命

安全贮存期终点是指炸药刚刚进入加速分解时所对应的分解深度（一般用炸药分解的百分数表示）。

有效寿命终点是指炸药因分解使其物理或化学性能发生了变化，导致某项（或某些）性能不符合技术条件规定的要求时对应的分解深度。

不同的终点，对应的分解深度是不同的。安全贮存期和有效寿命有时是一致的，有时是不一致的。

对不同炸药进行比较时，常选取某一个分解深度来表示它们共同的"终点"，如 5%、1% 或 0.1%。

安全贮存期和有效寿命的导出如下。

由式（3-2）知

$$r = kf'(c)$$

式中，r 为分解反应速度；k 为反应速率常数：

$$k = A\exp\left(-\frac{E}{RT}\right)$$

对于炸药分解反应：$\alpha A \rightarrow \beta B + \cdots$，有

$$f'(c_A) = [c_A]^\alpha$$

而

$$r = -\frac{dc_A}{dt} = kf'(c_A)$$

有

$$-\frac{dc_A}{dt} = A\exp\left(-\frac{E}{RT}\right)f'(c_A) = r$$

$$\Rightarrow \frac{\exp\left(\frac{E}{RT}\right)}{Af'(c_A)}dc_A = -dt$$

积分得

$$\int_{c_0}^{c_t} \frac{\exp\left(\frac{E}{RT}\right)}{Af'(c_A)}dc_A = -\int_0^\tau dt$$

所以

$$\tau = -\exp\left(\frac{E}{RT}\right)\frac{1}{A}\int_0^c \frac{dc_A}{f'(c_A)}$$

令

$$\int_0^c \frac{\mathrm{d}c_A}{f'(c_A)} = B'$$

$$\Rightarrow \tau = B' \exp\left(\frac{E}{RT}\right)$$

则有

$$\ln \tau = \ln B' + \frac{E}{RT} = B + \frac{E}{RT}$$

式中，E 为分解的活化能，J/mol；T 为贮存温度，K；k 为普适气体常数，$k = 8.314$ J/(mol·K)；B 为常数，取决于炸药分解动力学常数的指前因子和终点分解深度；τ 为分解延滞期或贮存期或有效寿命，s。

用这种方法估算寿命或安全贮存期是粗糙的，只有在一定的温度范围内，当热分解机理不变，反应速度与温度导数的线性关系不变（一直符合阿累尼乌斯定律）时，估算才是相对正确的。

最可靠的确定炸药安全性贮存期和有效寿命方法是长期贮存试验或模拟贮存试验。

第五节 炸药的相容性

单一化合物炸药难以满足现代战争和工程爆破的要求，在实践中，几乎所有的炸药都是混合炸药。例如 A 炸药是 RDX 和石蜡的混合物，高聚物黏结炸药（PBX）是 RDX 或 HMX 等与某些高分子的混合物，乳化炸药是 AN、水、油、蜡等的混合物。

混合炸药组成成分增加，或炸药与包装材料、弹壳等接触，都会造成炸药的物理、化学性质、爆炸性质的变化。一般来说，混合物的热分解速度要大于各单独组分的热分解速度，也就是说，混合炸药比单一炸药具有更大的危险性。例如，高氯酸铵在 160 ℃ 分解速度很小，硝化甘油在这一温度下也可以平稳地分解，但两者以 1:1 的比例混合后，在 160 ℃ 时会立即爆燃。重（三硝基乙基）乙硝胺（化学式 $C_4H_5N_8O_{14}$，代号为 BTNENA）及其和某些高聚物的热分解特性见表 3-3。如果和原来的炸药相比，混合炸药热分解的速度明显加快，不能满足实际需要，就认为这个混合炸药的组分不相容；反之，可以认为是相容的。但是这种判断往往带有很大的经验性。

表3-3 BTNENA 与某些高聚物混合物的在 160 ℃时的热分解半分解期

混合物	$\tau_{1/2}$/min
BTNENA	59
BTNENA/PIB（95/5）	56
BTNENA/PVAC（95/5）	40.8
BTNENA/PMMA（95/5）	36
BTNENA/BB-SDMP（95/5）	爆燃
BTNENA/PVB（95/5）	爆燃

注：PIB，聚异丁烯；PVAV，聚醋酸纤维；PMMA，有机玻璃；PB-S-DMP，丁苯、苯乙烯、苯二甲酸二莘酯的混合物。

炸药与材料的相容性是指炸药与材料（或其他混合炸药组分）相混合或相接触后保持各自物理、化学和爆炸性质不发生明显变化的能力。

炸药相容性的定义是：炸药和添加剂共同混合后所组成的混合物热分解速度与原来的单一炸药相对比的变化程度。其强调对比变化程度，可以表示为

$$R^0 = C - (A + B) \tag{3-11}$$

式中，R^0 表示炸药、添加剂共混后热分解量的差值变化；C 表示混合物的热分解量；A、B 分别表示炸药、添加剂各自单独的热分解量。

相容性可以分为组分相容性和接触相容性两种。组分相容性也称为内相容性，是指混合炸药中各组分间的相容性。接触相容性又称为外相容性，是指炸药与外部包装、接触材料之间的相容性。

第四章

炸药的起爆理论

炸药在热、光、电、机械、冲击波、辐射能等外界能量作用下可激发爆炸，那么外界作用是怎样激发炸药的呢？其化学物理过程的本质是怎样的呢？这是炸药起爆理论应该回答的问题。研究炸药的起爆机理及感度，对于炸药的安全贮存、运输、加工处理及炸药的使用，都具有很重要的意义。

第一节 炸药的起爆

一、炸药起爆的原因

炸药是一种处于相对稳定状态的物质,本身的能量水平比较高(如处于高位的小球),只有在一定的引爆冲能作用下才会发生爆炸。有关炸药的稳定性和引爆能量之间的关系如图4-1(a)所示。在无外界能量激发时,炸药处在能栅图中Ⅰ位置,此时炸药是处于相对稳定的平衡状态,其位能为E_1。当受到外界能量作用后,炸药被激发到状态Ⅱ位置,此时炸药已吸收外界的作用能量,同时自身的位能跃迁到E_2,位能的增加量为$E_{1,2}$。如果$E_{1,2}$大于炸药分子发生爆炸反应所需的最小活化能,那么炸药便发生爆炸反应,同时释放出能量$E_{2,3}$,最后形成的爆炸产物处于状态Ⅲ的位置。

事实上,炸药爆炸的能栅变化如同图4-1(b)中处在位置1的小球,小球此时是处在相对稳定的状态。如果给它一个外力让其越过位置2,则小球就会立即滚到位置3,同时产生一定的动能。从能栅图还可以看出,外界作用所给的能量$E_{1,2}$既是炸药发生化学反应的活化能,又是外界用于激发炸药爆炸的最小引爆冲能,因此可以得出,$E_{1,2}$越小,炸药越易起爆;反之,$E_{1,2}$越大,炸药越难起爆。

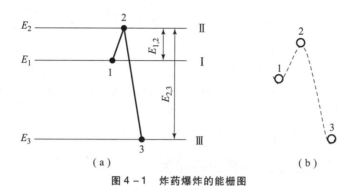

图 4-1 炸药爆炸的能栅图
Ⅰ—炸药相对稳定平衡状态；Ⅱ—炸药激发状态；Ⅲ—炸药爆炸反应状态

二、炸药起爆的能量形式

多种形式的外部能量都可以激发炸药起爆，但从工程爆破技术、作业安全和有效使用炸药的角度来看，热能、爆炸能和机械能比较有实际意义。

（一）热能

当炸药受到热或火焰的作用时，其局部温度将达到爆发点而引起爆炸。例如，火雷管起爆法就是利用导火索的火焰来引爆火雷管的；电雷管起爆法则是利用电桥丝通电灼热引燃引火药头来引燃雷管，进而起爆炸药。

（二）机械能

炸药在撞击或摩擦的作用下，颗粒间产生强烈的相对运动，机械能瞬间转化为热能，从而引起炸药爆炸。利用机械能起爆炸药既不方便也不安全，工程爆破中一般不采用。在运输和使用炸药时，必须注意机械作用可能引爆炸药的问题，防止爆炸事故的发生。

（三）爆炸能

工程爆破中常用一种炸药爆炸产生的强大能量来引爆另一种炸药。例如，在实际爆破作业中最常见的是利用雷管或导爆索的爆炸来引爆炸药，以及利用起爆药包的爆炸来引爆一些钝感炸药。

除了上述的热能、机械能和爆炸能外，光能、超声振动、粒子轰击和高频电磁波等也都可以激发炸药爆炸，因此这些在爆破作业中都应该引起注意和重视。

感度或敏感度（Sensitivity）是度量炸药起爆难易程度的一个物理量，是指在外界能量作用下炸药发生爆炸的难易程度。此处"爆炸"的含义是不稳定爆轰、爆燃或 DDT 过程。若激发炸药爆炸所需的外界能量小，则炸药感度大；反之，若所需外界能量大，则炸药感度小。

在研究感度时，基本上是根据外界作用引爆冲能的不同形式将炸药的感度相应地分成若干类型，如热感度、火焰感度、静电感度、摩擦感度、撞击感度、冲击波感度、爆轰波感度和激光感度等。

三、炸药起爆的选择性和相对性

炸药起爆的难易程度用"感度"这个物理量来度量，炸药起爆的难易受外界能量的种类、作用形式及自身状态等因素的影响。炸药在某个条件下容易起爆，并不代表它在其他条件下都容易起爆。炸药的起爆或感度体现出一定的选择性和相对性。

（1）外界能量种类。不同种类的外界能量引起爆炸变化的难易程度是不同的（选择性）。例如，TNT 炸药和 NaN_3 炸药都是耐热性的，而 TNT 的机械感度低（<8%），NaN_3 表现出较强的机械感度。

（2）外界能量的作用速率。一般情况下，外界能量的作用速率越快，炸药起爆越容易。如静压和快速加压，缓慢加热和迅速加热，效果都是不同的。

（3）装药条件。装药条件影响炸药的感度（如炸药的装药直径、装药密度等）。当炸药的尺寸小于临界条件时，不足以使炸药在热的条件下发生爆炸；当炸药的尺寸大于临界条件时，才有热爆炸的可能。

（4）炸药的物理状态。同种炸药在不同物理状态的起爆难易程度不同。如熔融态和固态，结晶状态和粉状，表现出的感度是不同的。

（5）不同用途的炸药有不同感度的要求。

对于工业炸药，人们常将感度分为实用感度和危险感度。所谓实用感度，是指敏感性，即在一定的起爆方式下，如果用它的最小起爆能量来起爆某种炸药时，该种炸药能顺利地起爆，不会出现半爆或拒爆。对于炸药使用者来说，炸药具有适当的实用感度是很重要的，因为较高的实用感度可以减小炸药拒爆概率，有效防止意外事故的发生。而危险感度是指不安定性，即当外界作用的能量低于炸药的最小起爆能时，炸药是安全的。低不安定性是人们对炸药的要求。特别是在炸药的制造、运输等过程中，即使受到了低于最小起爆能的机械或者其他形式的作用，炸药也应该是安全的，不会发生爆炸等意外事故。一般地，不安定性高则意味着意外引爆的可能性大，而不安定性低则意味着意外引爆的可能性小。

第二节 炸药的起爆机理

一、热作用下的起爆机理

炸药在贮存、运输、加工处理及使用过程中常会遇到不同的热源，如雷管中电热丝的加热、炸药的烘干，以及装药前炸药的预热和熔化等。炸药在热源作用下能否发生爆炸？怎样发生爆炸？具备什么条件才能发生爆炸？热作用下发生爆炸与哪些因素有关？这些都与热爆炸机理有关。

凡是在单纯的热作用下，炸药在几何尺寸与温度相适应的时候能发生自动的不可控的爆炸现象，均称为热爆炸。热爆炸理论主要研究炸药产生热爆炸的可能性、临界条件（温度、几何尺寸）和一旦满足了临界条件以后发生热爆炸的时间等问题。热爆炸的临界条件就是指在单纯的热作用下，能够引起炸药自动发生爆炸的那些最低条件。

炸药在热作用下发生爆炸的理论探索是从爆炸气体混合物热爆炸问题的研究开始的。谢苗诺夫建立了混合气体热自动点火的热爆炸理论。这一理论的基本观点是，在一定条件（温度、压力及其他条件）下，若反应放出的热量大于热传导所散失的热量，就能使混合气体发生热积累，从而使反应自动加速，最后导致爆炸。

弗兰克－卡曼涅斯基发展了定常热爆炸理论，这一理论进一步考虑了温度在反应混合气体中的空间分布。

莱第尔、罗伯逊将热爆炸理论应用于凝聚炸药的起爆研究中，提出了热点学说。这一学说揭示了撞击、摩擦、发射惯性力等机械作用下炸药激发爆炸的机理和物理本质。

布登、约夫等把热爆炸理论进一步扩展到起爆药的起爆研究中，并对热爆炸的临界条件的某些参数进行了计算。

就研究内容而言，热爆炸理论可分为定常热爆炸理论和非定常热爆炸理论。这里定常与非定常都是指温度与时间的关系，即炸药温度是否随时间变化。定常热爆炸理论研究的重点是发生热爆炸的条件；而非定常热爆炸理论则是重点研究具备热爆炸条件后，热爆炸过程发展的速度。

定常热爆炸理论又分为两种情况，即均匀温度分布和不均匀温度分布。均温分布是指容器中炸药各处温度均相等；不均温分布指的是炸药各处温度分布不同，中部温度最高，壁面处温度最低。炸药温度分布的三种典型情况如图4-2所示。其中图4-2（a）表示炸药温度T既随位置r变化，又随时间t变化；图4-2（b）表示炸药温度只随位置变化，而与时间t无关，属于温度定常分布的一种；图4-2（c）是温度定常均匀分布的情况，是三者中最简单的情况，下面讨论这种最简单的情况，进而推广到图4-2（b）的情况。

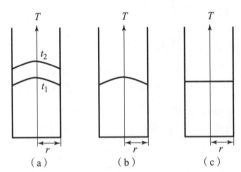

图4-2　容器中炸药温度分布的三种典型情况

（a）非定常分布$T=f(r,t)$；（b）定常不均温分布$T=f(r)$；（c）定常均温分布$T=$常数

（一）均温分布的定常热爆炸理论

谢苗诺夫在以下三点假设下，建立了均温分布定常热爆炸的热平衡方程式，进而确定了热爆炸的临界条件。

（1）炸药各处温度相同，也就是说，炸药的里层和外层不存在温度差。这一假定适用于研究薄层炸药的热爆炸。如铝盘中炸药的烘干过程，可以认为盘中炸药各处温度是相等的。

（2）环境温度T_0为常数，烘药时烘箱加热温度即为T_0。

（3）炸药达到爆炸时的炸药温度T大于T_0，但两者差值$(T-T_0)$不大。

基于上述假定，可以建立炸药的热平衡方程式。

首先，炸药在温度T时，单位时间内由于发生化学反应而放出的热量Q_1取决于化学反应速率W（g/s）及单位质量炸药反应后所放出的热量q（J/g），即

$$Q_1 = W \cdot q \tag{4-1}$$

按照化学反应动力学，一级反应（假定炸药的热分解过程属于此种类型）在开始反应时的速度为

$$W = Zme^{-\frac{E}{RT}} \tag{4-2}$$

式中，Z为频率因子，与分子的碰撞概率有关；E为炸药的活化能；m为炸药

量；R 为气体常数。

将式（4-2）代入式（4-1），得到

$$Q_1 = Zme^{-\frac{E}{RT}} \cdot q \tag{4-3}$$

与炸药发生化学反应的同时，单位时间内因热传导而散失于环境的热量 Q_2 为

$$Q_2 = K(T - T_0) \tag{4-4}$$

式中，K 为传导系数，J/(℃·s)；T 为炸药温度；T_0 为环境温度。

可想而知，只有当单位时间内炸药反应放出的热量 Q_1 大于散失于环境的热量 Q_2 时，炸药中才有可能产生热的积累。只有炸药中发生了热积累，才可能使炸药温度 T 不断升高，使炸药反应速度加快，最后导致炸药爆炸。因此，炸药爆炸必须满足的临界条件之一是

$$Q_1 = Q_2 \tag{4-5}$$

即

$$Zmqe^{-\frac{E}{RT}} = K(T - T_0) \tag{4-6}$$

然而，达到热平衡只是爆炸的一个条件，要实现爆炸，还必须满足另一个条件，即放热量随温度的变化率超过散热量随温度的变化率，只有这样，才能引起炸药的自动加速反应。所以爆炸的第二个条件为

$$\frac{dQ_1}{dT} = \frac{dQ_2}{dT} \tag{4-7}$$

即

$$\frac{ZmqE}{RT^2}e^{-\frac{E}{RT}} = K \tag{4-8}$$

由式（4-6）和式（4-8）可得热爆炸的临界条件为

$$T - T_0 = \frac{RT^2}{E} \approx \frac{RT_0^2}{E} \tag{4-9}$$

或

$$(T - T_0)\left(\frac{E}{RT^2}\right) \approx 1 \tag{4-10}$$

令 $(T - T_0)\left(\dfrac{E}{RT^2}\right) = \theta$，这里 θ 称为量纲为 1 的温度。显然，当无因次温度 $\theta > 1$ 时，炸药就可能发生热爆炸；当 $\theta < 1$ 时，炸药不可能发生热爆炸。式 (4-10) 还可以用来估计在环境温度 T_0 时，炸药达到爆炸必须具备的温度 T_0。例如，黑索今炸药在 $T_0 = 277$ ℃（550 K）时发生爆炸，根据黑索今的活化能 $E = 209\,275$ J/g，按式（4-10）可得它达到爆炸时的临界温度条件：

$$T = T_0 + \frac{1.987 \times 550^2}{50\,000} = 550 + 12 = 562 \ (K) \ (289 \ ℃)$$

由此可知，当环境温度 $T_0 = 277$ ℃ 时，炸药发生爆炸的温度需要达到 289 ℃。

（二）不均温分布的定常热爆炸理论

假设容器中炸药各处温度不均匀，热平衡方程可写成

$$-\lambda \nabla^2 T = qZe^{-E/(RT)} \tag{4-11}$$

式中，$\nabla^2 T = \dfrac{\partial^2 T}{\partial x^2} + \dfrac{\partial^2 T}{\partial y^2} + \dfrac{\partial^2 T}{\partial z^2}$，称为拉普拉斯算子；$-\lambda\nabla^2 T$ 为散失于环境的热量（λ 为导热系数）；$qZe^{-E/(RT)}$ 为炸药化学反应所放出的热。

式（4-11）用量纲为 1 的温度 θ 变化来表示，可得

$$\nabla^2 \theta = -\dfrac{q}{\lambda}\dfrac{E}{RT_0^2}Ze^{E/(RT_0)}e^{\theta} \tag{4-12}$$

如果导热过程只与一维空间有关，并把 x（距容器中心的距离）转化为量纲为 1 的量 $\xi = \dfrac{x}{r}$（这里 r 为容器的半径），则

$$\dfrac{d^2\theta}{d\xi^2} + \dfrac{\xi}{l}\dfrac{d\theta}{d\xi} = -\delta e^{\theta} \tag{4-13}$$

式中，l 是常数，对于无限大平板状容器，$l=0$，对于圆柱形容器，$l=1$，对于球形容器，$l=2$。

$$\delta = \dfrac{q}{\lambda}\dfrac{E}{RT_0^2}r^2 Z e^{-\dfrac{E}{RT_0}} \tag{4-14}$$

在两面均匀加热时，式（4-13）的边界条件为：

（1）在容器中心处，$\xi = 0, \dfrac{d\theta}{d\xi} = 0$。

（2）在壁面处，$\xi = 0, \theta = 0$。

卡曼涅斯基曾对 $l = 0, 1, 2$ 三种情况解出了式（4-13），得到的热爆炸临界条件见表 4-1。表中 δ_K 和 θ_K 为 δ 和 θ 的临界值。如果系统的 $\delta > \delta_K$，$\theta > \theta_K$，则炸药就会发生爆炸。

表 4-1 热爆炸临界条件

容器形状	l	δ_K	θ_K
无限大平板容器	0	0.88	1.19
圆柱形容器	1	2.00	1.39
球形容器	2	3.22	1.61

（三）谢苗诺夫热爆炸理论的图解说明

在 $Q-T$ 坐标系内，$Q_1 = Zmqe^{-E/(RT)}$ 为一条指数曲线，如图 4-3 所示，这条曲线称为得热线；而散热量 $Q_1 = K(T-T_0)$ 在 $Q-T$ 坐标系中为一斜线，其斜率为 $K = \tan\alpha$，如图 4-4 所示，称为失热线。

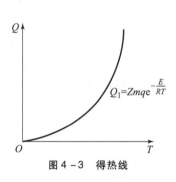

图 4-3 得热线

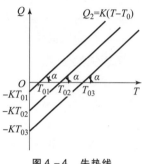

图 4-4 失热线

失热线上每一点的横坐标代表炸药的温度 T，纵坐标代表相应的散热量。失热线和 T 轴的交点表示炸药的温度和环境温度 T_0 相等，失热量 Q_2 为零。失热线与 Q 轴的交点表示炸药温度 $T = 0\text{ K}$ 时环境传给炸药的热量（如图 4-4 中 $-KT_{01}$、$-KT_{02}$、$-KT_{03}$ 等所示）。显然，T 轴以下失热线上各点所确定的炸药温度 T 都低于环境温度 T_0，此时环境对炸药加热。

从得热与失热关系容易看出，炸药热爆炸特性与炸药的活化能、炸药的分解反应热、炸药的热传导系数及热容、有效的加热面积及炸药的质量等因素有关。

下面来分析得热线与失热线的关系。将得热线与失热线画在同一个 $Q-T$ 坐标系内（图 4-5），而后分三种可能的情况进行讨论分析。

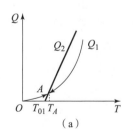
(a)

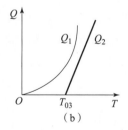
(b)

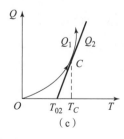
(c)

图 4-5 得热线与失热线关系中的三种可能情况

(1) 环境温度为 T_{01} 时，由图 4-5（a）可以看到，直线和曲线有交点 A，在 A 点左边，$Q_1 > Q_2$，得热大于失热，炸药温度升高；升高到 A 点时，$Q_1 = Q_2$；在 A 点右边，$Q_2 > Q_1$，失热大于得热，炸药温度降低，又回到 A 点。

所以，当介质温度较低时，炸药温度动态维持在 T_A 附近，反应稳定、缓慢地进行，不会自动加快，A 点叫稳定平衡点。

(2) 环境温度为 T_{03} 时，由图 4-5（b）可以看到，曲线在直线的上方。在这种情况下，因环境温度 T_{03} 很高，炸药在任何温度下得热总是大于失热，炸药温度不断升高，最终导致爆炸。

(3) 环境温度为 T_{02} 时，由图 4-5（c）可以看到，曲线与直线相切，在切点 C 上，有 $Q_1 = Q_2$，而在 C 点以下和 C 点以上，都是 $Q_1 > Q_2$。在 C 点的左边，有 $Q_1 > Q_2$，此时得热大于失热，温度升高，很快达到 C 点。在 C 点处，只需热量稍微增加一点，就会达到 C 点的右边，于是 $Q_1 > Q_2$，得热大于失热，炸药温度迅速升高，最后导致爆炸，所以称 C 点为不稳定平衡点。

环境温度 T_{02} 是量变到质变的数量界限，环境温度低于 T_{02} 时，得热线与失热线相交，炸药将处于交点的温度，进行稳定、缓慢的反应，不会导致爆炸。而当环境温度大于 T_{02} 时，曲线将在直线上，得热大于失热，反应将自行加快，最后导致爆炸。T_{02} 是炸药能够导致爆炸的最低环境温度，称 T_{02} 为炸药的爆发点。

所以，爆发点就是炸药在热作用下，其反应能自行加速导致爆炸的最低环境温度。

应当指出，炸药的爆发点并不是爆发瞬间炸药的温度。爆发瞬间炸药的温度为 T_C，如图 4-5（c）所示。爆发点是炸药分解自行加速开始时环境的温度，即为 T_{02}。从开始自行加速到爆炸有一定的时间，称为爆发延滞期。在试验测定时，延滞期取 5 min 或 5 s 为标准，以便比较。

（四）爆发点的影响因素

爆发点不是炸药的物理常数，因为它不仅与炸药性质有关，还与介质的传热条件有关。如将测爆发点的铜壳改成铁壳或玻璃壳，炸药的爆发点就会发生明显改变。对于同一炸药在相同的介质温度 T_0 下，介质传热系数不同，若 $K_1 > K_2 > K_3$（或 $\alpha_1 > \alpha_2 > \alpha_3$），则如图 4-6 所示。在介质传热系数较小（$K_3$）时，$T_0$ 高于炸药的爆发点；反之，在介质传热系数较大（K_1）时，T_0 低于炸药的爆发点。当 $K = K_1$ 时，曲线 Q_1 与 Q_2 相交，T_0 低于爆发点；当 $K = K_2$ 时，曲线 Q_1 与 Q_2 相切，T_0 是爆发点；当 $K = K_3$ 时，曲线 $Q_1 > Q_2$，T_0 高于爆发点。

由此可见，散热条件不同，爆发点也会变化。所以，如果炸药仓库通风条件不好,炸药在较低温度下也可能发生爆炸。

炸药药量对爆发点也有一定的影响,如图4-7所示。当药量增大时,单位时间内反应放出的热量增大,所以药量大的曲线1在药量小的曲线2的上面。因此,药量大,爆发点就低。

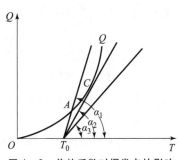

图4-6 传热系数对爆发点的影响　　　图4-7 药量对爆发点的影响

由此可见,爆发点是易受各种物理因素影响的一个量。为了比较不同炸药的热感度,在测定爆发点时,必须固定一个标准试验条件,例如,采用同一种仪器、同一管壳,插到合金浴中同一深度(2.5 cm),用同一药量(0.05 g)等。

从上面的讨论可以看出,很多炸药在热作用下发生爆炸是单纯的热机理,符合简单反应动力学热爆炸规律。但不少炸药如叠氮化钡、雷汞、梯恩梯和硝化甘油等在热作用下发生爆炸的机理是自催化热爆炸。所谓自催化热爆炸,是指足够量的炸药,其反应速度随着某一产物浓度的增大而增大,在反应速度增长到最大值前,系统中放热速度大于散热速度,这时反应的自动加速由自催化作用和热作用共同决定,使自动加速作用更激烈,最终导致爆炸。

有些炸药在受热作用时具有链锁反应的特征,尤其是某些气体混合物,进行链锁反应时,链分支速度大于链中断速度,即使温度不再升高,也会自动加速,出现等温链锁爆炸。如果炸药受热后不仅进行链锁反应,而且反应放热,那么随着温度的升高,链锁分支中断,活化中心的数目在短时间内增加得很快,反应会自动加速,出现链锁热爆炸。

热爆炸理论虽然是从气体爆炸理论引出来的,但这些基本点也适用于凝聚炸药热爆炸的情况。

二、机械作用下的起爆机理

长期以来,人们对炸药的起爆及其机理做了大量的试验和理论研究。最早提出的是贝尔特罗假设(即所谓的热学说):机械能变为热能,使整个受试验的炸药温度升高到爆发点，使炸药发生爆炸。这个论点后来引起了人们的怀疑。因为计算表明，即使起爆冲击能全部转化为热能被它吸收，像雷汞这样的炸药的温度也只能提高 20 ℃左右，而这个温度根本不可能使雷汞爆炸。对其他一些炸药进行计算后也表明，假设炸药在受撞击时所吸收的能量被均匀地分散到整个炸药中，则由于撞击的时间很短，即使炸药的体积很小，温度的上升也不可能使炸药发生爆炸反应，何况实际情况是炸药在撞击过程中所吸收的能量远小于它的临界撞击能。

后来又出现了摩擦化学假说：炸药受冲击时，个别质点（晶粒）一方面与其他质点互相接近，紧密性增大；另一方面，彼此相互移动，在相邻表面上互相滑动，此时在表面上产生两种力（法向力和切向剪力），法向力使一个质点分子上的原子可能落到第二个质点表面上分子引力的作用范围之内，切向剪力的作用可以引起表面质点的原子间键的破坏，最后使化学反应的分子变形并发生爆炸。这种摩擦化学假说既没考虑热的作用，又没考虑有些炸药分子的键能大到在一般的机械作用下要直接破坏这种分子是相当困难的。因此摩擦化学假设理论具有很大的局限性。

目前较为公认的是热点学说，它是由英国的布登在研究摩擦学的基础上于 20 世纪 50 年代提出的，由于热点学说能较好地解释炸药在机械能作用下发生爆炸的原因，因此得到了人们的普遍认可。

（一）热点学说的基本观点

热点学说认为，在机械作用下，产生的热来不及均匀地分布到全部试样上，而是集中在试样个别的小点上，例如集中在个别结晶的两面角，特别是多面棱角或小气泡处。这些小点上的温度高于爆发点的值时，就会在这些小点处开始爆炸。这些温度很高的局部小点称为热点（或反应中心）。在机械作用下爆炸首先从这些热点处开始，而后扩展到整个炸药的爆炸。

热点学说认为，热点的形成和发展大致经过以下几个阶段：

（1）热点的形成阶段。

（2）热点的成长阶段，即以热点为中心向周围扩展的阶段，主要表现形式是速燃。

（3）低爆轰阶段，即由燃烧转变为低爆轰的过渡阶段。

（4）稳定爆轰阶段。

（二）热点形成的原因

试验证明，热点可能由很多途径产生，但最主要的有以下三个原因：

1. 绝热压缩气泡形成热点

一方面，炸药中的微小气泡可能是原来就存在于炸药中的，像固体炸药特别是粉状炸药。例如，用多孔粒状硝酸铵和燃料油组成的铵油类炸药，在多孔粒状硝酸铵颗粒的内部就含有气泡。又如，用表面活性剂对硝酸铵表面进行特殊处理后制得的膨化硝酸铵具有多微气孔膨松的特性，且硝酸铵的晶体内部含有大量的微气孔，用这种膨化硝酸铵制得的粉状炸药必然含有大量的微气孔。另一方面，由于炸药在受到撞击等机械作用时，很可能会将外界的气体带入炸药而形成气泡。气泡中的气体既可以是空气，也可以是炸药或其他易挥发性物质的蒸气，这些气体在受到冲击时将会被封闭住。由于气体具有较大的压缩性，在受到绝热压缩时，气泡的温度必然会升高，很容易形成热点，该热点可以使气泡中的炸药微粒及气泡壁面的炸药点燃和爆炸。绝热压缩气泡形成热点可由有关试验证明。

将同样药量的 α – HMX 以不同方式均匀撒布在击柱面上，如图 4 – 8 所示。用同样的冲击功（2.74 J）起爆，图 4 – 8（a）的爆炸百分数为 5% ~ 47%，而图 4 – 8（b）的为 100%。这是由于环状分布时引起的气泡在撞击作用下绝热压缩产生热点的结果。

将带小孔穴的冲击装置撞击硝化甘油液滴时，如图 4 – 9 所示，起爆所需冲击功仅为 1.96 mJ，而用无孔穴冲击装置时，需要 9.8 ~ 98 J。

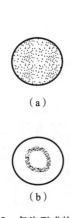

图 4 – 8　气泡形成热点试验
（a）紧密状分布；（b）环状分布

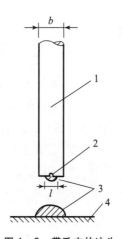

图 4 – 9　带孔穴的冲头
1—冲头；2—孔穴；3—硝化甘油；4—击砧

气体绝热压缩升高的温度可由下式计算：

$$\frac{T_2}{T_1} = \left(\frac{p_2}{p_1}\right)^{\frac{\gamma-1}{\gamma}} = \left(\frac{V_1}{V_2}\right)^{\gamma-1} \tag{4-15}$$

这是单纯考虑气体绝热压缩的古典理论，实际情况要复杂得多。一些研究表明，气泡产生热点还与所含气体的热导率及一系列热力学性质有关。气体热导率越高，越容易形成热点，因为气体绝热压缩产生的热越容易传给气体周围的炸药。

2. 摩擦形成热点

当固体表面接合在一起时，只在不平的突出点上发生局部接触，所以真实的接触面积通常很小。如果两个物体彼此间发生滑动，那么摩擦能大部分变成热能，并在这些点上聚集起来，在局部接触点表面上的温度可以升至很高。根据测量，高熔点金属间摩擦时，局部点的温度可达 1 000 ℃ 左右。两物体间摩擦使局部温度的升高量可用下式计算：

$$T - T_0 = \frac{\mu W v}{4r} \cdot \frac{1}{k_1 + k_2} \tag{4-16}$$

式中，T 为物质的终点温度；T_0 为物质的初始温度；μ 为摩擦系数；W 为作用于摩擦表面的负荷；v 为滑动速度；r 为圆形接触面的半径；k_1 和 k_2 为两摩擦物体的导热系数。

对于炸药而言，在受到外界机械作用时，炸药的晶体之间及炸药与容器的内壁之间都会发生摩擦而形成热点，进而发展到爆炸。炸药颗粒之间由于摩擦而形成的热点，能够达到的最高温度主要受炸药熔点的影响。起爆药一般熔点较高，热点爆炸在熔点以下就发生了，因而在没有熔化的固体粒子棱角处容易形成热点。大多数猛炸药熔点较低，在摩擦作用下先熔化，而后再爆炸，相对来说就不容易形成热点。因此，若向炸药中加入高熔点杂质，则在杂质棱角处容易形成热点，也容易受机械作用而发生爆炸，见表 4-2。

表 4-2　含有掺合物的叠氮化铅和斯蒂芬酸铅的摩擦起爆（荷重 64 kg）

掺合物	莫氏硬度	熔点/℃	爆炸百分数/%	
			叠氮化铅（$H=60$ cm）	斯蒂芬酸铅（$H=40$ cm）
硝酸银	2~3	212	0	0
溴化银	2~3	434	0	3
氯化银	2~3	501	30	21
碘化银	2~3	550	100	83
硼砂	3~4	560	100	72

续表

掺合物	莫氏硬度	熔点/℃	爆炸百分数/%	
			叠氮化铅 ($H=60$ cm)	斯蒂芬酸铅 ($H=40$ cm)
碳酸铋	2~2.5	685	100	100
辉铜矿	3~3.5	1 100	100	100
辉铅矿	2.5~2.7	1 114	100	100
方解石	3	1 339	100	93

由上表可看出，叠氮化铅和斯蒂芬酸铅的机械感度在掺入物熔点高于 500 ℃时就明显增加。

如果固体颗粒在机械作用下达到热点分解温度时还没有熔化，那么它的硬度起重要作用，应力集中到个别点上，只需要很小的能量就能使局部温度升高到必要的数值。如果颗粒比较软，在摩擦时将会发生塑性变形，这时的能量难以集中在个别的点上，难以形成热点。因此，在炸药中掺入部分熔点高、硬度大的物质（如铝粉等），有利于热点的形成，它的感度也会增加；如果在炸药中掺入部分熔点低、可塑性大的物质（如石蜡、糊精、塑料、石墨等），将阻碍热点的形成，它的感度会降低，有的甚至不能发生爆炸。

在机械作用下，虽然有的炸药颗粒之间难以形成热点，但是炸药与容器内壁特别是与金属内壁之间的摩擦是可以形成热点的。在这种情况下形成热点所升到的最高温度除受炸药的熔点影响外，还与金属的熔点及金属的导热性有关。为此，布登等人用硝化甘油做了试验，结果如图 4-10 所示。试验表明，熔点高于 570 ℃的金属能够形成热点。金属的导热性越低，越容易形成热点，且热点可以达到较高的温度。

3. 黏滞流动产生的热点

炸药在机械作用下，如果机械冲击能很大，会使部分低熔点的炸药熔化，熔化的炸药液体将迅速在炸药颗粒之间发生黏滞流动。对于液体炸药，在受到撞击后，相碰的表面有可能因受挤压而产生黏滞流动，形成局部加热，温度升高到足以引爆炸药。因此，黏滞流动所产生的热点是液体炸药和低熔点炸药发生爆炸的原因。

炸药由于黏滞流动而引起的温度升高，可以用固定截面积的毛细管中因液体黏性流动而使温度升高的近似公式进行计算：

$$T = \frac{8l\eta v}{\rho C r^2} \qquad (4-17)$$

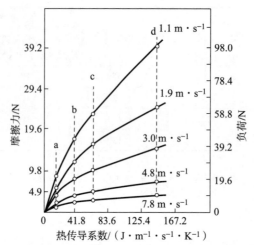

图4-10　金属滑块的导热系数、负荷和滑动对硝化甘油摩擦感度的影响
a—康铜，$\lambda=0.05$；b—钢，$\lambda=0.1$；c—镍，$\lambda=0.16$；d—钨，$\lambda=0.35$

式中，T 为升高的温度；l 为毛细管的长度；η 为黏滞系数；v 为平均流动速度；r 为毛细管的平均半径；ρ 为流体的密度；C 为液体比热。

从上式可以看出，流体流动速度越大，黏滞系数越大，则黏滞流动所产生的热量越大，温度上升越高，炸药越容易发生爆炸。

但是，炸药的毛细管运动并不是在冲击下引起爆炸的唯一原因。对于同一炸药来说，形成热点的条件和概率与炸药在冲击下的形变性质有关，如果在相应压力下的形变是在炸药的封闭体积中产生的，那么对形成热点起决定作用的是内部的局部形变过程（如微位移、气泡的绝热压缩、毛细管流动等）；如果在冲击能作用下使炸药的装药发生形变，并在压力的影响下空气渗入炸药的空隙中，那么对起爆起决定作用的是炸药的惯性流动和黏性流动过程，以及粒子间的摩擦效应；此外，炸药的吸热速率对炸药感度也有一定的影响。

除此之外，还可能由于超声振动、高能粒子（电子、α 粒子、中子等）轰击、静电放电、强光辐射及晶体成长过程中的内应力等原因形成热点。

炸药在机械作用下发生爆炸的原因，目前公认为是布登提出的热点起爆机理。它虽然能够较好地解释一系列爆炸现象，但对另一些试验现象却不能很好地予以解释，如叠氮化铅中加入低熔点的石蜡后的撞击感度不但没有降低，反而增加了。这是由于在机械作用下，炸药发生爆炸的过程是非常复杂的，影响因素也很多。温度的升高除了与热点的形成有关外，还与应力、变形速度梯度，炸药的熔点及变形的时间等一系列综合因素有关。

（三）热点成长为爆炸的条件

炸药在外界能量作用下所形成的热点需要满足一定的条件，即具有足够大的尺寸、足够高的温度和放出足够的热量时，才能逐渐发展而使整个炸药爆炸。如用高能 α 粒子轰击炸药，只看到受轰击点炸药发生分解变黑，并未引起整体炸药的爆炸，原因是所形成的热点尺寸太小。有关热点的温度、尺寸、分解时间及热量等，可以进行计算。

1. 热点的温度

假设在机械作用下，炸药内部产生的热点是球形的，半径为 r，同时设炸药相对于热点而言无限大。在初始时刻，热点中所有各点的温度相同，环境温度为 T_0，热点中的温度比周围炸药的温度高 θ_0，在时间 τ 内距中心 r 处的温度比周围炸药的温度高 θ_c，则用球坐标表示傅里叶热传导定律的方程为

$$\frac{\partial \theta}{\partial r} = \frac{k}{\rho C}\left(\frac{\partial^2 \theta}{\partial r^2} + \frac{2}{r} \cdot \frac{\partial \theta}{\partial r}\right) \qquad (4-18)$$

式中，k 为炸药的导热系数；ρ 为炸药的密度；C 为炸药的比热；r 为距热点中心的距离。

热传导的边界条件如下：

当 $\tau = 0$、$r > r_0$ 时，$\theta = 0$；当 $\tau = 0$、$0 < r < r_0$ 时，$\theta = \theta_0$。

通过有关的计算和适当的代换，式（4 – 18）的解为

$$\theta = \frac{\theta_0}{\sqrt{\pi}} \int_{\frac{r-r_0}{2\sqrt{k\tau/(\rho C)}}}^{\frac{r+r_0}{2\sqrt{k\tau/(\rho C)}}} e^{-\alpha} d\alpha - \frac{\theta_0}{r} \frac{\sqrt{k\tau/(\rho C)}}{\sqrt{\pi}} \left\{ \exp\left[-\frac{(r-r_0)^2}{4k\tau/(\rho C)}\right] - \exp\left[-\frac{(r+r_0)^2}{4k\tau/(\rho C)}\right] \right\}$$

$$(4-19)$$

在 τ 时间内，热点传给周围炸药介质的热量为

$$q_1 = \int_0^\infty 4\pi r^2 \theta \rho C dr \qquad (4-20)$$

在 τ 时间内，热点由于反应放出的热量为

$$q_2 = \frac{4}{3}\pi r_0^3 \rho Q \tau A e^{-\frac{E}{RT}} \qquad (4-21)$$

式中，Q 为单位质量的反应热；$Ae^{-\frac{E}{RT}}$ 为 1 s 内单位体积中发生反应的物质的质量，即化学反应速度。

热点的临界温度可以从热平衡的条件中求得，即 $q_1 = q_2$。

一些炸药在导热系数 $k = 0.1$ W/(m·K)、比热容 $C = 1.25 \times 10^3$ J/(kg·K)、密度 $\rho = 1.3$ g/cm³ 时形成热点的临界温度见表 4 – 3。

表 4 – 3 某些炸药形成热点的临界温度　　　　　　　　　　　℃

炸药名称	热点的半径/cm			
	$r_0 = 10^{-3}$	$r_0 = 10^{-4}$	$r_0 = 10^{-5}$	$r_0 = 10^{-6}$
太安	350	440	560	730
黑索今	380	485	620	820
奥克托今	405	500	625	805
特屈儿	425	570	815	1 250
乙烯二硝胺	400	590	930	1 775
乙二胺二硝酸盐	600	835	1 225	2 225
硝酸铵	590	825	1 230	2 180

2. 热点的尺寸

炸药在机械冲击时，如果间隔的时间不同，则形成热点的尺寸也会不同。根据热平衡条件 $q_1 = q_2$，可以计算出热点的尺寸，如果取炸药的导热系数 $k = 0.1$ W/(m·K)、比热容 $C = 1.25 \times 10^3$ J/(kg·K)、密度 $\rho = 1.3$ g/cm³，则在不同时间 τ 内，热点的尺寸如下：

$$\tau = 10^{-4} \text{ s}, r_0 = 10^{-3} \text{ cm}; \tau = 10^{-6} \text{ s}, r_0 = 10^{-4} \text{ cm};$$
$$\tau = 10^{-8} \text{ s}, r_0 = 10^{-5} \text{ cm}; \tau = 10^{-10} \text{ s}, r_0 = 10^{-6} \text{ cm}$$

试验已经测定，炸药热点的半径一般为 $10^{-3} \sim 10^{-5}$ cm。如试验测定太安热点爆炸时的温度为 430 ~ 500 ℃，则太安的热点半径为 $10^{-4} \sim 10^{-5}$ cm；叠氮化铅在 330 ℃ 时发生爆炸的热点半径为 4.6×10^{-3} cm。

3. 热点的分解时间

如果设炸药热点的初始质量为 m，密度为 ρ，则 $m = \frac{4}{3}\pi r_0^3 \rho$，在时间 τ 内热点的分解量为 x，从动力学关系式可以求出炸药在热点中的分解时间，其关系式如下：

$$mCdT = (m - x)QAe^{-\frac{E}{RT}}d\tau - k(T - T_0)d\tau$$
$$dx = (m - x)Ae^{-\frac{E}{RT}}d\tau \tag{4-22}$$

即热点升高温度 dT 所需要的热量等于在 $d\tau$ 时间内热点放出的热量与 $d\tau$ 时间内由于热传导而损失的热量之差。如果初始条件已知，则可以从数值的积分中求出时间。例如，假设黑索今的 $r_0 = 10^{-3}$ cm，$T = 400$ ℃，$k = 259$ W/(m·K)，

$T_0 = 20$ ℃,通过计算可以得出黑索今的热点反应时间 τ 为 $10^{-4} \sim 10^{-7}$ s。

4. 形成热点需要的热量

形成热点需要的热量可以按下式计算:

$$Q_{热点} = mQ = \frac{4}{3}\pi r_0^3 \rho Q \qquad (4-23)$$

式中,Q 为热点单位质量的反应热。

试验得出,形成热点需要热量的数量级为 $10^{-8} \sim 10^{-10}$ J,如果设太安的热点半径为 $r_0 = 10^{-4}$ cm,$Q = 5\,852$ J/g,$\rho = 1.6$ g/cm³,那么形成热点所需的热量如下:

$$Q_{热点} = \frac{4}{3}\pi r_0^3 \rho Q = \frac{4}{3}\pi \times 10^{-12} \times 1.6 \times 5\,852 = 3.92 \times 10^{-8} \text{ (J)}$$

综上所述,炸药热点成长为爆炸必须具备以下条件:

(1) 热点温度在 $300 \sim 600$ ℃。
(2) 热点半径在 $10^{-5} \sim 10^{-3}$ cm。
(3) 热点作用时间在 10^{-7} s 以上。
(4) 热点所具有的热量在 $10^{-10} \sim 10^{-8}$ J。

(四) 热点的成长过程

热点的成长过程可以通过高速摄影装置进行观察。热点形成和发展过程可以分成以下几个阶段。

(1) 热点形成阶段。在此阶段热点刚刚出现,在照片上只显示个别的亮点。

(2) 由热点向周围着火燃烧阶段。这是一种快速的燃烧过程,试验测得这个阶段的燃速是亚声速的。例如,太安初始阶段燃速为 400 m/s,黑索今为 300 m/s,太安和 10%~20% 梯恩梯的混合物为 220 m/s。

(3) 由快速燃烧转变为低速爆轰阶段。这个阶段由于热点处快速燃烧后,炸药温度升高,分解反应加快,使燃烧产物的压力增加。当压力增加到某个极限时,快速燃烧可以转变成为低速爆轰,此时的速度是超声速的。对一般炸药而言,这个阶段的特征爆速为 $1\,000 \sim 2\,000$ m/s。例如该阶段太安的爆速为 $1\,300$ m/s。

(4) 由低速爆轰转为高速爆轰阶段。这个阶段反应速度进一步加快,达到 $5\,000$ m/s 甚至更高的稳定爆轰阶段。对于猛炸药,这种情况只有在药量足够大的时候才能达到。

需要指出的是，热点的成长不一定都经历以上四个阶段。例如，叠氮化铅等某些起爆药几乎从一开始就以爆轰的形式出现，且爆轰成长所需要的时间特别短，基本上不出现燃烧阶段。

三、冲击波作用下的起爆机理

在弹药或爆破技术中，经常出现一种炸药爆炸后产生的冲击波通过某一介质去起爆另一种炸药的情况。例如，引信的传爆药柱爆炸后，往往经过金属管壳、纸垫或空气隙再引爆另一种炸药；聚能装药中用隔板来调整波形，也是利用冲击波通过隔板传爆的方式；在爆破工程中，如何使相邻炸药殉爆完全，也是个强冲击波起爆的问题。冲击波是一种强烈的压缩波，当炸药受到冲击波的强烈压缩时，会产生热，因此冲击波起爆属于热起爆范畴。均相炸药（即不含气泡、杂质的液体炸药或单晶体炸药）在受冲击波作用时，其冲击波面上一薄层炸药均匀受热升温，如果这个温度达到爆发点，炸药经过一定延滞期后会发生爆炸。非均相炸药受到冲击时，由于炸药受热的不均匀性，在局部率先产生热点，爆炸首先在热点开始并扩展，然后引起整个炸药的爆炸。下面通过强冲击波起爆来说明均相炸药和非均相炸药起爆的不同。

（一）均相炸药的冲击波起爆

所谓均相炸药，是指不含气泡和杂质的液体炸药及单晶体（无气隙杂质或密度间断）的固体炸药。在实际炸药中，这种物理性能完全均匀的情况很少见，因为均相炸药的概念是一种理想情况。对那些物理性能比较均匀的炸药，可近似为均相炸药。

强冲击波是由炸药平面波发生器通过隔板后形成的。这种平面强冲击波进入均相炸药中并激起均相炸药的爆轰。在这种情况下，均相炸药的起爆过程大致如图4-11所示。

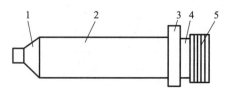

图4-11 冲击波起爆试验装置示意图

1—平面波发生器；2—主装药 RDX/TNT（60/40）；3—有机玻璃隔板；
4—硝基甲烷炸药；5—有机玻璃片堆

这个初始强冲击波进入均相炸药并经过一定的延迟后，在隔板表面处或非常接近隔板表面的地方开始形成爆轰波。这个爆轰波的传播速度比正常的稳定爆速大得多。虽然它开始跟在强冲击波后面，但经过一定距离后，此爆轰波赶上冲击波面，爆速突然降低到略高于稳定爆速，然后慢慢地达到稳定爆速。

均相炸药起爆的典型例子是硝基甲烷的冲击波起爆。硝基甲烷是一种透明液体炸药，所以起爆过程便于用高速摄影来记录研究。在硝基甲烷的平面冲击波起爆试验中，冲击波、质点和爆轰波速度的距离－时间关系如图4－12所示。

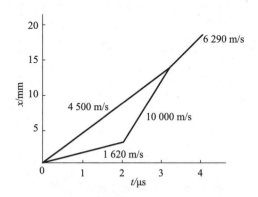

图4－12 硝基甲烷冲击波起爆的距离－时间关系

硝基甲烷的初始冲击波参数为：压力$p = 8\,100$ Pa；质点速度$U_p = 1\,620$ m/s；冲击波速度$D_s = 4\,500$ m/s（硝基甲烷的初始密度为1.125 g/cm³）。

被冲击波压缩过的硝基甲烷，发生的爆轰具有$10\,000$ m/s的速度，远远高于正常爆速（$6\,290$ m/s）。这种在起爆时超过正常爆速的爆轰现象称为过压爆轰。过压爆轰是由被冲击波压缩过炸药的密度和质点速度的增加引起的。过压爆轰的高爆速叫作过冲爆速。对硝基甲烷，过冲爆速D_c可由下式计算：

$$D_c = 6.30 + 3.2(\rho - \rho_0) + U_p \qquad (4-24)$$

从冲击波进入硝基甲烷的瞬间到爆轰在隔板附近发生这一段时间叫作起爆感应期。感应期的长短随初始冲击波压力、初温、硝基甲烷的纯度和隔板的表面粗糙度而变化。例如，初始冲击波压力由8.6 GPa增加到8.9 GPa时，感应期由2.26 μs缩短到1.74 μs；初温由16 ℃增加到26.8 ℃，感应期由5.0 μs缩短到1.8 μs。

从隔板到硝基甲烷炸药中首先出现的爆轰发光点之间的距离叫起爆深度。起爆深度随隔板厚度而变化，即随初始冲击波参数而变化，试验结果见表4－4。

表 4-4 起爆深度与隔板厚度的关系

有机玻璃隔板厚度/mm	有机玻璃表面冲击波波速/($m \cdot s^{-1}$)	估算的初始压力/GPa		起爆深度/mm	爆速/($m \cdot s^{-1}$)
		有机玻璃	硝基甲烷		
5	6 000	15.6	14.0	0	—
12	5 750	13.8	12.3	0	6 340
17	5 550	12.4	11.0	0	6 380
25	5 280	10.7	9.5	7	—
29	5 130	9.8	8.6	10	—
30	5 100	9.6	8.4	19	6 390
35	4 900	8.4	7.4	未爆	—

主发装药：RDX/TNT（60/40），直径 $\phi 75$ mm，长 140 mm。
被发装药：硝基甲烷装在内径 $\phi 53$ mm 的有机玻璃管中（试验装置图如图 4-11 所示）

各种不同的炸药冲击起爆时，均有一个临界起爆参数（通常是用临界起爆压力 p_K 来衡量）。一些均相炸药的起爆参数见表 4-5。

表 4-5 一些均相炸药的起爆参数

炸药	状态	p_K	T_0/℃	D_c/($m \cdot s^{-1}$)
硝基甲烷	液	8.1	25	10 000
梯恩梯	液	12.5	85	11 000
硝酸/硝基苯/水（63/24/13）	液	8.5	25	12 200
太安	单晶	11.2	25	10 900

（二）非均相炸药的冲击波起爆

所谓非均相炸药，指的是物理性质不均匀的炸药。例如，一般压装炸药中或多或少都含有空气隙，不可能压到单晶体的密度（理论密度），这就存在物理不均匀性。均相炸药中加进砂砾质点或另一炸药颗粒，就变成非均相的了。

非均相炸药中的冲击波起爆和均相炸药的有很大不同。非均相炸药的反应机理与均相炸药的有本质区别：非均相炸药反应是从局部"热点"处扩展开的，而不像均相炸药反应那样能量均匀分配给整个起爆面上。因此，同样的起爆深度，非均相炸药所需的起爆压力比均相炸药要小。RDX/TNT（65/35）和硝基甲烷两种炸药起爆所需起始冲击波压力的比较如图 4-13 所示，前者为非均相炸药。

大量试验研究表明，均相炸药和非均相炸药起爆过程的不同点如下：

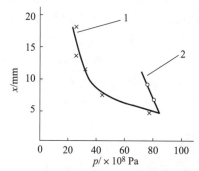

图 4-13 起爆深度与初始冲击波压力的关系
1—RDX/TNT（65/35）；2—硝基甲烷

（1）在均相炸药中，初始冲击波的速度是恒定的或随时间而略微降低；而在非均相炸药中，相应的波在它整个传播过程中是加速的。

（2）在均相炸药中，过渡到稳定爆轰是很突然的；而在非均相炸药中，这是一个逐渐过渡的过程。

（3）在均相炸药中，稳定爆轰伴随有过压爆轰；而非均相炸药中没有这种现象。

（4）在均相炸药中，爆轰发生在隔板和炸药的界面附近；而非均相炸药中，目前认为爆轰发生在冲击波波阵面或波阵面附近。

（5）带有金刚砂的硝基甲烷比纯硝基甲烷对冲击波起爆要敏感得多，这是因为前者的非均相性引起局部加热，使所需起爆能小。

（6）均相炸药中，爆轰开始前，初始冲击波波阵面后的物质相对不导电；在非均相炸药中，初始冲击波波阵面的物质是完全导电的，并且当过渡到稳定爆轰时，变得更加明显。

（7）在均相炸药中，起爆过程对于初温的变化或冲击波压力的变化，比在非均相炸药中敏感得多。

非均相炸药的起爆和均相炸药的之所以不同，根本原因在于这类炸药中的空隙和其他缺陷。因此，非均相炸药受到外界作用时，起爆能量容易集中在这些空隙和缺陷上而形成热点。

四、其他起爆机理

（一）光能起爆机理

炸药在光的作用下起爆的机理，目前得到公认的仍然是光能转变为热能而起作用的热机理。光照射到炸药面上后，除了反射和穿透的部分光外，其余光能被炸药吸收，转变为热能使炸药升温达到爆发点而激发爆炸。至于光冲击、光电效应、光化学作用等，对引爆来说是次要的。试验证明，普通光（可见光、红外光、紫外光）可引起一般起爆药（Ag_2C_2、$Pb(N_3)_2$、AgN_3）不同程度的分解。如果光强足够强，则可以导致爆炸。敏感的猛炸药（PETN、RDX）可用激光引爆。

（二）电能起爆机理

炸药在电能作用下激起爆炸的机理分为电能转化为其他能量起爆和电击穿起爆两类。桥丝式电火工品的起爆是电能转化为热能引起的起爆，属于热起爆机理范畴。炸药在外界强电场作用下引发的爆炸属于电击穿起爆作用。电能起爆机理不同于一般的热起爆。电能起爆广泛应用于压电引信、无线电引信及导弹引信等，还用作航天飞行器解脱金属件的动力能源，如爆炸螺栓、切割索及火箭级间分离器等。另外，在如静电、射频、杂散电流等外界电能的作用下，电火工品也容易引起爆炸。

第三节 炸药的感度

所谓感度，是指炸药在外界能量作用下发生爆炸的难易程度。感度是炸药能否实用的关键性能之一，是炸药安全性和作用可靠性的标度。根据起爆能的类型，炸药感度主要分为热感度、撞击感度、摩擦感度、起爆感度、冲击波感度、静电火花感度、激光感度、枪击感度等。下面分别对各种类型感度进行讨论。

一、炸药的热感度

炸药的热感度是指炸药在热作用下发生爆炸的难易程度。热作用的方式主要有均匀加热和火焰点火两种。习惯上把均匀加热时炸药的感度称为热感度，而把火焰点火时的炸药感度称为火焰感度。

（一）热感度的表示——爆发点

炸药可以在受到温度足够高的热源均匀加热时发生爆炸。从开始受热到爆炸经过的时间称为感应期或延滞期。在一定条件下，炸药发生爆炸或发火时加热介质的温度称为爆发点或发火点。在一定试验条件下，使炸药发生爆炸时加热介质的最低温度称为最小爆发点。

目前广泛采用一定延滞期的爆发点来表示炸药的热感度，常用的有 5 min、1 min 或 5 s 延滞期的爆发点。爆发点的试验测定装置如图 4 – 14 所示。

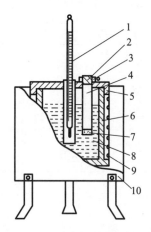

图 4 – 14　爆发点试验测定装置

1—温度计；2—塞子；3—螺套；4—管壳；5—盖；6—圆筒；
7—炸药试样；8—合金浴；9—电阻丝；10—外壳

在圆筒形合金浴内盛有低熔点合金，一般为伍德合金，成分为铋 50%、铅 25%、锡 13%、镉 12%。夹层中有电阻丝用于加热，炸药试样放在一个 8 号雷管壳中，雷管壳用软木塞（或铜塞）塞住，套上定位用的螺丝套，使管壳投入后浸入合金浴深度在 25 mm 以上。合金浴的温度由温度计指示。

测定时，将合金浴加热并恒定于预定温度 T（通过预备试验获取 T 值），再把装有一定量炸药（火药、猛炸药通常取 20 ~ 30 mg，起爆药取 10 mg）的雷管壳（口部用铜塞或木塞塞住）迅速投入合金浴，同时打开秒表，记录爆炸或发火延滞时间 τ（或用电秒表自动计时）。连续求出不同的恒定温度 T_1，T_2，T_3，…，T_n 所对应的延滞期 τ_1，τ_2，τ_3，…，τ_n。根据试验数据作 T 与 τ、$\ln\tau$ 与 $1/T$ 的关系图，由 $\tau - T$ 图可求得 5 s 延滞期爆发点。

试验得到的凝聚炸药爆发点与延滞期的关系是

$$\ln\tau = A + \frac{E}{RT} \qquad (4-25)$$

式中，τ 为延滞期，s；E 为与爆炸反应相应的炸药活化能，J/mol；R 为通用气体常数，$R = 8.314$ J/(mol·K)；A 为与炸药有关的常数；T 为爆发点，K。

用上述方法测得的爆发点低，说明炸药的热感度大；反之，炸药的热感度小。

试验测得的一些常用炸药的爆发点见表 4-6。

表 4-6　常用炸药的爆发点　　　　　　　　　　　K

炸药名称	5 s 延滞期	5 min 延滞期
黑火药	—	583～588
无烟药	473	453～473
硝化甘油	495	473～478
太安	498	478～488
奥克托今	608	—
梯恩梯	748	568～573
特屈儿	520	463～467
阿马托（80/20）	—	573
爆胶	—	475～481
硝化棉（13.3%N）	503	—
硝基胍	548	—
黑索今	553	488～493
雷汞	483	443～453
三硝基间苯二酚铅	—	543～553
梯/黑（50/50）	493	—
叠氮化铅	618	598～613

（二）炸药的火焰感度

炸药在火焰作用下发生爆炸变化的难易程度称为炸药的火焰感度。

火焰雷管中的起爆药是在火焰作用下起爆的，所以要对起爆药、火焰雷管和点火药测定其火焰感度。火焰感度的测试方法目前都比较粗糙，最简单的一种是密闭火焰感度仪，如图 4-15 所示。

测定时，用标准黑火药药柱燃烧时喷出的火焰或火星作用在炸药的表面，观察是否发火（或爆炸）。

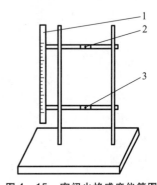

图 4-15　密闭火焰感度仪简图
1—刻度尺；2—固定药柱；3—火帽台

火焰感度用上下限表示。上限是使炸药 100% 发火的最大距离（黑火药药柱下端到炸药表面的距离）。下限是使炸药100%不发火的最小距离。下限表示炸药对火焰的安全程度。因此，上限大，则炸药感度大；下限大，则炸药的危险性大。

若要比较起爆药准确发火的难易程度，应该比较它们的上限。从安全角度考虑，应绝对避免起爆药和火焰接触。因此目前已不测定其下限。

黑火药及几种起爆药的火焰感度见表4-7。

表4-7 黑火药和几种起爆药的火焰感度

炸药名称	100%发火的最大距离/cm
雷汞	20
叠氮化铅	<8
斯蒂芬酸铅	54
特屈拉辛	15
二硝基重氮酚	17
黑火药	2

二、炸药的机械感度

炸药在机械作用下发生爆炸的难易程度称为炸药的机械感度。一般来说，对猛炸药、火药、烟火剂要求有低的机械感度，而对某些起爆药，则要求有适当的机械感度。按机械作用形式的不同，炸药的机械感度相应地分为撞击感度、摩擦感度和针刺感度等。

（一）撞击感度

撞击感度是指在机械撞击作用下炸药发生爆炸的难易程度。它可以用落锤法和苏珊（Susan）试验测定。

常用的测定撞击感度的仪器是立式落锤仪，其结构如图4-16所示。它有两个固定的、互相平行且与地面垂直的导轨，重锤由钢爪或磁铁固定在不同的高度，通过解脱机构使重锤自由落下。常用的重锤质量为10 kg、5 kg、2 kg等。

测定时，将炸药样品放到撞击装置的两个击柱中间，使重锤自由下落，撞在击柱上。受撞击的炸药凡是发出声响、发火、冒烟等现象之一的，均为爆炸。

撞击感度表示方法主要有以下几种。

（1）爆炸百分数。在一定锤重和一定落高条件下撞击炸药，用测到的爆

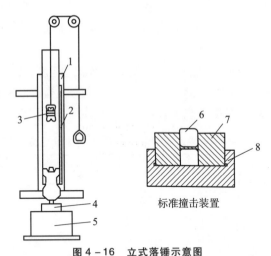

图 4-16 立式落锤示意图

1—导轨；2—刻度尺；3—落锤；4—撞击装置；5—钢底座；
6—击柱；7—导向套；8—底座

炸概率（爆炸百分数）表示。测试时，常用的条件为重锤质量 10 kg，落高 25 cm，一组平行试验 25 次，平行试验两组，计算发生爆炸百分数。若某些炸药爆炸百分数为 100%，不易互相对比，则改用较轻的落锤如 5 kg 或 2 kg 再进行测定。常用炸药的爆炸百分数见表 4-8。

表 4-8 几种常用炸药的爆炸百分数

（重锤质量 10 kg，落高 25 cm，试样 50 mg）

炸药	爆炸百分数/%
TNT	8
CE	48
PETN	66
HMX	100
RDX	80 ± 8
RDX/TNT (50/50)	50

（2）用 50% 爆炸的落高（称为特性落高或临界落高）表示炸药的撞击感度。普遍采用升降法测定，或者由感度曲线求得。常用的炸药 50% 爆炸落高见表 4-9。

表 4-9　常用炸药 50% 爆炸落高

（锤重 2.5 kg，试样 35 mg）

炸药	临界落高/cm	炸药	临界落高/cm
TNT	200	A-3 炸药①	60
CE	38	RDX/TNT（64/36）	60
RDX	24	阿马托	116
PETN	13	硝酸铵	>300
HMX	26	双基推进剂	28

①A-3 炸药成分为 RDX/蜡（91/9）。

（3）用上下限表示炸药的撞击感度。撞击感度的上限是指炸药 100% 发生爆炸时的最小落高，下限则是指炸药 100% 不发生爆炸时的最大落高。试验时，先选择某个落高，再改变落高，观察炸药爆炸情况，得出炸药发生爆炸的上限和不发生爆炸的下限。以每次 10 个试验为一组。试验得出的数据可作为安全性能的参考数据。

Susan 试验是一种可用于评价炸药在接近使用条件下相对危险性的大型撞击试验。该法是将一定规格的炸药柱装入炮弹中，如图 4-17 所示。令炮弹以不同速度对距炮口一定距离的靶板进行射击，使炸药爆炸。通过测定某一位置的空气冲击波超压，计算炮弹撞击靶板时炸药释放的相对化学能——相对点爆轰能 E_D。以炸药完全爆轰时的 E_D 为 100，无爆轰反应时为 0。由 E_D 对弹速作图所得的 Susan 曲线可以求得不同弹速下的 E_D 值。弹速一定时，E_D 值越高的炸药，撞击感度越高。所以 Susan 曲线也可以用来衡量被试炸药的感度。

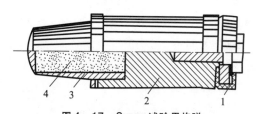

图 4-17　Susan 试验用炮弹

1—密封环；2—炮弹本体；3—铝帽罩；4—炸药

中国规定了多种测定撞击感度的方法。对固体炸药、浆状炸药及塑料黏结炸药均可采用落锤法；对固体炸药柱，可采用 Susan 试验法。此外，对固体炸药，还可以采用滑道试验测定其斜撞击感度。

(二) 摩擦感度

摩擦感度是指在摩擦作用下炸药发生爆炸的难易程度。以摩擦作用作为初始冲能来引爆炸药的并不多，手榴弹中的拉火管是靠摩擦发火的。从安全的角度来看，炸药在生产、运输和使用过程中经常会遇到摩擦作用，或是撞击和摩擦都有。因此，研究炸药的摩擦感度是很重要的。

我国普遍采用摆式摩擦仪来测定炸药的摩擦感度。测定装置示意图如图4-18所示。

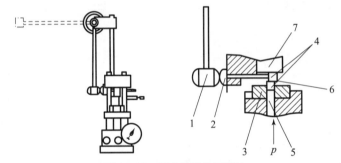

图4-18 摆式摩擦仪示意图

1—摆锤；2—击杆；3—导向套；4—击柱；5—活塞；6—炸药试样；7—顶板

摆式摩擦仪的基本原理是，加有静载荷的摩擦击柱间夹有试样，在摆锤打击下使上下击柱发生水平移动，以摩擦炸药试样，观察试样是否发生爆炸。判断是否爆炸的标准与测定撞击感度的方法相同。测定时，将20 mg炸药放在上下击柱间，用油压机通过击杆2将击柱4推出导向套，并紧压在顶板7上，使炸药试样6承受一个固定垂直压力p，压力大小由压力表读出。将摆锤臂悬挂成所需的摆角（一般悬挂成90°），打击在击杆2上，使击杆2滑动1.5~2 mm的水平距离，观察是否发生爆炸。平行试验25次，计算发生爆炸次数的百分数。爆炸百分数越高，摩擦感度越大。几种炸药的摩擦感度的数据见表4-10。

表4-10 几种炸药的摩擦感度

注：猛炸药试验条件：摆角90°，垂直压力$p = 5\ 929 \times 10^5$ Pa，表压49×10^5 Pa，药量20 mg				
炸药种类	TNT	CE	RDX	PETN	RDX/TNT（50/50）
爆炸百分数/%	0	24	48~52	92~96	4~8
注：起爆药试验条件：摆角80°，表压5.88×10^5 Pa，药量10 mg				
炸药种类	雷汞	叠氮化铅	特屈拉辛	斯蒂芬酸铅
爆炸百分数/%	100	70	70	70

(三）针刺感度

针刺感度是指起爆药在针刺作用下发生爆炸的难易程度。在针刺火帽和针刺雷管里的起爆药，都是靠引信头部击针刺入后发火或引发爆炸的。起爆药应该具有适当的针刺感度，以保证炮弹发射时的安全和到达目标时的作用可靠。

起爆药的针刺感度用电落锤测定。落锤呈梨形，质量 0.2～0.5 kg，以电磁铁的吸力将落锤固定在一定位置上。断电时，重锤落在击针上，使击针刺入火帽。将被试验的起爆药压在火帽中。仍用上限和下限来表示它们的针刺感度。

三、炸药的冲击波感度

炸药在冲击波作用下发生爆炸的难易程度称为炸药的冲击波感度。研究炸药的冲击波感度对炸药和弹药的安全、生产、储存和使用及弹药、引信、火工技术的发展都具有重要的实际意义。例如，进行火炸药、火工品及弹药装药生产工房及储存仓库的安全距离设计时，需要知道炸药在多大冲击波压力作用下发生 100% 爆炸或 100% 不爆炸的感度数据。再如，在设计聚能装药中调整爆轰波形用的塑料隔板，确定引信中雷管与传爆药柱之间的距离及隔爆装置的尺寸时，也需要掌握炸药对冲击波作用感度的有关规律。测定炸药冲击波感度常用的方法有隔板试验、楔形试验及殉爆试验等。

隔板试验（或间隙试验法，Gap Test）是测定冲击波感度最常用的方法。这种方法是在主发炸药（用于产生冲击波）和被发炸药（被冲击波引爆）之间放置惰性隔板（金属板或塑料片），常用升降法测定使被发炸药发生 50% 爆炸的临界隔板厚度作为评价冲击波感度的指标。该法的试验装置如图 4-19 所示。主发炸药被雷管引爆后，输出的冲击波压力经隔板衰减后，再作用于被发炸药上，观察后者是否仍能被引爆。改变隔板厚度进行试验，即可求得起爆被发炸药的最大隔板厚度或被发炸药 50% 爆炸的隔板临界厚度。隔板厚度与隔板材料及其大小（大隔板及小隔板）有关。隔板材料可以是空气、水、纸板、石蜡、有机玻璃、金属或其他惰性材料，隔板尺寸也有多种。

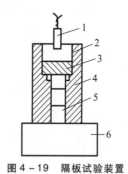

图 4-19 隔板试验装置

1—雷管；2—主发装药；3—隔板；
4—固定器；5—被发装药；6—验证板

楔形试验的装置如图 4-20 所示。测定时，将炸药制成斜面状（楔形），由厚面引爆，观察爆轰在何处停止传播，以该处炸药的厚度（即临界爆轰尺寸）表征炸药的冲击波感度。通常这个值越大，冲击波感度越低。试验用药量为 50 g 左右，楔形角可以为 1°、2°、3°、4° 或 5°。

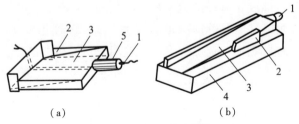

图 4-20 楔形试验装置
(a) 液体炸药用楔形试验；(b) 固体炸药用楔形试验
1—雷管；2—槽子或限制板；3—炸药；4—验证板；5—传爆药柱

四、炸药的起爆感度

炸药的起爆感度是指猛炸药在其他炸药（起爆药或猛炸药）的爆炸作用下发生爆炸变化的能力，也称为爆轰感度。猛炸药对起爆药爆轰的感度一般用最小起爆药量来表示，即在一定的试验条件下，能引起猛炸药完全爆轰所需要的最小起爆药量。最小起爆药量越小，表明猛炸药对起爆药的爆轰感度越大；反之，最小起爆药量越大，表明猛炸药对起爆药的爆轰感度越小。测定猛炸药的最小起爆药量的试验装置如图 4-21 所示。

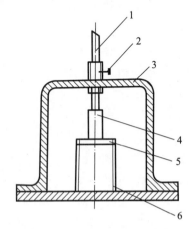

图 4-21 最小起爆药量试验装置
1—导火索；2—固定夹；3—防护罩；4—雷管；5—铅板；6—钢管

试验的操作步骤如下：将 1 g 被测猛炸药试样用 49 MPa 的压力压入 8 号铜质雷管壳中，再用 29.4 MPa 的压力将一定质量的起爆药压入雷管壳中，最后用 100 mm 长的导火索装在雷管的上口。将装好的雷管放在防护罩内，并垂直于 $\phi 40 \text{ mm} \times 4 \text{ mm}$ 的铅板上，点燃导火索引爆雷管。观察爆炸后的铅板，如果铅板被击穿且孔径大于雷管的外径，则表明猛炸药完全爆轰，否则说明猛炸药没有完全爆轰。改变药量，再重复上述试验。经过一系列的试验，可以测定猛炸药的最小起爆药量。一些猛炸药的最小起爆药量见表 4-11。

表 4-11 一些猛炸药的最小起爆药量   g

起爆药	猛炸药			
	梯恩梯	特屈儿	黑索今	太安
雷汞	0.36	0.165	0.19	0.17
叠氮化铅	0.16	0.03	0.05	0.03
二硝基重氮酚	0.163	0.075	—	0.09
雷酸银	0.095	0.02	—	—

从上表可以看出，同一起爆药对不同猛炸药的最小起爆药量不同，这说明不同的猛炸药对起爆药爆炸具有不同的爆轰感度。此外，不同的起爆药对同一猛炸药的起爆能力也不相同。这是由于起爆药的爆轰速度不同造成的。如果起爆药的爆轰速度越大，爆炸的加速期越短，即爆炸过程中爆速增加到最大值的时间越短，那么它的起爆能力越大。雷汞和叠氮化铅的爆轰速度大致相同，为 4 700 m/s 左右，但叠氮化铅形成爆轰所需要的时间要比雷汞的短很多。因此，叠氮化铅的起爆能力比雷汞的大很多，特别是在小尺寸引爆的雷管中，两者的差别更明显。但是，在雷管直径比较大的情况下，叠氮化铅和雷汞的起爆能力基本相同。

对一些起爆感度较低的工业炸药，如铵油炸药、浆状炸药等，用少量的起爆药是很难使其爆轰的。这类炸药的起爆感度不能用最小起爆药量来表示，只能用威力较大的中继传爆药柱的最小质量来表示。

应该指出的是，起爆药的起爆能力与被起爆平面的大小有很大的关系。随着被起爆面积的增加，起爆药的起爆能力可以在一定的范围内增大。最合适的起爆条件是，起爆药的直径 d 与被起爆装药的直径 D 相同，即 $d/D = 1$。否则，由于侧向膨胀能力损失过大，起爆能力将明显降低。

五、炸药静电火花感度

炸药大多是绝缘物质，其比电阻在 10^{12} Ω/cm 以上，炸药颗粒间及与物体摩擦时都能产生静电。在炸药生产和加工过程中，不可避免地会发生摩擦，如球磨粉碎、混药、筛药、压药、螺旋输送、气流干燥等工艺过程都发生炸药之间的摩擦或炸药与其他物体之间的摩擦，因摩擦而产生的静电往往可达 $10^2 \sim 10^4$ V 的高压，尤其是在干燥季节更甚，在一定条件下（例如电荷积累起来又遇到间隙）就会迅速放电，产生电火花，可能引起炸药的燃烧和爆炸。如果在火花附近有可燃性气体和炸药粉尘，就更容易引燃。因此，静电是火炸药工厂、火工品工厂及弹药装药厂发生事故的重要因素之一。

研究炸药的静电感度实际上包括两个问题：一是炸药摩擦时产生静电的难易程度；二是炸药对静电放电火花的感度。在测定过程中，前者是测量炸药摩擦时产生的静电电量；后者是测量在一定电压和电容放电火花作用下发生爆炸的概率。

（一）炸药的摩擦生电

早在 1796 年，伏特就发现两种不同金属接触后，产生一个微小的电势差，两种金属产生等量异号电荷。由于电子带负电荷，所以失去电子的物体就带正电荷，得到电子的物体就带负电荷。自由电子从物体内部跑到物体外需要做功，这个功叫逸出功。根据逸出功的大小，可以判断物体摩擦时所带电荷的极性。一般金属、金属氧化物、半导体、高分子聚合物等的逸出功都可以在资料中查到，但炸药的逸出功数据很贫乏，有待今后研究测定。

（二）静电量测定

要知道炸药摩擦带电的难易程度，就要测量炸药摩擦后所带的静电量。静电量 Q 的大小取决于系统的电容和电压：

$$Q = CV \tag{4-26}$$

式中，C 为电容；V 为电压。

静电量测定装置如图 4-22 所示。

炸药从金属板 1 滑下，进入金属容器 2，此时在静电电位计上读得静电电压。炸药和金属容器本身就存在一个电容 C_1，所以系统总电容 $C = C_1 + C_2$，C_2 是已知外加电容。C_1 是需要试验测定得到的，测量方法是先不加电容 C_2，测量得电压 V_1；再加上电容 C_2，测得电压 V_2。不加 C_2 时，电量 $Q_1 = C_1 V_1$；加入 C_2 时，电量 $Q_2 = (C_1 + C_2) V_2$。因为电量是相同的，即 $Q_1 = Q_2$，所以 $C_1 V_1 = (C_1 + C_2)$

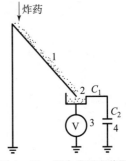

图 4-22 静电量测定装置
1—金属板；2—金属电容；
3—静电电位计；4—外加电容

V_2，因此可得

$$C_1 = \frac{C_2 V_2}{V_1 - V_2} \quad (4-27)$$

静电的极性可用如下方法来判断：用绸子和玻璃棒摩擦，然后使玻璃棒与容器中的炸药接触。如果玻璃棒电位降低，说明炸药带负电。这是因为玻璃棒带的是正电，和带负电的物体接触，它的电位才会降低。

（三）炸药对电火花的感度

炸药在一定静电火花作用下发生爆炸的难易程度叫作炸药的静电火花感度。炸药的电火花感度用着火率表示。所谓着火率，是指在某一固定外界电火花的能量下进行多次试验时着火次数的百分数。研究炸药电火花感度的一种测试装置线路如图4-23所示。此装置主要通过电容放电的方式得到电火花。电火花能量大小由下式计算：

$$E = \frac{1}{2}CV^2 \quad (4-28)$$

式中，E 为电火花能量；V 为电压；C 为电容。

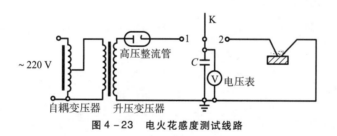

图4-23 电火花感度测试线路

用自耦变压器调压，再经变压器升高，经整流器整流，将交流电变为直流电。把开关K合到位置1时，电容充电，充电电压可达3 000 V。然后把开关合到位置2，尖端电极即放电。两电极间距离约1 mm，电容 $C = 0.1~\mu F$，药量约1 g。放电产生的电火花作用在两个尖端电极的炸药试样上，看炸药试样是否爆炸。以发生爆炸百分数或50%发火的临界能量来表示其静电火花感度。常用的几种猛炸药的静电火花感度见表4-12和表4-13。

表4-12 炸药在不同能量电火花作用下的爆炸百分数　　　　%

能量/J	0.013	0.050	0.113	0.200	0.313	0.450	0.613	0.600
电压/kV	0.5	1.0	1.5	2.0	2.5	3.0	3.5	4.0

续表

炸药								
	TNT	18	50	68	83	100	100	—
	RDX	0	13	20	38	55	85	100	100
	CE	10	37	68	100	100	—	—
	A-IX-I	0	0	20	57	100	100	—

表 4-13　炸药的静电火花感度　J

炸药	$E_0^{(1)}$	$E_{50}^{(2)}$	$E_{100}^{(3)}$
TNT	0.004	0.050	0.374
RDX	0.013	0.288	0.577
CE	0.005	0.071	0.195
A-IX-I	0.062	0.165	0.384

注：(1) E_0 为 100% 不爆炸所能承受的最大静电火花的能量；
(2) E_{50} 为 50% 爆炸所需的静电火花能量；
(3) E_{100} 为 100% 爆炸所需的最小静电火花能量

（四）消除静电的措施

防止静电产生事故的发生，主要在于防止静电的产生和静电产生后的及时消除，使静电不致过多地积累。防止静电危害的方法从机理上说大致可分为两类。第一类是泄漏法，这种方法实质上是让静电荷比较容易地从带电体上泄漏散失，从而避免静电积累。接地、增湿、加入抗静电添加剂，以及铺设导电橡胶或喷涂导电涂料等措施都属于这一类。第二类是中和法。这种方法实质上是给带电体加一定量的反电荷，使其与带电体上的电荷中和，从而避免静电的积累，消除静电的危害。正负相消法、电离空气法和外加直流电场法都属于这一类。消除静电的具体措施如下：

（1）接地。把和火炸药相接触的一切金属设备串联起来接地，尽量把静电带走。但接地法不是对所有的情况都有效。

（2）增湿。在火炸药操作的场所，尽量提高空气的湿度，使带电体表面吸附一定水分，降低其表面电阻系数，利于静电泄于大地。但是大车间不易形成高湿度环境，对火炸药干燥及包装工房的增湿也是有限度的。

（3）铺设导电橡胶、穿导电鞋（低电阻鞋）和导电纤维工作服，通过导电纤维的弱放电来减少人体带电。

（4）使用添加剂。这种方法就是在易于带电的介质中或工装上加上或喷涂一种助剂，借助助剂的某种作用，可以防止静电的产生和积累。如 TM、

SN、MPN 等抗静电剂在工业中已普遍应用，效果良好。

（5）正负相消。火炸药和金属材料接触或摩擦，大多带负电荷。可以选择一种能使火炸药带正电的材料，将这种材料按一定的面积比例镶嵌于工装与火炸药接触的表面上。这样，在火炸药与这种工装相接触时，火炸药既带正电又带负电，从而达到中和和消除静电的目的。

六、炸药的激光感度

炸药的激光感度是指炸药在激光能量作用下发生爆炸的难易程度，常用 50% 发火能量来表示。这个值与激光波长、激光输出方式及激光器其他工作参数有关。目前一般认为，自由振荡激光器引爆炸药基本上按照热起爆机理进行，调 Q 激光器引爆炸药时，除了热作用外，可能还存在光化学反应和激光冲击反应。测定激光感度时，先根据试样将激光能量调到合适范围，再以升降法改变激光能量，观察试样是否燃烧或爆炸，并找出 50% 发火的激光能量。

中国采用的测定炸药激光感度的激光感度仪示意图如图 4-24 所示。

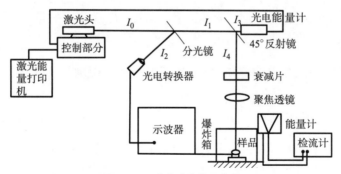

图 4-24　激光感度仪示意图

由激光头输出的激光 I_0 经分光镜分为 I_1 及 I_2，I_1 又经 45°反射分为 I_3 及 I_4，I_4 再经衰减片聚焦作用到炸药上将后者引爆。I_4 能量可以通过增减衰减片和改变充电电压进行调节，求得炸药 50% 发火的激光能量作为炸药的激光感度值。

七、炸药的枪击感度

炸药的枪击感度又称为抛射体撞击感度，是指在枪弹等高速抛射体撞击下炸药发生爆炸的难易程度。落锤撞击炸药是低速撞击，抛射体撞击炸药是高速撞击，后者能够比前者更加准确地评价炸药在使用过程中的安全性和起爆感度。中国规定采用 7.62 mm 步枪普通枪弹，以 25 m 的射击距离射击裸露的药柱或药包，观察其是否发生燃烧或爆炸。以不小于 10 发试验中发生燃烧或爆炸的概率表示试样的枪击感度。也可以采用 12.7 mm 机枪法测定固体炸药的枪击感度，这种方法是根据试验现象、回收试样残骸及破片和实测空气冲击波超压综合评定试样的感度的。美国军用标准规定用 12.7 mm × 12.7 mm 铜柱射击裸露的压装或铸装药柱，通过增减发射药量调节弹速，用升降法测定 50% 爆炸所需要的弹丸速度。欧洲标准是以直径为 15 mm、长度不小于 10 mm 的黄铜弹丸射击直径 30 mm 试样，找出引起炸药爆炸的最低速度。当用低于该速度 10% 范围内的弹丸速度进行四发射击时，如都不能引起药柱反应，则确认该速度为极限速度。

八、影响炸药感度的因素

不同能量作用在同一炸药上，炸药的感度存在着很大的差异。炸药的感度不仅与炸药本身的结构及物理、化学性质有关，还与炸药的物理状态及装药条件有关。因此，研究影响炸药感度的因素应该从两方面考虑：一方面是炸药自身的结构和物理、化学性质的影响；另一方面是炸药的物理状态和装药条件的影响。通过对炸药感度影响因素的研究，掌握其规律性，有助于预测炸药的感度，并根据这些影响因素人为地控制和改善炸药的感度。

（一）炸药的结构和物理化学性质对感度的影响

1. 原子团的影响

炸药发生爆炸的根本原因是原子间化学键的断裂，因此，原子团的稳定性和数量对炸药感度影响很大。此外，不稳定原子团的性质及它所处的位置也影响炸药的感度。

由于氯酸盐或酯（—$OClO_2$）和高氯酸盐或酯（—$OClO_3$）比硝酸酯（—$CONO_2$）的稳定性低，而硝酸酯比硝基化合物（—NO_2）的稳定性低，因此，氯酸盐或酯比硝酸酯的感度大，硝酸酯比硝基化合物的感度大，硝胺类化合物的感度则介于硝酸酯和硝基化合物之间。

同一化合物中，随着不稳定爆炸基团数目的增多，各种感度都增大，如三硝基甲苯的感度大于二硝基甲苯。

不稳定爆炸基团在化合物中所处的位置对其感度的影响也很大，如太安有四个爆炸性基团—$CONO_2$，而硝化甘油中只有三个爆炸性基团，但由于太安分子中四个—$CONO_2$ 基团是对称分布的，导致太安的热感度和机械感度都小于硝化甘油。

对于芳香族硝基衍生物，其撞击感度首先取决于苯环上取代基的数目，若取代基增加，则撞击感度增加。相对而言，取代基的种类和位置的影响较小。此外，某些炸药分子中含有的带电性基团对感度也有影响，带正电的取代基感度大，带负电的取代基感度小。如三硝基苯酚比三硝基甲苯的感度大。

2. 炸药的生成热

炸药的生成热取决于炸药分子的键能，键能小，生成热也小，生成热小的炸药的感度大。如起爆药是吸热化合物，它的生成热较小，是负值；猛炸药大多数是放热化合物，生成热大，是正值。因此，一般情况下起爆药的感度大于猛炸药。

3. 炸药的爆热

爆热大的炸药的感度大。这是因为爆热大的炸药只需要较少分子分解所释放的能量就可以维持爆轰继续传播而不会衰减；而爆热小的炸药则需要较多的分子分解所释放的能量才能维持爆轰的继续传播。因此，如果炸药的活化能大致相同，则爆热大的有利于热点的形成，爆轰感度和机械感度都相应增大。

4. 炸药的活化能

炸药的活化能大，则能栅高，跨过这个能栅所需要的能量就大，炸药的感度就小；反之，活化能小，感度就大。但是，由于活化能受外界条件的影响很大，所以并不是所有的炸药都严格遵守这个规律。几种炸药的活化能与热感度的关系见表 4-14。

表 4-14 几种炸药的活化能和热感度的关系

炸药名称	活化能 /(J·mol^{-1})	热感度 爆发点/℃	热感度 延滞期/s
叠氮化铅	108 680	330	16
梯恩梯	116 204	340	13
三硝基苯胺	117 040	460	12
苦味酸	108 680	340	13
特屈儿	96 558	190	22

5. 炸药的热容和导热率

炸药的热容大，则炸药从热点温度升高到爆发点所需要的能量就多，感度就小。炸药的热导率高,就容易把热量传递给周围介质,使热量损失大,不利于热量的积累,炸药升到一定温度所需要的热量更多。所以,热导率高的炸药,其热感度低。

6. 炸药的挥发性

挥发性大的炸药在加热时容易变成蒸气。由于蒸气的密度低,分解的自加速速度小,在相同的爆发点和相同的加热条件下要达到爆发点所需要的能量较多。因此,挥发性大的炸药的热感度一般较小,这也是易挥发性炸药比难挥发性炸药发火困难的原因之一。

(二)炸药的物理状态和装药条件对感度的影响

炸药的物理状态和装药条件对感度的影响主要有炸药的温度、炸药的物理状态、炸药的晶形、炸药的颗粒度、装药密度和附加物等。

1. 炸药温度的影响

温度能全面影响炸药的感度。随着温度的升高,炸药的各种感度都相应增加。这是因为炸药初温升高,其活化能将降低,使原子键破裂所需要的外界能量减少,发生爆炸反应更容易。因此,初温的变化对炸药的感度影响较大,见表 4-15 和表 4-16。

表 4-15 不同温度时梯恩梯的撞击感度

温度/℃	不同落高时的爆炸百分数/%		
	25 cm	30 cm	54 cm
18	—	24	54
20	11	—	—
80	13	—	—
81	—	31	59
90	—	48	75
100	25	63	89
110	43	—	—
120	62	—	—

表 4-16　不同温度时 3#露天硝铵炸药的撞击感度

炸药的温度/℃	45 ~ 60	80
爆炸百分数/%	45	80

注：落锤质量 10 kg，落高 25 cm。

2. 炸药物理状态的影响

通常情况下，炸药由固态转变为液态时，感度将增加。这是因为固体炸药在较高温度下熔化为液态，液体的分解速度比固体的分解速度大得多，同时，炸药从固态熔化为液态需要吸收熔化潜热，因而液体比固体具有更高的内能。此外，由于液体炸药一般具有较大的蒸气压而易于爆燃，在外界能量的作用下，液态炸药易于发生爆炸。例如，固体梯恩梯在温度为 20 ℃、落高为 25 cm 时的爆炸百分数为 11%，而液态梯恩梯在温度为 100 ℃、落高为 25 cm 时的爆炸百分数为 25%。但是也有例外，如冻结状态的硝化甘油比液态硝化甘油的机械感度大，这是因为在冻结过程中，敏感性的硝化甘油液态与结晶之间发生摩擦，从而使感度增加。因此，冻结的硝化甘油更加危险。

3. 炸药结晶形状的影响

对于同一炸药，不同的晶体形状，其感度不同，这主要是由于晶体形状不同，晶格能不同，相应的离子间的静电引力也不相同。晶格能越大，化合物越稳定，破坏晶粒所需要的能量越大，因而感度就越小。此外，由于结晶形状不同，晶体的棱角角度也有差异，在外界作用下，炸药晶粒之间的摩擦程度就不同，产生热点的概率也不同，见表 4-17。

表 4-17　奥克托今四种晶型的性质

性质	晶型			
	α	β	γ	δ
密度/(g·cm^{-3})	1.96	1.87	1.82	1.77
晶型的稳定性	亚稳定	稳定	亚稳定	不稳定
相对撞击感度[①]	60	325	45	75

注：①数字越大，撞击感度越小，黑索今为 180。

4. 炸药颗粒度的影响

炸药的颗粒度主要影响炸药的爆轰感度，一般颗粒越小，炸药的爆轰感度越大。这是因为炸药的颗粒越小,比表面积越大,它所接受的爆轰产物能量越多,形成活化中心的数目就越多,也越容易引起爆炸反应。此外,比表面积越大,反应速度越快,越有利于爆轰的扩展。

例如,100%通过2 500目的TNT的极限起爆药量为0.1 g,而从溶液中快速结晶的超细TNT的极限起爆药量为0.04 g。对于工业混合炸药,各组分越细,混合越均匀,它的爆轰感度就越高。

5. 装药密度的影响

装药密度主要影响起爆感度和火焰感度。一般情况下,随着装药密度的增加,炸药的起爆感度和火焰感度都会降低。这是因为装药密度增加,结构密实,炸药表面的孔隙率减小,不容易吸收能量,也不利于热点的形成和火焰的传播,已生成的高温燃烧产物也难以深入到炸药内部。如果装药密度过大,炸药在受到一定的外界作用时会发生"压死现象",出现拒爆,即炸药失去被引爆的能力。因此,在装药过程中要考虑适当的装药密度,如粉状工业炸药的装药密度要求控制在0.90~1.05 g/cm^{3}范围内。装药密度对起爆感度的影响情况见表4-18。

表4-18 装药密度对起爆感度的影响

装药密度/(g·cm^{-3})	0.66	0.88	1.20	1.30	1.39	1.46
雷汞最小起爆药量/g	0.3	0.3	0.75	1.5	2.0	3.0

第四节 炸药钝感与敏化

在炸药生产和使用过程中,根据具体情况要求炸药具有不同的感度,对一些机械感度大,在使用中受到限制的炸药,则要求进行适当的钝感,以保证使用安全。而对一些起爆感度过低,但具有广泛用途的炸药,如硝铵炸药等,则要进行敏化,以便使用时能可靠起爆。因此,必须对炸药的钝感和敏化原理及其方法进行研究。

根据热点爆炸理论可知,热点的形成和扩张是炸药发生爆炸的必要条件。炸药的钝感主要是设法阻止热点的形成和扩张;炸药的敏化则正好相反,就是采取某些方法使炸药在受到冲击波作用时,促进热点的形成并使之扩张。

一、炸药钝感的方法

炸药钝感的方法主要有以下几种。

1. 降低炸药的熔点

这种方法主要是通过加入熔点较低的某种炸药并配成混合炸药来得到低共熔物。通过对大量起爆药及猛炸药的熔点和爆发点进行比较和研究,发现炸药的熔点和爆发点值相差越大,其机械感度越小。一般降低炸药的熔点能够降低其机械感度,这种方法可以从起爆机理中得到解释。

2. 降低炸药的坚固性

这种方法主要是在炸药生产过程中通过改变结晶工艺及采用表面活性剂来影响炸药的坚固性。由于炸药在受到机械作用时会产生变形,在变形过程中炸药内部达到的压力与炸药的坚固性有很大的关系。如果炸药的晶体存在某些缺陷,则很容易被破坏而不易形成很大的应力。因此,降低炸药的坚固性能够降低它的机械感度。

3. 加入少量的塑料添加剂

这种方法主要是向炸药中加入少量具有良好钝感性能的物质,如石蜡、地蜡、凡士林等。由于这些钝感剂可以在晶体表面形成一层柔软而具有润滑性的薄膜,从而减小了各粒子相对运动时的摩擦,并使应力在装药中均匀分布。这样,产生热点的概率会受到很大的限制。

通过以上分析可以知道,所谓钝感剂,就是能够降低炸药感度的那些附加物。石蜡对太安撞击起爆的影响见表 4-19。

表 4-19 石蜡对太安撞击起爆的影响

石蜡的含量/%	试验次数	起爆率/%	传播率/%
0	10	90	100
2	12	92	36
4	16	75	17
6	32	30	0
8	9	11	0

注:试验时落锤质量 1.8 kg,落高 61 cm;
起爆率 = 成功起爆次数/试验次数 × 100%;
传播率 = 完全传播的爆炸次数/成功起爆次数 × 100%

二、炸药敏化的方法

能使炸药感度提高的方法称为炸药的敏化。炸药的敏化主要是指提高炸药的爆轰感度。炸药敏化的方法较多，常用的有以下三种：

1. 加入爆炸物质

这种方法在工业炸药中应用较广泛，加入的爆炸物质通常是猛炸药，如梯恩梯等。在外界作用下，工业炸药中的猛炸药由于感度高而首先发生爆炸，爆炸产生的高温再引起猛炸药周围其他的物质发生反应，最后引起整个炸药的爆轰。

2. 气泡敏化

这种方法主要应用在浆状炸药和乳化炸药中，也可应用在粉状硝铵炸药中。如无梯硝铵炸药，通过表面活性剂进行膨化处理，可以制得轻质、膨松、多孔隙、多裂纹的硝酸铵。用这种膨化硝酸铵制得的硝铵炸药含有大量的孔隙和气泡。这种硝铵炸药在受到外界冲击作用后，颗粒间的孔隙和颗粒内部的气泡被绝热压缩形成热点，炸药被敏化的原理就是热点起爆机理。

3. 加入高熔点、高硬度或有棱角的物质

如碎玻璃、砂子及金属微粒等，这类物质是良好的敏化剂。在外界作用下，它们能使冲击的能量集中在物质的尖棱上使之成为强烈摩擦的中心，从而在炸药中产生无数局部的加热中心，促进爆炸进行。由于这些敏化剂的参与，炸药从冲击到爆炸瞬间的延迟时间 τ 大大缩短。例如，纯太安 $\tau = 240~\mu s$，而加入 18% 的石英砂后，$\tau = 80~\mu s$。

第五章

炸药的爆轰理论

爆轰（detonation）是炸药化学变化的基本形式，是决定炸药应用的重要依据。爆轰反应传播速度非常大，可以达到每秒数千米，反应区压力高达几十吉帕（几十万个大气压），温度也在几千开尔文以上。爆轰的速度、压力、温度等决定着炸药的做功能力和效率。研究炸药的爆轰现象和行为，认识炸药的爆炸变化规律，对合理使用炸药和指导炸药的研制、设计等有重要的理论与实际意义。在爆轰现象发现之前，人们就建立了冲击波理论，后来在冲击波理论的基础上建立了描述爆轰现象的经典爆轰波理论，这个理论至今仍然十分有用，无法被替代。炸药在爆炸过程中经常会产生一些波，如爆炸在炸药中传播时形成爆轰波；爆轰产物向周围空气中膨胀时形成冲击波；爆轰波和冲击波经过之后，介质在恢复到原来状态的过程中会产生一系列膨胀波。因此，在研究炸药爆轰及爆轰后对外界的作用时，始终离不开冲击波。简要介绍冲击波的基础知识，回顾爆轰理论的发展过程和阶段，对学习和掌握炸药的爆轰原理是有必要的。

第一节 冲击波基础知识

冲击波,又称激波,但"冲激波"或"击波"的说法是错误的。

冲击波是强压缩波,波阵面所到之处介质状态参数发生突跃变化。相对于波前介质,冲击波的传播速度是超声速的 $\left(\dfrac{D-u_0}{C_0}>1\right)$;相对于波后介质,传播速度就是亚声速的 $\left(\dfrac{D-u_1}{C_1}<1\right)$。或者说,从波前观察,冲击波是超声速的;从波后观察,是亚声速的。

一、冲击波的形成

下面以一维管道中的活塞运动来说明冲击波形成的物理过程,如图 5-1 所示。

设有无限长的管子,左侧有一活塞。在 $t=0$ 时,活塞静止,位于管道的 0—0 处,管中气体未受扰动,初始状态参数为:p_0,ρ_0,T_0。假定从 $t=0$ 到 $t=\tau$ 时刻,活塞速度由 0 加速到 ω 时出现冲击波,状态参数为:p_1,ρ_1,T_1。

对每个小的 $\mathrm{d}\tau$ 时刻时,介质状态参数只发生 $\mathrm{d}p$、$\mathrm{d}\rho$、$\mathrm{d}T$ 变化,因而遵循声波或弱压缩波传播规律:

$$\begin{cases}\tau = n\mathrm{d}\tau \\ \omega = n\mathrm{d}\omega\end{cases}(n \text{ 充分大})$$

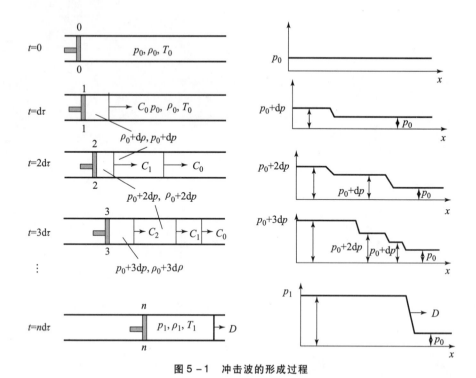

图 5-1 冲击波的形成过程

当 $t = \mathrm{d}\tau$，活塞以 $\mathrm{d}\omega$ 的速度推进到 1—1 处，活塞前气体受到弱压缩，产生第一道弱压缩波，波后状态为：$p_0 + \mathrm{d}p$，$\rho_0 + \mathrm{d}\rho$，$T_0 + \mathrm{d}T$，声波传播速度为 C_0，于是，

$$C_0 = \sqrt{\gamma A \rho_0^{\gamma-1}} = \sqrt{\gamma R T_0} \qquad (5-1)$$

当 $t = 2\mathrm{d}\tau$ 时，活塞运动到 2—2 处，产生第二道压缩波，该波在已压缩过的气体（$p_0 + \mathrm{d}p$，$\rho_0 + \mathrm{d}\rho$）中传播，波速为

$$C_1 = \sqrt{\gamma A (\rho_0 + \mathrm{d}\rho)^{\gamma-1}} = \sqrt{\gamma R (T_0 + \mathrm{d}T)} \qquad (5-2)$$

显然，

$$C_1 > C_0 \qquad (5-3)$$

即第二道压缩波比第一道波快，终究会赶上第一道波，从而叠加成更强的压缩波。

当 $t = 3\mathrm{d}\tau$ 时，有

$$C_1 = \sqrt{\gamma A (\rho_0 + 2\mathrm{d}\rho)^{\gamma-1}} = \sqrt{\gamma R (T_0 + 2\mathrm{d}T)} \qquad (5-4)$$

以此类推，活塞前气体将产生一系列弱压缩波，而后面一道波总是比前一道波传播得快，从而叠加形成强的压缩波，即形成了冲击波。

很容易理解,活塞运动的加速度越大,形成的冲击波的时间就越短。活塞在充满气体的管道中加速运动形成冲击波时,并不要求活塞的运动速度超过未扰动气体中的声速。当管中气体为 1 个大气压、活塞运动速度为 10 m/s 时,所形成的冲击波波阵面上的超压 Δp 为 0.05 个大气压,活塞速度为 340 m/s 时,所形成的冲击波波阵面上的超压 Δp 为数个大气压。从这里也可以看出,所形成冲击波的超压 Δp 随着活塞的速度或加速度的增加而增加。而在空气中运动的物体要形成冲击波,其运动速度必须超过(或接近)空气中的声速。这是因为在封闭的管道中,介质状态参数的变化很容易积累起来形成冲击波(因为活塞将活塞后的膨胀区与活塞前的压缩区隔离开了),而物体(例如弹丸)在三维的空间中运动时,若其速度低于空气中的声速,则前面的压缩波以空气中的声速传播。物体向前运动的同时,周围空气则向它后面的真空地带膨胀,形成膨胀波,使得运动物体前方空气的压缩状态不能叠加起来,形成的压缩并不总是以未扰动空气中的声速传播,所以不能形成冲击波。当物体的运动速度超过当地空气中的声速时,前面的空气来不及"让开",即空气的状态参数来不及均匀化(膨胀波以声速传播),突然受到运动物体的压缩,会形成冲击波。

总之,冲击波是由压缩波叠加而成的,压缩波叠加形成冲击波是一个由量变到质变的过程,二者的性质有根本的区别。弱压缩波通过时,介质的状态发生连续变化;而冲击波通过时,介质状态参数发生突跃变化。

二、平面正冲击波的基本关系

平面正冲击波的波阵面是个强间断面,往往又说冲击波是强间断面,是数学上的跳跃间断点,即

$$f(x-0) = p_1 \neq f(x+0) = p_0$$

平面正间断面或平面正冲击波有以下特点:

(1) 波阵面是平面。

(2) 波阵面与未扰动介质的可能流动方向垂直。

(3) 忽略波阵面两边介质的黏性与热传导。

正冲击波基本关系的建立:设冲击波运动速度(传播速度)为 D,如图 5-2 所示,下标为 0 的表示波前参数,下标为 1 的表示波后参数,p、T、E、u、ρ 分别为介质的压力、温度、内能、质点速度或气流速度和密度。将坐标系建立在波阵面上,令波阵面右侧的未扰动介质以速度 $U_0 = D - u_0$ 向左流入波阵面,而波后已扰动介质以速度 $U_1 = D - u_1$ 由波阵面向左流出。

取波阵面为控制体,此时波前和波后介质状态参数间的关系应该满足一维

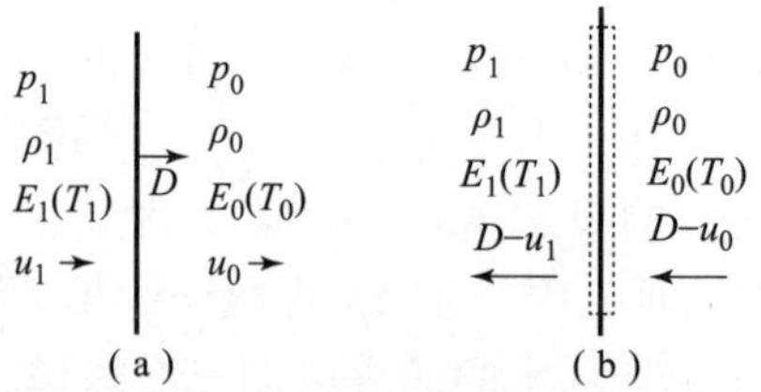

图5-2 平面正激波基本关系式的建立
(a) 实验室坐标;(b) 激波坐标(动坐标)

定常流条件。静坐标系中,所有参数是 (x, t) 的函数,而动坐标系中,仅是 x 的函数,与时间 t 无关。

$$\rho_0(D - u_0) = \rho_1(D - u_1) \tag{5-5}$$
——质量守恒

$$p_1 - p_0 = -\rho_0(D - u_0)[(D - u_1) - (D - u_0)] = \rho_0(D - u_0)(u_1 - u_0) \tag{5-6}$$
——动量守恒

$$E + p_1 V_1 + \frac{(D - u_1)^2}{2} - \left[E_0 + p_0 V_0 + \frac{1}{2}(D - u_0)^2\right] = 0 \tag{5-7}$$
——能量守恒

以上三式就是平面正冲击波波前、波后参数间的基本关系式。

式(5-7)可以写为

$$E_1 - E_0 + \frac{1}{2}(u_1^2 - u_0^2) = D(u_1 - u_0) + \frac{p_0}{\rho_0} - \frac{p_1}{\rho_1} \tag{5-8}$$

由式(5-5)可得

$$\rho_1 = \frac{\rho_0(D - u_0)}{D - u_1}$$

由式(5-6)可得

$$u_1 - u_0 = \frac{p_1 - p_0}{\rho_0(D - u_0)}$$

将上面两式代入式(5-8)并化简,可以得到

$$E_1 - E_0 + \frac{1}{2}(u_1^2 - u_0^2) = \frac{p_1 u_1 - p_0 u_0}{\rho_0(D - u_0)} \tag{5-9}$$

冲击波关系式的能量方程又称为冲击波绝热方程,式(5-9)和式(5-7)都是冲击波绝热方程,也称为冲击波的 Hugoniot 方程。

三、冲击波参数的计算

因为 $\rho_0 = \dfrac{1}{V_0}, \rho_1 = \dfrac{1}{V_1}$，式（5-5）可写为

$$D = \frac{u_0 V_1 - u_1 V_0}{V_1 - V_0} \qquad (5-10)$$

也可以写成

$$D - u_0 = V_0 \frac{u_1 - u_0}{V_0 - V_1} \quad \text{或} \quad D - u_1 = V_1 \frac{u_1 - u_0}{V_0 - V_1} \qquad (5-11)$$

将式（5-11）代入式（5-6）可得

$$u_1 - u_0 = \sqrt{(p_1 - p_0)(V_0 - V_1)} \qquad (5-12)$$

由式（5-11）和式（5-12）两式可得

$$\begin{cases} D - u_0 = V_0 \sqrt{\dfrac{p_1 - p_0}{V_0 - V_1}} \\ D - u_1 = V_1 \sqrt{\dfrac{p_1 - p_0}{V_0 - V_1}} \end{cases} \qquad (5-13)$$

将式（5-13）中的两式代入式（5-7）可得

$$E_1 - E_0 = \frac{1}{2}(D - u_0)^2 - \frac{1}{2}(D - u_1)^2 + p_0 V_0 - p_1 V_1$$

$$= \frac{1}{2}(p_1 + p_0)(V_0 - V_1)$$

即

$$E_1 - E_0 = \frac{1}{2}(p_1 + p_0)(V_0 - V_1) \qquad (5-14)$$

这也是冲击波的绝热方程（Hugoniot 方程）。

根据式（5-12）~式（5-14），如果已知冲击波的超压（$\Delta p = p - p_0$），就可以很方便地对冲击波的其他参数进行计算。这三个方程与式（5-5）~式（5-7）完全等价。

而对于多方气体，其比内能函数为

$$E = \frac{PV}{\gamma - 1} \left(\text{注}: E = C_V T = \frac{R}{\gamma - 1} T = \frac{PV}{\gamma - 1} \right)$$

将上式代入式（5-14），得

$$\frac{p_1 V_1 - p_0 V_0}{\gamma - 1} = \frac{1}{2}(p_0 + p_1)(V_0 - V_1)$$

$$\Rightarrow \frac{p_1}{p_0} = \frac{(\gamma+1)V_0 - (\gamma-1)V_1}{(\gamma+1)V_1 - (\gamma-1)V_0} = \frac{(\gamma+1)\rho_1 - (\gamma-1)\rho_0}{(\gamma+1)\rho_0 - (\gamma-1)\rho_1}$$
(5-15)

或

$$\frac{\rho_1}{\rho_0} = \frac{V_0}{V_1} = \frac{(\gamma+1)p_1 + (\gamma-1)p_0}{(\gamma+1)p_0 + (\gamma-1)p_1}$$
(5-16)

式（5-15）或式（5-16）即为多方气体的冲击波绝热方程（Hugoniot 方程）。

式（5-12）、式（5-15）或式（5-16）中共有四个未知数，即 p_1、V_1 或 ρ_1、u_1 和 D。一般来说，介质的初始状态是给定的，绝热指数 $\gamma = \dfrac{\overline{C_p}}{\overline{C_V}} = 1 + \dfrac{R}{\overline{C_V}}$ 已知，即 p_0、ρ_0、V_0、u_0 和 γ 是已知的。所以，在求 p_1、V_1 或 ρ_1、u_1、D 时，必须给定一个未知数，再利用状态方程 $pV = RT$，就可以计算得到 T_1。但是在计算中需要知道 γ，γ 的值取决于分子的结构和温度。

对空气按双原子分子考虑，$p_1 < 5$ MPa 时，$\gamma = 1.4$；5 MPa $< p_1 < 10$ MPa 时，温度在 273~3 000 K 范围内，$\overline{C_V} = 20.08 + 1.883 \times 10^{-3}(T-273)$ J/(mol·K)，由此可以计算 $\overline{C_p} = \overline{C_V} + R$ 和 $\gamma = C_p/C_V$；当 $p_1 > 10$ MPa 时，由于波阵面的温度很高，离解和电离会明显发生，气体的内能和粒子数目也相应增加，所以空气的离解和电离对 γ 的影响是必须考虑的因素。

四、冲击波的性质

性质1：相对波前未扰动介质，冲击波的传播速度是超声速的，即满足 $D - u_0 > C_0$；而相对于波后已扰动介质，冲击波的传播速度是亚声速，即 $D - u_1 < C_1$。

性质2：冲击波的传播速度不仅与介质初始状态有关，还与冲击波的强度有关。

性质3：冲击波波阵面两侧介质的参数发生突跃变化，介质质点沿波传播方向得到加速而发生位移，D 增加，则 $(p_1 - p_0)$ 增加，且 $(u_1 - u_0)$ 增加、$(V_0 - V_1)$ 增加或 $(\rho_1 - \rho_0)$ 增加；此外，冲击波过后，介质质点速度的增量 $(u_1 - u_0)$ 总是小于冲击波相对于未扰动介质的传播速度 $D - u_0$，即 $u_1 - u_0 < D - u_0$。

性质4：冲击波压缩后，介质的熵是增加的，介质的温度是升高的。

第二节 爆轰理论的形成与发展

1881年和1882年，Berthlot、Vielle、Mallard和Le Charelier在做火焰传播试验时首先发现了爆轰现象。他们的研究揭示，可燃气火焰在管道中传播时，由于温度、压力、点火条件等的不同，火焰可以两种完全不同的传播速度传播，一种传播速度是每秒几十至几百米，另一种是每秒数千米，习惯上把前者称为爆燃，后者称为爆轰。可见爆轰也是一种燃烧，是一种迅速而剧烈的燃烧。

1899年和1905—1917年，Chapman和Jouguet分别独自地对爆轰现象做了简单的一维理论描述（即C-J理论），这一理论是借助气体动力学原理阐释的。他们提出一个简单而又令人信服的假定，认为爆轰过程的化学反应在一个无限薄的间断面上瞬间完成，原始炸药瞬间转化为爆轰反应产物。不考虑化学反应的细节，化学反应的作用如同外加一个能源而反映到流体力学的能量方程中，这样就诞生了以流体动力学和热力学为基础的、描述爆轰现象的较为严格的理论——爆轰波的C-J理论。

爆轰波的C-J理论并没有考虑到化学反应的细节，认为化学反应速度无限大，反应瞬间完成，这和实际情况是不相符合的。但是对化学反应的细节进行研究和描述十分困难，这个问题也是爆轰波的结构问题，一直是爆轰学的一个重要研究领域。

苏联的Zeldovich、美国的Von Neumann和德国的Doering分别在1940年、1942年和1943年各自独立对C-J理论的假设和论证做了改进，提出了爆轰波的ZND模型。ZND模型比C-J理论更接近实际情况。他们认为爆轰时未反应的炸药首先经历了一个冲击波预压缩过程，形成高温高密度的压缩态，接着开始化学反应，经历一定的时间后化学反应结束，达到反应的终态。ZND模型首次提出了化学反应的引发机制，并考虑了化学反应的动力学过程，是C-J理论的重要发展。基于ZND模型的炸药爆轰波结构如图5-3所示。

上述两种理论被称为爆轰波的经典理论，它们都是一维理论。

20世纪50年代，通过对试验的详细观察，发现爆轰波的波阵面包含复杂的三维结构，这种结构被解释为由入射波、反射波和马赫波构成的三波结构。

20世纪五六十年代进行了大量的试验研究，试验结果显示，反应区末端状态参数落在弱解附近，而不是C-J参数，说明实际爆轰比C-J理论和ZND

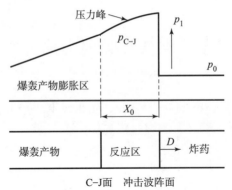

图 5-3　基于 ZND 模型的炸药爆轰波结构

模型更为复杂。同时期开展了计算机数值模拟。

20 世纪 50 年代，Kirwood 和 Wood 推广了一维定常反应理论，指出定常爆轰具有弱解的可能性将随着流体的复杂性增加而增加。弱解模型对试验数据与一维理论的偏离做出了一种理论解释。

20 世纪 60 年代开始，Erpenbeck 提出了爆轰的线性稳定性理论，对一维爆轰定常解的稳定性（受扰动后，解是否稳定）进行了分析。后来又有人提出"方波"稳定性理论。

近年来有人提出了很有希望的计算多维爆轰波的传播方法，这是爆轰理论的最新发展。

第三节　炸药的 C-J 爆轰理论

炸药的 C-J 爆轰理论由 Chapman 与 Jouguet 首先提出，后称为 C-J 理论。

C-J 理论假定冲击波与化学反应区作为一维间断面处理，反应在瞬间完成，化学反应速度无穷大，反应的初态和终态重合。流动或爆轰波的传播是定常的。

对一维平面波而言，假定药柱直径无限大，故可忽略起爆端影响。

对于间断面，将爆轰波理解为冲击波，化学反应区作为瞬间释放能量的几何面紧紧贴在冲击波的后面，整个作为间断面来处理，从间断面流出的物质已经处于热化学平衡态，因此波后介质可用热力学状态方程来描述。

对于稳定爆轰（定常），坐标系可作为惯性系建立在波阵面上。

上述假设即是 C-J 假设，C-J 假设把爆轰过程和爆燃过程简化为一个含化学反应的一维定常传播的强间断面。对于爆轰过程，该强间断面为爆轰波；对于爆燃过程，则称为爆燃波。

将爆轰波或爆燃波简化为含化学反应的强间断面的理论通常称为 Chapman-Jouguet 理论，简称为 C-J 理论。

一、爆轰波的基本关系式

如图 5-4 所示，与激波间断相似，在爆轰波间断面两侧，三个守恒方程成立（动坐标系中）：

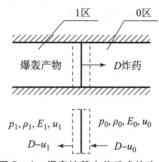

图 5-4　爆轰波基本关系式的建立

质量守恒：$\rho_0(D-u_0) = \rho_1(D-u_1)$ （5-17）

动量守恒：$p_1 - p_0 = \rho_0(D-u_0)(u_1-u_0)$ （5-18）

能量守恒：$E_1 - E_0 = \dfrac{1}{2}(p_1+p_0)(V_0-V_1)$ （5-19）

上述三个方程在形式上和激波的关系式完全一样，但是能量方程式（5-19）中 E_1 不仅包括物质热运动的内能，还包括化学反应能。在激波关系中，$E = E(p,V)$，而在爆轰波关系中，由于存在化学反应，$E = E(p,V,\lambda)$，其中 λ 为化学反应进展度。

$\lambda = 0$ 表示未进行化学反应的初态；

$\lambda = 1$ 表示反应终态，对于 C-J 理论，终态与初态重合。

根据假定，从 $\lambda = 0$ 到 $\lambda = 1$ 是瞬间完成的，其间没有时间间隔。用 $E(\lambda)$ 表示单位质量（或摩尔）的化学反应能，则 $E(\lambda)$ 可写为

$$E(\lambda) = (1-\lambda)Q \quad (5-20)$$

比内能 E 可表示为

$$E = E(p,V,\lambda) = E(p,V) + E(\lambda)$$

Q 为炸药的爆热（爆轰化学反应放出的热量），所以有

$$E(p_1, V_1, \lambda = 1) = E(p_1, V_1), \quad E(p_0, V_0, \lambda = 0) = E(p_0, V_0) + Q$$

故式（5-19）可写为

$$E(p_1, V_1) - E(p_0, V_0) = \frac{1}{2}(p_1 + p_0)(V_0 - V_1) + Q \quad (5-21)$$

或可表示为

$$E_1 - E_0 = \frac{1}{2}(p_1 + p_0)(V_0 - V_1) + Q \quad (5-22)$$

式（5-22）就是爆轰波的 Hugoniot 方程。

式（5-17）、式（5-18）、式（5-22）就是爆轰波的基本关系式。

爆轰波波速线简称爆速线（也叫米海尔逊线、Rayleigh 线）。爆轰波的波速线与激波的波速线类似，均是由形式相同的方程式（5-17）、式（5-18）得来的，即

$$\frac{p_1 - p_0}{V_1 - V_0} = -\frac{(D - u_0)^2}{V_0^2} \quad (5-23)$$

在 $p-V$ 平面上，这是一个点斜式的直线方程，它表示通过 $A(p_0, V_0)$ 点，斜率为 $-\dfrac{(D - u_0)^2}{V_0^2}$ 的直线，如图 5-5 所示。

直线斜率为

$$\tan\varphi = \tan(180° - \alpha) = -\tan\alpha = -\frac{(D - u_0)^2}{V_0^2} \quad (5-24)$$

由于 $\dfrac{p_1 - p_0}{V_1 - V_0} < 0$，所以 $p_1 - p_0$ 与 $V_1 - V_0$ 必异号。即经过爆轰间断面，压力和比容必须反向变化，或压力与密度必须同向变化。

直线 $p = p_0$ 和 $V = V_0$ 将 $p-V$ 平面分为 4 个区，如图 5-6 所示。

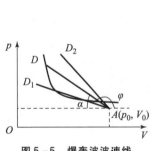

图 5-5 爆轰波波速线

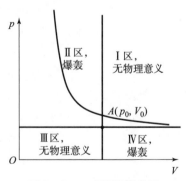

图 5-6 $p-V$ 平面的分区

Ⅰ、Ⅲ区中 $p_1 - p_0$ 与 $V_1 - V_0$ 同号，不符合守恒方程，无物理意义。

在Ⅱ区，$p-p_0>0$，$V-V_0<0$，对应于爆轰过程；

在Ⅳ区，$p-p_0<0$，$V-V_0>0$，对应于爆燃过程。

对爆轰波，$p-p_0>0$，由式（5-18）知 $D-u_0$ 与 u_1-u_0 同号，说明爆轰波通过后，介质质点在爆轰波方向是加速的；或者如果 $u_0=0$，则介质质点运动速度 u_1 与 D 同向。

二、爆轰波绝热曲线——Hugoniot 曲线

此关系即为由三个守恒方程得到的 $p-V$ 关系在 $p-V$ 平面上的几何表示。式（5-22）在 $p-V$ 平面上的曲线为双曲线。

由于 $E_1=\dfrac{p_1V_1}{\gamma-1}$，$E_0=\dfrac{p_0V_0}{\gamma-1}$（假定爆轰前后均为理想气体，且 γ 不变），式（5-22）可以写为

$$\frac{p_1V_1}{\gamma-1}-\frac{p_0V_0}{\gamma-1}=\frac{1}{2}(p_1+p_0)(V_0-V_1)+Q \quad (5-25)$$

若令 $\mu^2=\dfrac{\gamma-1}{\gamma+1}$，则式（5-25）可变为

$$(p_1+\mu^2 p_0)(V_1-\mu^2 V_0)=(1-\mu^4)p_0V_0+2\mu^2 Q_V \quad (5-26)$$

式（5-26）在 $p-V$ 平面上为双曲线，其中心为 $(\mu^2 V_0,-\mu^2 p_0)$，(V_0,p_0)，两条渐近线为

$$\begin{cases} V_1=\mu^2 V_0=\dfrac{\gamma-1}{\gamma+1}V \\ p=-\mu^2 p_0=-\dfrac{\gamma-1}{\gamma+1}p_0 \end{cases} \quad (5-27)$$

当 $V_1=V_0$ 时，

$$p_1=p_0+(\gamma-1)\frac{Q}{V_0}\ne p_0 \quad (5-28)$$

由式（5-28）知，只有当 $Q=0$（即无化学反应）时，$p_1=p_0$，双曲线才会通过 (V_0,p_0) 点，即初态点；而当 $Q>0$ 时，即有化学反应时，双曲线不会通过 (V_0,p_0) 点。Q 越大，p_1 越大，说明曲线位置越高，如图 5-7 所示。

爆轰波 Hugoniot 曲线表示爆轰波在活性介质中传播时，经由初态点

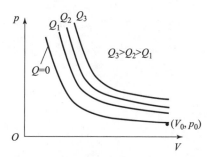

图 5-7　不同 Q 值的爆轰波 Hugoniot 曲线

(V_0, p_0),满足 3 个守恒方程的所有终态点(V_1, p_1)的集合。这就是爆轰波 Hugoniot 曲线的物理意义。

冲击波绝热线经过(V_0, p_0)点,而爆轰波绝热线不经过初态(V_0, p_0)点。

$p = p_0$ 和 $V = V_0$ 直线将 Hugoniot 曲线分为 3 段,B 点以上为爆轰支,D 点以下为爆燃支,B - D 之间没有意义,如图 5 - 8 所示。

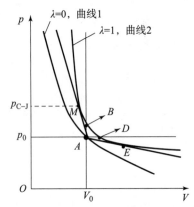

图 5 - 8 Hugoniot 曲线上各段的物理含义

在爆轰支,B 点 $V = V_0$,对应于定容爆轰;波速线 AB 的斜率 $\tan\alpha = \infty$,对应于爆轰速度无穷大。

在 M 点,有

$$\left(\frac{dp}{dV}\right)_{Hu} = \left(\frac{p - p_0}{V - V_0}\right)_R \quad (5 - 29)$$

M 点对应于 C - J 爆轰,M 点即为 C - J 爆轰点,此时 $p = p_{C-J}$;

在 M 点以上,有 $p > p_{C-J}$,对应于强爆轰,或称为超驱动爆轰;

在 MB 段,有 $p < p_{C-J}$,对应于弱爆轰。

在爆燃支,D 点有 $p = p_0$,对应于定压燃烧;波速线 AD 的斜率 $\tan\alpha = 0$,对应于 $D - u_0 \to 0$ 的极限情况,为无限缓慢的燃烧状态。

在 E 点,有

$$\left(\frac{dp}{dV}\right)_{Hu} = \left(\frac{p - p_0}{V - V_0}\right)_R \quad (5 - 30)$$

E 点对应于 C - J 爆燃,E 点即为 C - J 爆燃点,$D_E = D'_{C-J}$,其中 D'_{C-J} 为 C - J 爆燃速度;

在 ED 段,有 $D_E < D'_{C-J}$,对应于弱爆燃;

在 E 点以下，有 $D_E > D'_{C-J}$，对应于强爆燃。

三、爆轰波稳定传播的条件——C-J 条件

式（5-17）、式（5-18）、式（5-22）是由三个守恒方程得到的，再加上状态方程 $E = E(p,V)$，共有 4 个方程。但有 p_1、ρ_1、u_1、E_1 和 D 共 5 个未知数，要构成方程组求解未知变量，还需要补充一个方程，这个方程就是 $D - u_1 = C_1$，即所谓的 C-J 条件。

这个条件就是爆轰波能够稳定传播的条件，也就是说，如果没有这个 C-J 条件，那么爆轰波支上的任何状态都是可能的。但试验表明，对气相或凝聚相炸药爆轰，在给定的初态下，爆轰波都是以某一特定的速度稳定传播的。

另外，从几何上看，三个守恒方程有解时，在理论上有三个解（波速线和爆轰波的 Hugoniot 曲线可能有三个交点），即强爆轰解、弱爆轰解和 C-J 爆轰解。然而，Chapman 和 Jouguet 提出：只有 C-J 爆轰才是稳定存在的，这就是所谓的 C-J 理论。

那么什么叫 C-J 条件呢？

（1）Chapman 提出的稳定爆轰传播条件：

$$-\left(\frac{dp}{dV}\right)_{\text{曲线2}} = \frac{p_1 - p_0}{V_0 - V_1} \qquad (5-31)$$

即实际上爆轰对应于所有可能稳定爆轰传播的速度中的最小速度。

（2）Jouguet 提出的条件为

$$D - u_1 = C_1 \qquad (5-32)$$

上式可以描述为：爆轰波相对于爆轰产物的传播速度等于爆轰产物的声速。

两者提法不一样，但是本质是相同的，因此都称为 C-J 条件，可综合表述为：爆轰波若能稳定传播，其爆轰反应终了产物的状态应与波速线和爆轰波 Hugoniot 曲线相切点 M 的状态相对应，否则，爆轰波在传播过程中是不可能稳定的。该点的状态又称为 C-J 状态。在该点，膨胀波（稀疏波）的传播速度恰好等于爆轰波向前推进的速度。

第四节　炸药的 ZND 爆轰模型

ZND 模型将 C-J 理论中被处理成间断面的化学反应区推广到有限宽度，

也就是化学反应区有一定的厚度，而不是 C-J 理论的一个几何间断面。从理论上看，ZND 模型比 C-J 理论更接近于实际情况。ZND 模型的物理构象如图 5-9 所示。

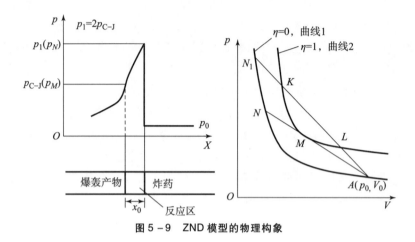

图 5-9 ZND 模型的物理构象

ZND 模型的基本假设如下：

（1）流动是一维的。

（2）冲击波是间断面，忽略分子的输运（如热传导、辐射、扩散和黏性等）。

（3）在冲击波前，化学反应速率为零，冲击波后的化学反应速率为一有限值（非无穷大），反应是不可逆的。

（4）在反应区内，介质质点都处于局部热力学平衡态，但未达到化学平衡态（组分在变）。

这样，爆轰波可看成由冲击波和化学反应区构成，而且它们以相同的运动速度在炸药中传播。

可以用类似的方法建立爆轰波波后与波前状态参数之间的关系，该关系与 C-J 理论相似。但若假定化学反应区反应速率的某个规律，可以对反应区内的参数进行理论研究，如：

能量方程：

$$E - E_0 = \frac{1}{2}(p + p_0)(V - V_0) + \lambda Q \text{（质量与动量守恒方程不变）}$$

如果 $\lambda = 1$ 为终态 H_U 线，有

$$\frac{d\lambda}{dt} = r(p, V, \lambda), E = E(p, V, \lambda)$$

($\lambda = 0$ 为初态，$0 < \lambda < 1$ 的任一条为冻结 H_U 线)

$$\rho_0(D - u_0) = \rho_1(D - u_1) \qquad (5-33)$$

$$\rho_1 u_1 - \rho_1 D = -\rho_0(D - u_0)$$

$$\Rightarrow \rho_1 u_1 - \rho_1 u_0 + \rho_1 u_0 - \rho_1 D = -\rho_0(D - u_0)$$

$$\Rightarrow \rho_1(u_1 - u_0) - \rho_1(D - u_0) = -\rho_0(D - u_0)$$

$$\Rightarrow \rho_1(u_1 - u_0) = (D - u_0) = (D - u_0)(\rho_1 - \rho_0)$$

故

$$u_1 - u_0 = V_1(D - u_0)\left(\frac{1}{V_1} - \frac{1}{V_0}\right) = \frac{V_0 - V_1}{V_0}(D - u_0) \qquad (5-34)$$

又因为 $p_1 - p_0 = (D - u_0)(u_1 - u_0)$ [式（5-18）]，将式（5-34）代入上式可得

$$\frac{p_1 - p_0}{V_1 - V_0} = -\frac{(D - u_0)^2}{V_0^2} \qquad (5-35)$$

式（5-18）变为 $D - u_0 = \dfrac{p_1 - p_0}{u_1 - u_0} V_0$，将其代入式（5-34）可得

$$(u_1 - u_0)^2 = (p_1 - p_0)(V_0 - V_1)$$

或

$$u_1 - u_0 = \sqrt{(p_1 - p_0)(V_0 - V_1)} \qquad (5-36)$$

由 C-J 条件可知

$$(D - u_1)^2 = C_1^2$$

$$\Rightarrow (D - u_1)^2 = \frac{\rho_0^2}{\rho_1^2}(D - u_0)^2 = \frac{\rho_0^2}{\rho_1^2} V_0^2 \frac{p_1 - p_0}{V_0 - V_1}$$

$$\Rightarrow (D - u_1)^2 = V_1^2 \frac{p_1 - p_0}{V_0 - V_1} \qquad (5-37)$$

对于多方气体，有 $C_1^2 = \gamma p_1 V_1$，结合式（5-37）可得

$$V_1^2 \frac{p_1 - p_0}{V_0 - V_1} = \gamma p_1 V_1$$

故

$$\frac{p_1 - p_0}{V_0 - V_1} = \gamma \frac{p_1}{V_1} \qquad (5-38)$$

因为 $D - u_0 = \dfrac{p_1 - p_0}{u_1 - u_0} V_0$，考虑到式（5-36），有

$$D - u_0 = V_0 \sqrt{\frac{p_1 - p_0}{V_0 - V_1}} \qquad (5-39)$$

第五节 凝聚相炸药的爆轰

一、凝聚炸药的爆轰过程

1. 炸药反应区结构

对于凝聚态炸药而言,其爆轰存在着一定的复杂性,具体表现在,反应区多相、不均匀,不再是一维结构,但爆轰波结构的概貌仍可以用 ZND 模型来描述。对大多数凝聚态炸药来说,反应区宽度在 0.1~1 mm,反应时间在 $10^{-8} \sim 10^{-6}$ s。

2. 凝聚炸药爆轰的反应机理

由于炸药的化学组成以及装药的物理状态不同,爆轰波化学反应的机理也不同。根据大量的试验研究,可以归纳出三种类型的凝聚炸药爆轰反应机理,即整体反应机理、表面反应机理和混合反应机理。

(1) 整体反应机理。

整体反应机理又称为均匀灼烧机理,它存在于强激波条件下,均质炸药的爆轰过程中,特征是在整个压缩层的体积内发生化学反应。例如 NG、高密度 RDX 的爆轰等。

能按整体反应机理爆轰的炸药装药,必须是组成密度都均匀的均质炸药,如不含气泡的液态炸药和接近晶体密度时的固体炸药(如注装 TNT 或压装密度很高的粉状炸药)。这类炸药爆轰时能产生很强的引导激波,其爆轰速度至少在 6 000 m/s 以上,波阵面温度高达 1 000 ℃以上,只有这样的爆轰才能激起凝聚炸药的整体反应。

(2) 表面反应机理。

表面反应机理又称不均匀灼烧机理,它存在于较弱的激波条件下不均质炸药的爆轰反应中。自身结构不均匀的炸药,不是在整个压缩的体积内使得温度均匀升高而发生反应,而是在个别或局部地点温度升高,形成"热点"或"起爆中心",化学反应首先在这些高温区开始,进而再扩展到整个炸药层。这类反应炸药的爆轰速度往往不高,一般在 2 000~4 000 m/s。例如含有气泡与不含气泡的硝基甲烷的爆轰。含有气泡的硝基甲烷往往能以较低的速度爆轰，也不需要强起爆；而不含有气泡的硝基甲烷需要强激波作用才能爆轰，并且爆轰速度很高。对于硝化甘油也有类似现象。

（3）混合反应机理。

该机理适用于非均匀混合炸药，特别是反应能力相差悬殊的固体物质组成的混合物，反应在一些组分界面上进行。有这类反应机理的炸药爆轰也不是在整体压缩层内全部反应，和表面反应机理类似，也是在一些局部区域开始反应。但是这类反应不仅受初始反应的影响，还受初始分解产物传质、传热的控制，一般存在一个可以达到最高爆轰速度的最佳密度。一般来说，各组分混合得越均匀，颗粒度越小，越有利于爆轰的诱发。工业炸药的爆轰反应特点十分符合混合反应机理。

对表面和混合反应机理，冲击波作用都是在局部形成"起爆中心"或"热点"。一般有以下几种热点的形成途径：

①炸药中气泡（固体形成的蒸气）受到冲击波的绝热压缩。

②炸药颗粒表面摩擦，或药层间的高速黏滞流动。

③高温气体产物由炸药颗粒表面向内部渗透，使炸药表面局部过热。

④冲击波与炸药中的间隙发生相互作用，形成射流、碰撞（反射），致使空穴崩溃等。

⑤药粒晶体表面局部缺陷湮灭后形成热点。

凝聚炸药爆轰反应机理并不都是按照上述机理中的某一种进行的，往往是两种机理共同作用的结果。

3. 凝聚混合炸药的爆轰特征及爆轰波的等离子性

（1）爆轰的特征。

以硝酸铵为主要原料的混合炸药（工业炸药）的爆轰特征是化学反应区宽度大，反应的时间长。一些典型炸药的爆轰反应时间如图 5-10 所示，同时，这些典型炸药的使用范围或爆炸作用特点也在图中给出。从图中可以看出，单一的 HMX 或含有 HMX 的高聚物黏结炸药爆轰反应时间在 $0.1~\mu s$ 左右，这个时间所释放的能量对爆轰速度有直接贡献；而添加 Al 粉和高氯酸铵后，爆轰反应时间增加到了 $100~\mu s$，这个时间内释放的能量对金属破片的加速是有效的；而浆状工业炸药（AN + Al 粉 + 水）爆轰时间长达 $100~ms$。

（2）爆轰波具有等离子的特征。

对混合炸药爆轰反应进行深入研究后发现，其爆轰波具有等离子体的特性。

1959 年 Cook 等利用电探针法、1962 年 Bauer 等利用经典照相法对爆轰时

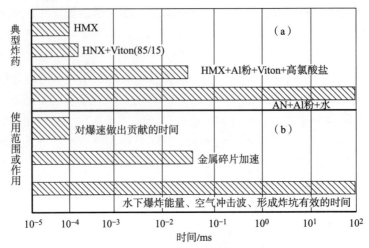

图 5-10　典型炸药反应时间的近似变化

炸药中的电离状态与爆轰过程关系进行了研究，证明了爆轰波内化学反应是由于化学电离作用。进一步的研究确证了爆轰是以等离子为特征的，这些等离子体是爆轰过程的基本部分。

通过大量的混合炸药爆轰波导电性测量结果发现，测出的爆轰波的电导率甚至比良好的半导体的电导率还高。从测出的电导率中得出爆轰波内的电子密度为 $1\,017 \sim 1\,018$ 个$/cm^3$，而在某些更强的爆轰波中，电子密度高达 $1\,023$ 个$/cm^3$。

研究表明，在爆轰中，电离和导电最高的区域是化学反应区，然而这个电离区的真实状态是对凝聚炸药自由表面放射出电离云，同时形成明亮的气体云。仔细研究这些明亮的气体云后发现，它是一种稀薄的等离子体。由于等离子体有相当强的内聚力，这些从原子或分子中逸出的电子并不能离开离子而独立地自由移动，只能在一定的范围内自由移动，如同金属中的自由电子一样。因此，在等离子体中，电子和离子显然是相互伴随的。

通过对高猛度炸药（如 B 炸药）、低爆轰压炸药（如低密度的松散特屈儿）及很低的爆轰压炸药（如粒状铵油炸药）等凝聚炸药的大量试验证明，等离子体是凝聚炸药爆轰的特征，只要发生爆轰，就可以观察到反应区的等离子体。

二、凝聚炸药爆轰参数的计算

C-J 理论和 ZND 模型是由气相爆轰建立的，对凝聚炸药的爆轰仍然具有一定的适用性，但是存在争议。气相爆轰与凝聚爆轰的主要区别（在爆轰参数上）见表 5-1。

表 5-1　某气相爆轰与凝聚炸药爆轰参数的对比

参数	H-O 混合物	某 B 炸药（TNT 与 RDX 混合物）
$\rho_0/(\text{g}\cdot\text{cm}^{-3})$	4.9×10^{-4}	1.71
$D/(\text{m}\cdot\text{s}^{-1})$	2 840	7 990
$p_1/(\text{kg}\cdot\text{cm}^{-2})$	19.1	290 000

对凝聚态炸药而言，爆轰产物的密度高，不能采用理想气体和范德华方程作为气体的状态方程，但其他方程与气相爆轰的一致。凝聚态炸药也遵守 C-J 条件或 C-J 爆轰选择定则。

1. 几种常用状态方程

（1）气体模型。

阿贝尔（Abel）余容状态方程：

$$p(V-\alpha)=RT \tag{5-40}$$

或

$$p=\rho RT/(1-\alpha\rho) \tag{5-41}$$

式中，α 为爆轰产物或气体余容；$R=8\,314\,\text{J}/(\text{mol}\cdot\text{K})$。

该模型的特点是不适用于高密度（$\rho>0.5\,\text{g/cm}^3$）炸药，且当改变某炸药密度时，计算的 T_1、u_1 保持不变，这显然与实际不相符。在此基础上，Cook 进行了修正，认为 α 不是一个常数，而是 $\alpha=\alpha(V)$ 或 $\alpha=\alpha(V)$ 的变量，对许多起爆炸药与猛炸药，有

$$\alpha(\rho)=\exp(-0.4\rho)=e^{-0.4\rho} \tag{5-42}$$

琼斯将阿贝尔余容状态方程修正为变余容状态方程式：

$$p[V-\alpha(p)]=RT \tag{5-43}$$

式中，$\alpha(p)$ 为余容的压力函数，且 $\alpha(p)=bp+cp^2+dp^3$，其中 b、c、d 是与炸药性质有关的常数。

维里状态方程、VLW 状态方程：

在麦克斯韦-玻耳兹曼对光滑球状分子的动力学理论和玻耳兹曼对密度的展开式的基础上，泰勒采用了维里状态方程式，我国学者吴雄等人据此开发了 VLW 状态方程，它们的形式为

$$pV=\left(1+\frac{B}{V}+\frac{C}{V^2}+\frac{D}{V^3}+\cdots\right)RT \tag{5-44}$$

式中，B、C、D 系数是与气体混合物的维里系数相关的值。

B-K-W 状态方程：

该方程式首先是由 Becker 在 1922 年提出的，后来经过凯斯塔科夫斯基和威尔逊多次修正而确定，因此称为 B - K - W 状态方程式。它是目前计算凝聚炸药爆轰参数应用最广泛的状态方程，出发点是将爆轰产物看成非常稠密的气体进行处理。

B - K - W 状态方程式如下：

$$pV = RT(1 + xe^{\beta x}) \qquad (5-45)$$

式中，$x = K\sum x_i k_i / [V(T+\theta)\alpha]$，其中 x_i 是第 i 种产物在总的爆炸产物中所占的摩尔分数；k_i 是第 i 种爆炸产物的余容因数。

K - H - T 状态方程：

气态爆轰产物的 Kihara - Hikita - Tanaka（K - H - T）状态方程的形式为

$$pV = RT\left[\frac{f(x)}{1-\alpha x}\right] \qquad (5-46)$$

式中，

$$f(x) = 1 + ax + bx^2 + cx^3 + dx^4 + ex^5$$

$$x = \left(\frac{\lambda}{pV}\right)^{\frac{3}{n}} V^{-1}$$

$$\lambda^{\frac{3}{n}} = \sum_{i=1}^{N} x_i \lambda_i^{\frac{3}{n}}$$

式中，λ_i 为第 i 种气态爆轰产物的分子间斥力常数；x_i 为第 i 种气态产物的摩尔分数；N 为气体分子种类数。

用于爆轰计算时，取 $n = 9$、$\alpha = 1.85$，计算结果与试验值一致。

（2）固体模型。

朗道 - 斯达纽柯维奇方程：

将爆轰产物看成固体结晶，一般形式为

$$p = AV^{-\gamma} + \frac{B}{V}T \qquad (5-47)$$

式中，$AV^{-\gamma}$ 为由于分子相互作用而产生的冷压强或作用势；$\frac{B}{V}T$ 为由于分子热运动而产生的热压强。

对于凝聚态炸药，一般 $\rho_0 > 1.01$ g/cm³ 时，其热压强可忽略，则有 $p = AV^{-\gamma}$，可以近似认为压强只取决于比容，而与温度无关。它与等熵方程的区别是它只是经验式，A、γ 为经验常数，在低压区，$\gamma = 1.2 \sim 1.4$，在高压区，$\gamma = 3$，此时 γ 不是 $\frac{C_p}{C_V}$（比热比），但由于 $p = AV^{-\gamma}$ 的近似关系与 T 无关，可以近似看成等熵过程，γ 称为局部等熵指数或局部绝热指数。

爆轰产物的状态量在空间和时间上是不平衡的，但是在某一微小局部 ΔV 体积内，状态量可以用平均值代替，因而局部是平衡的，称为局部等熵指数。状态方程只针对平衡系统而言，由此说明确定爆炸反应的方程式具有一定的复杂性。

（3）液体模型。

液体模型是 1937 年由 Lennard、Jones、Devanshile 提出的，又称为 L-J-D 方程。它是将爆轰产物作为液体处理，这是介于稠密气体模型和固体模型之间的一种模型，其状态方程如下：

$$\left(p + \frac{N^2 d}{V^2}\right)\left[V - 0.7816(Nb)^{\frac{1}{3}} V^{\frac{2}{3}}\right] = RT \qquad (5-48)$$

式中，V 为摩尔体积；N 为阿伏伽德罗常数；b 为摩尔余容，为摩尔体积的 4 倍；d 为液体中一对相邻分子中心之间的平均距离。

从大量的试验研究结果中发现，应用这种模型建立起来的状态方程对初始密度 $\rho_0 < 1.3 \text{ g/cm}^3$ 的炸药爆轰参数进行计算是合适的，但对高密度炸药的爆轰参数进行计算时，结果与试验值相差较大。

2. 爆轰参数的理论计算

对凝聚炸药的爆轰参数进行计算，首先必须选定某个具体形式的状态方程，然后根据爆轰参数方程组中的 5 个方程式进行计算。计算采用尝试法（又称试差法），即先假定某一对参数值，通过一系列的计算后，将该假定值与已知条件中的给定值相比较，如果两值相符，则用假定的参数值计算其他的未知参数值；如果两值不相符，则必须重新假定，再通过相应的计算和比较，直到计算值与已知条件中的给定值相符为止。具体的步骤如下。

（1）根据炸药的初始密度 ρ_0 计算其爆轰产物的 Hugoniot 方程。

先假定一对参数 p 和 T 的值，根据已知的状态方程运用炸药热化学的有关方法确定爆轰的组成及各成分的物质的量 n_i、爆热 Q_V 和内能 E_0。由于 E 包括热内能和弹性内能两部分，它可以表示为比容 V 和温度 T 的函数，$E = E(V, T)$，因此有

$$dE = \left(\frac{\partial E}{\partial T}\right)_V dT + \left(\frac{\partial E}{\partial V}\right)_T dV = c_V dT + \left(\frac{\partial E}{\partial V}\right)_T dV \qquad (5-49)$$

根据热力学第一定律得到 $dE = TdS + pdV$，因此，

$$\left(\frac{\partial E}{\partial V}\right)_T = T\left(\frac{\partial S}{\partial V}\right)_T - p \qquad (5-50)$$

根据自由能函数的定义 $F = E - TS$，微分得到

$$dF = dE - TdS - SdS = -pdV - SdT \qquad (5-51)$$

由此可以得到

$$\left(\frac{\partial F}{\partial V}\right)_T = -p$$

$$\left(\frac{\partial F}{\partial T}\right)_T = -S$$

$$\left(\frac{\partial p}{\partial V}\right)_T = -\frac{\partial^2 F}{\partial V \partial T} = \left(\frac{\partial S}{\partial V}\right)_T$$

故有

$$\left(\frac{\partial E}{\partial V}\right)_T = T\left(\frac{\partial p}{\partial T}\right) - p \tag{5-52}$$

将式（5-52）代入式（5-49），得到

$$dE = C_V dT + \left[T\left(\frac{\partial p}{\partial T}\right)_V - p\right]_T dV \tag{5-53}$$

积分可以得到

$$E_1 = \int_{T_0}^{T_1} C_V dT + \int_{V_0}^{V_1}\left[T\left(\frac{\partial p}{\partial T}\right)_V - p\right]_T dV \tag{5-54}$$

式（5-54）右边的第一项为热内能，第二项为弹性内能。

$$\int_{T_0}^{T_1} C_V dT = \overline{C}_V(T_1 - T_0) = (T_1 - T_0)\left(\sum_{i=1}^{m} n_i \overline{C}_{V_i} + n_C \overline{C}_{V_C}\right) \tag{5-55}$$

式中，$\overline{C}_{V_i}$ 为气体爆轰产物第 i 组分的平均定容热容；$\overline{C}_{V_C}$ 为产物中固体碳的平均定容热容；n_i 为第 i 种气态产物的物质的量；n_C 为固体碳的物质的量；m 为气态产物的种类数。

在爆轰产物状态方程已知的条件下，可以确定表达式 $T\left(\frac{\partial p}{\partial T}\right)_V - p$ 的具体形式，并进行具体的计算。

（2）确定爆轰产物的体积。

根据炸药爆轰产物的组成，将生成的气态产物总物质的量代入状态方程，就可以计算出气态产物的体积 $V_气$。由于每摩尔原子碳的比容为 $V_C = 5.4 \text{ cm}^3/\text{mol}$，故产物的体积应为气态成分体积与固态成分体积之和，即

$$V_1 = V_气 + V_C = V_气 + 5.4 n_C \tag{5-56}$$

（3）计算 V_0。

如果忽略 E_0，将 E_1、Q_V 代入式（5-22），就可以计算出 V_0：

$$V_0 = \frac{2(E_1 - Q_V)}{p_1} + V_1 \tag{5-57}$$

如果计算出的 V_0 值与给定炸药的初始密度 ρ_0 $\left(\rho_0 = \frac{M}{V_0}, M\right.$ 为炸药的相对分

子质量)不一致,则需要重新假定参数(p, T)的值,然后再按照上面的步骤重复进行计算,直到计算出的 V_0 值与 ρ_0 值相符合时为止。

(4)作图。

按照上面的方法可以计算出一系列满足 Hugoniot 方程的 p、V 值,并在 $p-V$ 图上作出 Hugoniot 曲线。如图 5-11 所示,以初始状态点($p_0=0$, V_0)为起始点作 Hugoniot 曲线的切线,得到满足式(5-39)的 C-J 点。

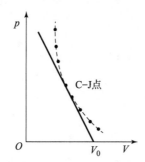

图 5-11 根据计算作出爆轰产物的 Hugoniot 曲线并确定 C-J 点——计算点
虚线—计算点的连线,即产物的 Hugoniot 曲线;斜线—米海尔逊线

(5)计算 v_D 和 u_{C-J}。

根据 C-J 点对应的压力 p_{C-J},计算爆轰波的爆速 D 和产物质点速度 u_{C-J}。

$$D = \frac{1}{\rho_0}\sqrt{\frac{p_{C-J}M}{V_0-V_{C-J}}} \tag{5-58}$$

$$u_{C-J} = \sqrt{\frac{p_{C-J}(V_0-V_{C-J})}{M}} \tag{5-59}$$

(6)求 u_{C-J}。

应用 C-J 条件关系式 $D = u_{C-J} + C_{C-J}$ 可求出 C-J 点所对应产物的声速 C_{C-J}。

(7)计算 T_{C-J} 和 e_{C-J}。

将 p_{C-J}、C_{C-J} 代入状态方程可计算出爆温 T_{C-J},将 p_{C-J}、V_{C-J}、V_0、Q_V 代入式(5-22)可以计算出相应爆轰产物的内能 E_{C-J}。

通过上面的计算,可以确定爆轰波的 5 个参数:p_{C-J}、V_{C-J}、u_{C-J}、T_{C-J} 和 E_{C-J},但是由于计算过程相当繁杂,一般采用电子计算机进行计算,在工程上通常采用近似计算方法估算爆轰波的有关参数。

3. 爆轰参数的近似计算

近似计算状态方程为 $p = AV^{-\gamma}$(固体模型),并且认为炸药与爆轰产物的状态方程相同且不变。此外,因为 p 与 T 无关,也可作为描述 C-J 点附近的等熵关系。

由于 $p_1 \gg p_0$，故 C–J 条件为

$$-\left(\frac{\partial p}{\partial V}\right)_s = \frac{p_1}{V_0 - V_1} \tag{5-60}$$

而 $\left(\frac{\partial p}{\partial V}\right)_s = -A\gamma V^{-\gamma-1} = -\gamma \frac{p}{V}$，故有

$$\frac{p_1}{V_0 - V_1} = \gamma \frac{p_1}{V_1} \tag{5-61}$$

由式 (5-60)、式 (5-61)，得

$$V_1 = \frac{\gamma}{\gamma+1} V_0 \quad \text{或} \quad \rho_1 = \frac{\gamma+1}{\gamma} \rho_0 \tag{5-62}$$

因为 $D = V_0 \sqrt{\frac{p_1}{V_0 - V_1}}$，所以有

$$p_1 = \frac{V_0 - V_1}{V_0^2} D^2$$

$$\Rightarrow p_1 = \rho_0 \left(1 - \frac{\gamma}{\gamma+1}\right) D^2 = \frac{1}{\gamma+1} \rho_0 D^2 \tag{5-63}$$

$$\Rightarrow u_1 = (V_0 - V_1)\sqrt{\frac{p_1}{V_0 - V_1}} = \frac{1}{\gamma+1} D \tag{5-64}$$

由 C–J 条件 $D = u_1 + C_1$，知

$$C_1 = D - u_1 = \frac{\gamma}{\gamma+1} D \tag{5-65}$$

故可以得到凝聚炸药爆轰波基本方程组（近似计算）：

$$\begin{cases} D = V_0 \sqrt{\dfrac{p_1 - p_0}{V_0 - V_1}} \\ u_1 = \sqrt{(p_1 - p_0)(V_0 - V_1)} \\ E_1 - E_0 = \dfrac{1}{2}(p_1 + p_0)(V_0 - V_1) + Q \\ D - u_1 = C_1 \\ p = p(\rho, T), p = p(V, T) \end{cases}$$

对于等熵（绝热）过程，由热力学第一定律知 $dE = -pdV$，所以，

$$E_1 - E_0 = \int_{V_0}^{V_1}(-p)dV = -\int_{V_0}^{V_1} AV^{-\gamma}dV = -\left.\frac{AV^{-\gamma+1}}{-\gamma+1}\right|_{V_0}^{V_1} = \frac{p_1 V_1}{\gamma-1} - \frac{p_0 V_0}{\gamma-1}$$

注：

$$E = C_V T = \frac{R}{\gamma-1} T = \frac{pV}{\gamma-1}$$

所以，对状态方程 $p = AV^{-\gamma}$，其 Hugoniot 方程可写为

$$\frac{p_1 V_1}{\gamma - 1} - \frac{p_0 V_0}{\gamma - 1} = \frac{1}{2}(p_1 + p_0)(V_0 - V_1) + Q$$

这和理想气体状态方程的情形一样（在形式上），但物理意义不同。

同样可求得

$$D = \sqrt{2(\gamma^2 - 1)Q} \qquad (5-66)$$

式（5-62）~式（5-66）与气相爆轰的计算式在形式上完全一致，但 γ 值的大小不一样，物理意义也不同。

γ 值的确定：

$$\frac{1}{\gamma} = \sum \frac{x_i}{\gamma_i} \qquad (5-67)$$

式中，x_i 为爆轰产物中第 i 组分的摩尔分数；γ_i 为爆轰产物中第 i 组分的多方指数。

注：

$\gamma_{H_2O} = 1.9$，$\gamma_{CO_2} = 4.5$，$\gamma_{CO} = 2.85$，$\gamma_{O_2} = 2.45$，$\gamma_{N_2} = 3.7$，$\gamma_C = 3.35$

说明：

①用式（5-62）~式（5-66）计算时，爆速的计算误差较大（用 Q_V 代替 Q），一般是实测出爆速，再计算其他参数。

②式（5-62）~式（5-66）计算中，温度计算有待于采用含温度的状态方程或其他方法实现。而爆温可以用阿平等人提出的经验计算式来计算：

$$T_1 = 4.8 \times 10^{-8} p_1 V_1 (V_1 - 0.20) M \qquad (5-68)$$

式中，T_1 为 C-J 面上产物的温度，K；p_1 为 C-J 面上的压力，Pa；V_1 为 C-J 面上的比容，cm^3/g；M 为爆轰产物的平均相对分子质量。

因此，可采用以下各式来近似计算凝聚炸药的爆轰参数：

$$\begin{cases} V_1 = \dfrac{1}{\gamma + 1} V \text{ 或 } \rho_1 = \dfrac{\gamma + 1}{\gamma} \rho_0 \\[2mm] p_1 = \rho_0 \left(1 - \dfrac{\gamma}{\gamma + 1}\right) D^2 = \dfrac{1}{\gamma + 1} \rho_0 D^2 \\[2mm] u_1 = (V_0 - V_1) \sqrt{\dfrac{p_1}{V_0 - V_1}} = \dfrac{1}{\gamma + 1} D \\[2mm] C_1 = D - u_1 = \dfrac{\gamma}{\gamma + 1} D \\[2mm] D = \sqrt{2(\gamma^2 - 1)Q} \\[2mm] \dfrac{1}{\gamma} = \sum \dfrac{x_i}{y_i} \end{cases}$$

根据爆轰产物的组成确定 γ 值：

爆轰产物的组成按 $H_2O - CO - CO_2$ 确定，即炸药中的氧首先使 HO 氧化成 H_2O，然后使 C 氧化成 CO，剩余的氧再使 CO 氧化成 CO_2。例如梯恩梯的爆炸产物如下：

$$C_7H_5O_6N_3 \rightarrow 2.5H_2O + 3.5CO + 3.5C + 1.5N_2$$

则 γ 值为

$$\frac{1}{\gamma} = \frac{2.5}{11} \times \frac{1}{1.9} + \frac{3.5}{11} \times \frac{1}{2.85} + \frac{3.5}{11} \times \frac{1}{3.35} + \frac{1.5}{11} \times \frac{1}{3.7}$$

$$\gamma = 2.80$$

利用上述方法计算出的结果与实测值差别较大，这主要是由于所确定的 γ 值一般偏低。

例 5 – 1 求密度为 $\rho_0 = 1.80 \text{ g/cm}^3$，$D = 8830 \text{ m/s}$ 的黑索今的爆轰参数。

解：黑索今的爆轰反应方程式如下：

$$C_3H_6N_6O_6 \rightarrow 3H_2O + 3CO + 3N_2$$

确定 γ 值：

$$\frac{1}{\gamma} = \sum \frac{x_i}{\gamma_i} = \frac{1}{3} \times \left(\frac{1}{1.9} + \frac{1}{2.85} + \frac{1}{3.7} \right)$$

$$\gamma = 2.60$$

确定 ρ_1：

$$\rho_1 = \frac{\gamma + 1}{\gamma} \rho_0 = \frac{2.6 + 1}{2.6} \times 1.80 = 2.49 \text{ (g/cm}^3\text{)}$$

确定 p_1：

$$p_1 = \frac{1}{\gamma + 1} \rho_0 D^2 = \frac{1}{2.6 + 1} \times 1800 \times 8830^2 = 3.9 \times 10^{10} \text{ (Pa)}$$

确定 u_1：

$$u_1 = \frac{1}{\gamma + 1} D^2 = \frac{1}{2.6 + 1} \times 8830 = 2470 \text{ (m/s)}$$

确定 T_1：

$$T_1 = 4.8 \times 10^{-8} \frac{p_1}{\rho_1} \left(\frac{1}{\rho_1} - 0.20 \right) M_1$$

$$= 4.8 \times 10^{-8} \times \frac{3.9 \times 10^{10}}{2.49} \times \left(\frac{1}{2.49} - 0.20 \right) \times \frac{18 + 28 + 28}{3}$$

$$= 3738 \text{ (K)}$$

试验测出的结果为 $p_1 = 3.9 \times 10^{10} \text{Pa}$，$T_1 = 3700 \text{ K}$，$u_1 = 2410 \text{ m/s}$，因此，上述计算结果与实测值是相当符合的。

由 D 或 ρ_0 的实测值反推 γ 值，过程如下。

由 $D = V_0 \sqrt{\dfrac{p_1 - p_0}{V_0 - V_1}}$，可得

$$p_1 = \rho_0^2 D^2 \left(\dfrac{1}{\rho_0} - \dfrac{1}{\rho_1}\right) \qquad (5-69)$$

根据对凝聚炸药爆速 D 和炸药装药密度 ρ_0 之间相互关系的大量研究，可以得出如下关系：

$$D = b\rho_0^\alpha \qquad (5-70)$$

如果令 $\rho_0 = \dfrac{h}{\rho_1}$，则式（5-69）可以写成

$$p_1 = b^2 \dfrac{h-1}{h^{2(\alpha+1)}} \rho_1^{2\alpha+1} \qquad (5-71)$$

将式（5-71）与 $p = AV^{-\gamma} = A\rho^\gamma$ 相比较，可以得到

$$\begin{cases} \gamma = 2\alpha + 1 \\ A = b^2 \dfrac{h-1}{h^{2(\alpha+1)}} \end{cases} \qquad (5-72)$$

试验数据已经表明，一般凝聚炸药的 α 值为 0.65~1。因此，通过对 γ 值的计算，可以计算出有关的爆轰参数。

第六节 非理想爆轰现象

一、炸药爆轰的直径效应

一般称符合 C-J 理论和 ZND 模型的爆轰状态为理想爆轰。理想爆轰的特点是装药直径无限大，没有侧向膨胀的影响或爆炸产物侧向飞散的影响，炸药及反应区是均匀的物相，化学反应一层层地顺序进行。

炸药的装药直径对爆轰的传播过程有很大的影响，只有当炸药的装药直径达到某一临界值时，爆轰才有可能稳定传播，这种影响称为爆轰的直径效应。习惯上称能够稳定传播爆轰的最小装药直径为临界直径，用 d_{cr} 表示。对应于临界直径的爆速为临界爆速，用 D_{cr} 表示。若装药直径小于其临界直径，则无论起爆冲量多强，炸药均不能达到稳定爆轰的状态。习惯上称炸药装药的爆速达到最大值时的最小装药直径为极限直径，用 d_m 表示。对应于极限直径的爆速极大值称为极限爆速，用 D_m 表示。炸药的爆速与装药直径的关系如图 5-

12 所示。

非理想爆轰指的是装药直径在 d_{cr} 与 d_m 之间的稳定爆轰。处于 d_m 以上的爆轰可以看作理想爆轰。

对于工业炸药而言，它们的极限直径很大，临界直径较小（如 $\rho_0 = 1.0\ \text{g/cm}^3$

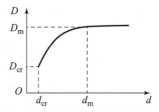

图 5 - 12　爆速与装药直径的关系

的 2 号岩石炸药的 d_m 约为 100 mm，d_{cr} 约为 20 mm），实际使用过程中的装药直径一般处于临界直径以上和极限直径以下。炸药发生稳定爆轰的爆速是难以达到极限爆速的，因此爆轰是非理想的。

从工业炸药的组成上看，绝大多数工业炸药是多种物质的混合物，表现为物理和化学的多相体系特征。它又是动力学多相体系，具有典型的非理想性，与其他凝聚炸药爆轰理论存在一定的差异。

工业炸药在爆轰时的化学反应要经历几个阶段，它既不同于单质炸药的化学反应，又不同于猛炸药等混合炸药的化学反应。工业炸药化学反应的典型方式是在爆轰反应区内进行的，首先是活泼的原组分物质分解或汽化，即所谓的一次反应；然后是已分解或汽化的产物之间或已分解的产物与原组分中尚未发生化学反应或相转变的物质之间发生相互作用，即所谓的二次反应。因此，与单质炸药相比，工业炸药爆轰的多阶段性强化了爆轰扩散的极限条件及爆轰参数与组分粒度的依赖关系。试验已经得出，在一定条件下，粒子的绝对尺寸和级配程度对其爆轰的极限条件和参数都有很大的影响。

二、炸药爆速的影响因素

爆速是能够准确测量的炸药的重要爆轰参数。那么凝聚炸药的爆速与哪些因素有关呢？主要有以下几个方面。

（一）炸药的化学性质的影响

由公式 $D = \sqrt{2(\gamma^2 - 1)Q}$ 知，爆热影响着炸药爆速的大小。对于单体炸药及由单体炸药组成的混合炸药，随着 Q 增加，炸药爆速 D 相应增加；对于含铝混合炸药等，由于反应的多阶段性，只有初始阶段放出的热对爆热有贡献，见表 5 - 2。

表 5 - 2　单体炸药与含铝炸药的爆轰参数对比

参数	RDX	RDX + Al	TNT	TNT + Al
爆热	低	高	低	高
爆速	高	低	高	低

（二）装药的物理因素的影响

1. 装药直径的影响

如图 5-13 所示，对于无侧向膨胀的爆轰过程，反应区放出的能量全部用来支持爆轰的传播，对应着最大爆轰速度 D_m。对于一定的炸药（特定的装药高度），D_m 为定值，也就是理想爆轰的数值。而对于有侧向膨胀的爆轰而言，除了轴向膨胀以外，还有径向膨胀，膨胀的结果是反应区能量密度降低，从而降低了爆速。

图 5-13 有无侧向膨胀的爆轰
（a）无侧向膨胀的爆轰；（b）有侧向膨胀的爆轰

令 τ_1 为爆轰反应区内完成化学反应所需的时间，τ_2 为侧向膨胀波由装药侧面到达装药轴线的时间，则有

$$\tau_1 = \frac{l}{D}, \tau_2 = \frac{d}{2C} \quad (5-73)$$

式中，l 为反应区宽度；d 为装药直径；D 为爆速；C 为膨胀波的波速。

当装药直径较小时，$\tau_1 > \tau_2$，即反应完成之前，侧向膨胀波已由装药侧面到达装药轴线处，使反应温度、压力下降，于是支持爆轰波的能量下降，导致爆轰速度 D 下降。直径越小，膨胀波到达越早，受影响的反应区越多。因此，D 随 d 的减小而减小，直至不能传递爆轰为止。当装药直径较大时，$\tau_1 < \tau_2$，侧向膨胀波到达轴线时，反应早已完成，对反应无影响，因而爆速不变。$\tau_1 = \tau_2$ 时，对应 $d = d_m$ 的临界状态。而当 $d < d_{cr}$ 时，爆轰波无法传递下去，将会导致爆轰熄灭。如图 5-14 所示。

因此，D_{cr} 和 d_{cr} 反映了炸药发生爆轰的难易程度，可以用来表示炸药对冲击波或传播爆轰的敏感性。例如，AN 的 d_{cr} 大于 100 mm，而 RDX 的 d_{cr} 只有 1～2 mm。

而 D_{cr} 与 d_{cr} 的影响因素有：

（1）炸药的化学性质。d_{cr} 取决于化学反应时间，即反应区宽度，例如，

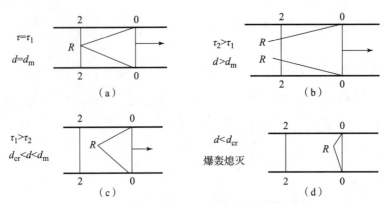

图 5-14 用侧向稀释波来解释爆轰的直径效应

RDX 的 $d_{cr}=1.0\sim1.5$ mm，$Pb(N_3)_2$ 的 $d_{cr}=0.01\sim0.02$ mm，而 AN 的 $d_{cr}=100$ mm。对于混合炸药而言，d_{cr} 较大，且 d_{cr} 与 d_m 的差值大，例如 2 号岩石铵梯炸药的 d_{cr} 在 15 mm 以上。

（2）装药密度。一般地，对于工业混合炸药，ρ 越小，d_{cr} 与 d_m 越小；但对于粉状单体炸药（如 TNT），ρ 越大，d_{cr} 越小；而对于硝酸肼、硝基胍类炸药，ρ 越大，d_{cr} 越大。

（3）炸药的颗粒尺寸。尺寸的减小提高了炸药反应的速率，d_{cr} 与 d_m 也减小。

（4）外壳强度。外壳强度越大，对炸药爆轰侧向飞散的限制作用越大，侧向膨胀波对反应区的影响减弱，d_{cr} 与 d_m 将减小。

2. 密度的影响

对于单体炸药及由单体炸药组成的混合炸药，ρ 越大，D 越大，一般密度和爆速呈线性关系；对于由缺氧和富氧成分所组成（反应能力相差悬殊的成分）的混合炸药和爆轰感度低的混合炸药，密度小时，ρ 越大，D 越大，但存在一个"临界密度"，超过临界密度时，很可能发生拒爆现象。但是如果再增加装药直径，爆速仍会增加，当装药直径超过极限直径时，"压死"现象不会出现。存在这种现象的炸药的爆轰反应机理以混合反应机理为主要特征。炸药密度对爆速的影响如图 5-15 所示。

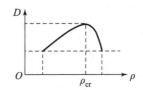

图 5-15 炸药密度对爆速的影响

3. 颗粒尺寸和外壳强度的影响

当装药直径小于极限直径时,颗粒尺寸和外壳强度对爆速有影响,但对极限爆速没有影响。

4. 附加物的影响

一般地,在单体猛炸药中添加惰性物质或可燃物质(如石蜡、Al 粉)时,爆速会下降,但是 AN 与燃料油混合时,会导致爆速提高。

5. 沟槽效应的影响

内沟槽(空心)与外沟槽存在于不耦合装药中,如图 5-16 所示。对于爆轰感度低的炸药,存在沟槽时,爆速下降;对于爆轰感度高的炸药,存在沟槽时,爆速提高。

图 5-16 沟槽效应

(a) 外沟槽;(b) 内沟槽

由于沟槽的存在,炸药爆轰时在沟槽中存在超前于爆轰波的空气冲击波,该冲击波压缩炸药,使炸药密度增加,导致爆速发生相应的变化。

第六章
爆轰产物的飞散与抛射作用

第一节 爆轰产物向真空的一维飞散

本节讨论考虑炸药爆轰过程中爆轰产物一维飞散的规律,即在不同的起爆位置(如左端起爆、右端起爆、中间起爆等)下,产物向两侧飞散的质量、动量、能量的大小。

研究爆轰产物的一维飞散,对于研究爆轰产物对目标的一维直接作用具有重要的实际意义。

以长直圆柱形装药为例,假设爆轰波阵面为平面,根据两端的边界条件和引爆面位置的不同,一维爆轰可以分成如图 6-1 所示的几种情况。对它们的基本研究方法是相似的,现以图 6-1 中所示的第三种情况为例进行分析。

如图 6-2 所示,设 $t=0$ 时在圆柱形装药 $x=0$ 处引爆。

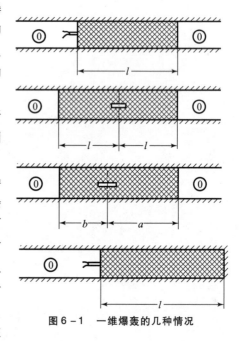

图 6-1 一维爆轰的几种情况

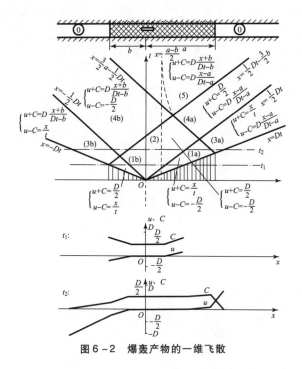

图 6-2 爆轰产物的一维飞散

起爆后,爆轰波同时向左、右两个方向传播,每个爆轰波后面紧跟着的中心稀疏波也同时向左、右两个方向传播,这时引爆面两边产物的状态参数的变化互不影响,即引爆面可视为不动的"刚壁"。

当爆轰波到达两个端面时,产物向真空飞散(两端是真空,故不形成冲击波),同时有中心稀疏波向爆轰产物内传播,并分别与爆轰波后的泰勒波(紧跟 C-J 面的中心稀疏波)相交。在 $b<a$ 的情形下,当右向稀疏波到达引爆面后,引爆面随即失去"刚壁"的作用。此后,由左、右端面传入的中心稀疏波将在某位置相交,产生新的稀疏波向左、右两个方向传播。

一、产物状态参数分布的计算

(一) 1a、1b 区的参数分布

紧跟 C-J 面左传的中心稀疏波是在爆轰波传过后形成的稳定区中传播的,因此是一簇简单波,可以应用简单波解描述 1b 区的参数分布:

$$x = (u - C)t + F(u) \tag{6-1}$$

$$u + \frac{2C}{K-1} = 常数 \tag{6-2}$$

初始条件 $t=0$、$x=0$,于是得 $F(u)=0$;边界条件为在爆轰波的波阵面上有 $u=u_H=-\dfrac{D}{K+1}$,$C=C_H=\dfrac{K}{K+1}D$,所以,式(6-2)中的常数 $=\dfrac{D}{K-1}$,于是对 $K=3$ 的凝聚体装药来说,有

$$u - C = \frac{x}{t}$$

$$u + C = \frac{D}{2}$$

由此解得

$$u = \frac{1}{2}\left(\frac{x}{t} + \frac{D}{2}\right) \tag{6-3}$$

$$C = -\frac{1}{2}\left(\frac{x}{t} - \frac{D}{2}\right) \tag{6-4}$$

波头方程:

波头紧跟左传爆轰波 C-J 面,故有

$$u = -\frac{D}{K+1} = -\frac{D}{4} = \frac{1}{2}\left(\frac{x}{t} + \frac{D}{2}\right)$$

或

$$C = \frac{KD}{K+1} = \frac{3D}{4} = -\frac{1}{2}\left(\frac{x}{t} - \frac{D}{2}\right)$$

所以得

$$x = -Dt$$

波尾方程:

波尾与 $u=0$ 的弱间断面形成的静止区相邻,故有

$$0 = u = \frac{1}{2}\left(\frac{x}{t} + \frac{D}{2}\right)$$

于是得波尾方程:

$$x = -\frac{D}{2}t$$

上述解的适用范围是 $-D \leq \dfrac{x}{t} \leq -\dfrac{D}{2}$。

同理,可得 1a 区的解:

$$u = \frac{1}{2}\left(\frac{x}{t} - \frac{D}{2}\right) \tag{6-5}$$

$$C = \frac{1}{2}\left(\frac{x}{t} + \frac{D}{2}\right) \tag{6-6}$$

解的适用范围为 $\frac{D}{2} \leq \frac{x}{t} \leq D$。波头方程：$x = Dt$，波尾方程：$x = \frac{D}{2}t$。

（二）2 区的参数分布

由于"暂时刚壁"的作用，爆轰波形成的两弱间断面之间的 2 区为静止区，于是有 $u = 0$、$C = \frac{D}{2}$（因为 2 区与 1a、1b 区相邻，故可由 1a 区解得：$u = 0, \frac{x}{t} = \frac{D}{2}, C = \frac{D}{2}$。也可以由 1b 区解得），因此有

$$u + C = \frac{D}{2} \quad (6-7)$$

$$u - C = -\frac{D}{2} \quad (6-8)$$

解的适用范围为 $-\frac{D}{2} \leq \frac{x}{t} \leq \frac{D}{2}$。

（三）3b、3a 区的参数分布

当 $t \geq \frac{b}{D}$ 时，爆轰波到达左端面，产物向左端真空飞散，产生一簇右向的中心稀疏波。由于产物向左膨胀时，仍要受紧跟爆轰波传播的左向中心稀疏波的影响，即右向中心稀疏波是在左向稀疏波传播过的区域中传播的，所以 3b 区的解是复合波区的解。此外，对于稳定爆轰，u_H、C_H 为定值，所以紧跟 C – J 面后的中心稀疏波的每一道波的 u、C 均为定值。因此，右向中心稀疏波的每一道波都是在定常等速区传播的，此复合波区可以看成两个简单波区的复合波，应用通解描述，有

$$x = (u + C)t + F_1(u + C) \quad (6-9)$$
$$x = (u - C)t + F_2(u - C) \quad (6-10)$$

由边界条件，左向稀疏波到达左边界，得

$$u - C = \frac{x}{t} = -D$$

故

$$-b = -D\frac{b}{D} + F_2(u - C)$$

可得

$$F_2(u - C) = 0$$

右向中心稀疏波从左端面开始传播，有

$$-b = (u+C)\frac{b}{D} + F_1(u+C)$$

得

$$F_1(u+C) = -\frac{b[D+(u+C)]}{D}$$

于是有

$$x = (u+C)t - \frac{b[D+(u+C)]}{D}$$

$$x = (u-C)t$$

解得

$$u + C = \frac{(x+b)D}{Dt-b} \qquad (6-11)$$

$$u - C = \frac{x}{t} \qquad (6-12)$$

即得

$$u = \frac{x}{2t} + \frac{(x+b)D}{2(Dt-b)} \qquad (6-13)$$

$$C = -\frac{x}{2t} + \frac{(x+b)D}{2(Dt-b)} \qquad (6-14)$$

此右向稀疏波波头是1b、3b区的分界面，即要满足

$$u + C = \frac{D}{2}$$

$$u + C = \frac{(x+b)D}{Dt-b}$$

于是得右向波波头方程：

$$x = \frac{Dt}{2} - \frac{3b}{2}$$

右向波波尾与真空相接，利用 $C=0$ 可以确定波尾方程：

$$-\frac{x}{2t} + \frac{(x+b)D}{2(Dt-b)} = 0$$

即得

$$x = -Dt$$

同理，可得3a区的解：

$$u = \frac{x}{2t} + \frac{(x-a)D}{2(Dt-a)} \qquad (6-15)$$

$$C = \frac{x}{2t} - \frac{(x-a)D}{2(Dt-a)} \qquad (6-16)$$

同理，左向稀疏波波头是 1a、3a 区的分界，即有

$$u - C = \frac{(x-a)D}{Dt-a} = -\frac{D}{2}$$

可得波头方程为

$$x = \frac{3}{2}a - \frac{D}{2}t$$

而波尾，有 $C = 0$，代入 3a 区解式（6-16），可得

$$x = Dt$$

3a 区解的适用范围为 $\frac{D}{2} \leqslant \frac{x}{t} \leqslant D, \frac{3a}{2t} - \frac{D}{2} \leqslant \frac{x}{t} \leqslant D$。

（四）4b、4a 区的参数分布

右向中心稀疏波与以 $-\frac{D}{2}$ 速度向左运动的弱间断相交在 $t = \frac{3b}{2D}$、$x = -\frac{3}{4}b$ 处，相交后又产生在静止区 2 中传播的右向稀疏波，可以用简单波的特解来求解 4b 区的状态参数：

$$x = (u + C)t + F(u)$$
$$u - C = 常数$$

因为在间断后的 2 区中，$u = 0$、$C = \frac{D}{2}$，故常数 $= -\frac{D}{2}$。此外，波是在时空点 $t = \frac{2D}{3b}$、$x = -\frac{3}{4}b$ 处从 3b 区传过来的，有

$$-\frac{3}{4}b = \frac{(x+b)D}{Dt-b} \cdot \frac{3b}{2D} + F(u)$$

得

$$F(u) = \frac{(x+b)D}{Dt-b} \cdot \frac{3b}{2D} - \frac{3}{4}b$$

所以有

$$-\frac{3}{4}b = (u+C) \cdot \frac{3b}{2D} - \frac{3b}{2} \cdot \frac{x+b}{Dt-b} - \frac{3}{4}b$$
$$u - C = -\frac{D}{2}$$

即得

$$u + C = \frac{(x+b)D}{Dt-b}$$
$$u - C = -\frac{D}{2}$$

于是得 4b 区解：

$$u = -\frac{D}{4} + \frac{D}{2} \cdot \frac{x+b}{Dt-b} \quad (6-17)$$

$$C = \frac{D}{4} + \frac{D}{2} \cdot \frac{x+b}{Dt-b} \quad (6-18)$$

求波头、波尾方程如下。

波头为 2 区和 4b 区的分界，满足 $u+C$ 相同，于是有

$$u + C = \frac{(x+b)D}{Dt-b} = \frac{D}{2}$$

解得波头方程为

$$x = \frac{D}{2}t - \frac{3}{2}b$$

波尾方程可由 4b 和 3b 搭接得到：

$$x = -\frac{D}{2}t$$

4b 区解的适用范围为 $-\frac{D}{2} \leqslant \frac{x}{t} \leqslant \frac{D}{2} - \frac{3b}{2t}, -\frac{D}{2} \leqslant \frac{x}{t} \leqslant \frac{3b}{2t} - \frac{D}{2}$。

同理，可得 4a 区的解：

$$u = \frac{D}{4} + \frac{D}{2} \cdot \frac{x-a}{Dt-a} \quad (6-19)$$

$$C = \frac{D}{4} - \frac{D}{2} \cdot \frac{x-a}{Dt-a} \quad (6-20)$$

波头方程为

$$x = \frac{3}{2}a - \frac{D}{2}t$$

波尾方程为

$$x = \frac{D}{2}t$$

解的适用范围为 $\frac{3b}{2t} - \frac{D}{2} \leqslant \frac{x}{t} \leqslant \frac{D}{2}, \frac{D}{2} - \frac{3b}{2t} \leqslant \frac{x}{t} \leqslant \frac{D}{2}$。

（五）5 区的参数分布

在静止介质中传播的右向和左向稀疏波相交在 $t = \frac{3}{2}\frac{a+b}{D}, x = \frac{3}{4}(a-b)$ 处，两稀疏波相交，其性质和强度均不变，仍为两稀疏波。5 区为两个简单波的复合，应用 $K=3$ 的通解：

$$x = (u+C)t + F_1(u+C) \quad (6-21)$$

$$x = (u - C)t + F_2(u - C) \qquad (6-22)$$

分别有初始边界条件：

$$x = -b, t = \frac{b}{D}$$

$$x = a, t = \frac{a}{D}$$

代入上述方程组，有

$$F_1(u + C) = -\frac{b[D + (u + C)]}{D}$$

$$F_2(u - C) = -\frac{a[D - (u - C)]}{D}$$

于是得

$$x = (u + C)t - \frac{b[D + (u + C)]}{D}$$

$$x = (u - C)t - \frac{a[D - (u - C)]}{D}$$

得 5 区解：

$$u + C = D\frac{x + b}{Dt - b}$$

$$u - C = D\frac{x - a}{Dt - a}$$

即

$$u = \frac{D}{2}\left(\frac{x + b}{Dt - b} + \frac{x - a}{Dt - a}\right) \qquad (6-23)$$

$$C = \frac{D}{2}\left(\frac{x + b}{Dt - b} - \frac{x - a}{Dt - a}\right) \qquad (6-24)$$

解的适用范围为 $\frac{3a}{2t} - \frac{D}{2} \leqslant \frac{x}{t} \leqslant \frac{D}{2} - \frac{3b}{2t}$。

波头（右向波）为 5 区和 4a 区分界，满足 $u + C$ 相同，有

$$x = \frac{D}{2}t - \frac{3b}{2}$$

波尾（左向波）为 5 区和 4b 区分界，满足 $u - C$ 相同，有

$$x = \frac{3}{2}a - \frac{D}{2}t$$

上述解中，令 $u = 0$，可得 5 区中弱间断面的运动方程：

$$x = \frac{Dt(a - b)}{2D - a - b}$$

$t \to \infty$ 时,$x = \dfrac{a-b}{2}$ 为其运动的渐近线方程。

(六)状态参数分布的规律

归纳上面的结果可以发现,被左向稀疏波所分割的(1a 和 3a,1b、2、4a、3b、4b、5),$u + C$ 相同;被右向稀疏波所分割的(1b 和 3b,1a、2、4b、3a、4a、5),$u - C$ 相同。由此,可以把任何一个稀疏波作用区看作由 $u + C$ 和 $u - C$ 两部分组成,当受左向稀疏波影响时,仅改变其 $u - C$ 值,$u + C$ 保持不变;当受右向稀疏波影响时,仅改变其 $u + C$ 值,$u - C$ 保持不变。

二、往两端飞散的产物的质量、动量和能量的计算

设装药的截面积为单位面积,则飞散的产物质量 M、动量 I 和能量可表示为

$$M = \int \rho \, \mathrm{d}x \qquad (6-25)$$

$$I = \int \rho u \, \mathrm{d}x \qquad (6-26)$$

$$E = \int \rho u^2 \, \mathrm{d}x \qquad (6-27)$$

$K = 3$ 时,有 $\dfrac{C}{C_H} = \left(\dfrac{\rho}{\rho_H}\right)^{\frac{K-1}{2}} = \dfrac{\rho}{\rho_H}$,则 $\rho = C \dfrac{\rho_H}{C_H} = \dfrac{16}{9} \dfrac{\rho_0}{D} C$,代入得

$$M = \dfrac{16}{9} \dfrac{\rho_0}{D} \int C \, \mathrm{d}x$$

$$I = \dfrac{16}{9} \dfrac{\rho_0}{D} \int C u \, \mathrm{d}x$$

$$E = \dfrac{8}{9} \dfrac{\rho_0}{D} \int C u^2 \, \mathrm{d}x$$

计算向右飞散的质量 M_a:

$$M_a = \int_{\frac{Dt}{2}}^{Dt} \rho_3 \, \mathrm{d}x + \int_{\frac{Dt}{2} - \frac{3b}{2}}^{\frac{Dt}{2}} \rho_4 \, \mathrm{d}x + \int_0^{\frac{Dt}{2} - \frac{3b}{2}} \rho_5 \, \mathrm{d}x$$

$$= \dfrac{16}{9} \dfrac{\rho_0}{D} \left(\int_{\frac{Dt}{2}}^{Dt} C_3 \, \mathrm{d}x + \int_{\frac{Dt}{2} - \frac{3b}{2}}^{\frac{Dt}{2}} C_4 \, \mathrm{d}x + \int_0^{\frac{Dt}{2} - \frac{3b}{2}} C_5 \, \mathrm{d}x \right)$$

而

$$C_3 = \dfrac{x}{2t} - \dfrac{D}{2} \left(\dfrac{x-a}{Dt-a} \right)$$

$$C_4 = \dfrac{D}{4} - \dfrac{D}{2} \left(\dfrac{x-a}{Dt-a} \right)$$

$$C_s = \frac{D}{2}\left(\frac{x+b}{Dt-b} - \frac{x-a}{Dt-a}\right)$$

代入积分计算式,当 $t \to \infty$ 时,有

$$M_a = \frac{1}{9}\frac{4a+5b}{a+b}M_0 \qquad (6-28)$$

同理,可得向左飞散的质量 M_b:

$$M_b = \frac{1}{9}\frac{5a+4b}{a+b}M_0 \qquad (6-29)$$

式中,$M_0 = \rho_0(a+b)$,为装药(产物)总质量。

同理得

$$I_a = I_b = \frac{4}{27}M_0 D \qquad (6-30)$$

$$E_a = \frac{1}{27}\left(\frac{16a+11b}{a+b}\right)E_0 \qquad (6-31)$$

$$E_b = \frac{1}{27}\left(\frac{11a+16b}{a+b}\right)E_0 \qquad (6-32)$$

式中,$E_0 = M_0 Q_V = \dfrac{M_0 D^2}{16}$,为装药(产物)总能量。

若 $b=0$,即左端起爆,可得

$$M_a = \frac{4}{9}M_0$$

$$M_b = \frac{5}{9}M_0$$

$$E_a = \frac{16}{27}E_0$$

$$E_b = \frac{11}{27}E_0$$

结论:

(1)$I_a = I_b$,源于爆轰过程中的系统只有内力做功,故总动量守恒。

(2)左端起爆时,有 $\dfrac{M_a}{M_b} = \dfrac{4}{5}$,即 $M_a < M_b$,但 $\dfrac{E_a}{E_b} = \dfrac{16}{11}$,即 $E_a > E_b$,源于向右飞散的产物的速度方向与爆轰波的传播方向一致,飞散速度相对较大。

第二节 爆轰波在刚性壁面的反射

一、爆轰波在刚性壁面的正反射

爆轰波在刚性壁面的正反射问题的模型如图 6-3 所示。当爆轰波碰到固壁时,将向爆轰产物中反射一个冲击波,记冲击波速度为 D_s,波后其他各量均以下标"1"标记。反射冲击波前的状态为 u_H、p_H、ρ_H 等。

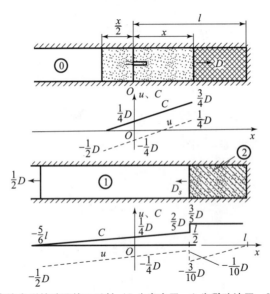

图 6-3 爆轰波在刚性壁面的正反射(0 为真空区,1 为稀疏波区,2 为反射波区)

由冲击波 Hugoniot 关系式:

$$\frac{\rho_1}{\rho_H} = \frac{(K+1)p_1 + (K-1)p_H}{(K+1)p_H + (K-1)p_1} \quad (6-33)$$

可得

$$\frac{\tau_H - \tau_1}{\tau_H} = \frac{2(p_1 - p_H)}{(K+1)p_1 + (K-1)p_H} \quad (6-34)$$

代入冲击波关系式:

$$u_1 - u_H = -\sqrt{(p_1 - p_H)(\tau_H - \tau_1)} \quad (\text{负号表示左向冲击波})$$

有

$$u_1 - u_H = -\sqrt{\frac{2\tau_H(p_1 - p_H)^2}{(K+1)p_1 + (K-1)p_H}}$$

所以有

$$u_1 = \frac{D}{K+1}\left[1 - \sqrt{2K}\frac{\frac{p_1}{p_H} - 1}{\sqrt{(K+1)\frac{p_1}{p_H} + (K-1)}}\right] \quad (6-35)$$

由于反射面是固壁，故 $u_1 = 0$，由上式可得

$$\frac{p_1}{p_H} = \frac{(5K+1) + \sqrt{17K^2 + 2K + 1}}{4K} \quad (6-36)$$

由 Hugoniot 关系式可得

$$\frac{\rho_1}{\rho_H} = \frac{4K^2 + K + 1 + \sqrt{17K^2 + 2K + 1}}{2(2K^2 + K - 1)} \quad (6-37)$$

反射冲击波的速度为

$$D_s = u_H - \tau_H\sqrt{\frac{p_1 - p_H}{\tau_H - \tau_1}}$$

$$= -\frac{D}{K+1}\left[\frac{K}{2}\sqrt{\frac{(K+1)p_1}{p_H} + (K-1)} - 1\right] \quad (6-38)$$

K 取不同值时的计算结果见表 6-1。结果表明，当 K 改变时，p_1 的值变化不大，而 ρ_1 和 D_s 的值变化比较明显。

表 6-1 K 取不同值时正反射参数计算结果

K	$\dfrac{p_1}{p_H}$	$\dfrac{\rho_1}{\rho_H}$	$\dfrac{D_s}{D}$
1	2.60	2.60	-0.31
1.4	2.42	1.85	-0.45
3	2.39	1.33	-0.77
∞	2.28	1.00	-1.28

进一步分析反射波后的熵增：

$$S_1 - S_H = C_V\ln\left[\frac{p_1}{p_H}\left(\frac{\rho_H}{\rho_1}\right)^K\right] = C_V\ln\eta \quad (6-39)$$

其中，

$$\eta = \frac{5K + 1 + \sqrt{17K^2 + 2K + 1}}{4K}\left[\frac{9K^2 - 1 + (K-1)\sqrt{17K^2 + 2K + 1}}{9K^2 + 2K + 1 + (K+1)\sqrt{17K^2 + 2K + 1}}\right]^K$$

$$(6-40)$$

K 取不同值时，η 的计算结果见表 6-2。结果表明，当 K 改变时，熵增可以忽略不计，反射冲击波可以当作弱冲击波来处理，也即可以利用准声波理论来近似计算波后参数。

表 6-2　K 取不同值时 η 的计算结果

K	1	3	∞
η	1.00	1.08	1.10

二、弱波近似求解爆轰波反射瞬间固壁处的参数

在弱波近似下，穿过反射冲击波面第一黎曼量保持不变，即有

$$u_1 + \frac{2}{K-1}C_1 = u_H + \frac{2}{K-1}C_H \qquad (6-41)$$

固壁处波后的 $u_1 = 0$，于是得

$$C_1 = C_H + \frac{K+1}{2}u_H = \frac{3K-1}{2(K+1)}D \qquad (6-42)$$

弱冲击波后的解可以用等熵流动解作为近似解：

$$\frac{p_1}{p_H} = \left(\frac{C_1}{C_H}\right)^{\frac{2K}{K-1}} = \left(\frac{3K-1}{2K}\right)^{\frac{2K}{K-1}} \qquad (6-43)$$

$$\frac{\rho_1}{\rho_H} = \left(\frac{C_1}{C_H}\right)^{\frac{2}{K-1}} = \left(\frac{3K-1}{2K}\right)^{\frac{2}{K-1}} \qquad (6-44)$$

反射冲击波速度取一阶近似时，

$$D_s = \frac{1}{2}(u_1 - C_1 + u_H - C_H) = \frac{5K-3}{4(K+1)}D \qquad (6-45)$$

可以验证，当 $K = 3$ 时，以上近似解的结果与前述精确解的结果非常接近。可见，对于爆轰波在刚壁面的反射冲击波，做弱冲击波处理所带来的误差是很小的。

三、产物流场的一维等熵流动处理

前面只分析了反射点上反射冲击波的情况，现在分析该冲击波的下一步运动。因为反射冲击波将在非均匀状态的爆轰产物中传播，所以冲击波速度将会是不断变化的。虽然可以将冲击波做弱波处理，但是因为波前不是均匀区，所以波后流场不是简单波。为简单起见，只分析 $K=3$ 的情况。当 $K=3$ 时，波后的一维等熵流动可以用通解表示如下：

$$x = (u+C)t + F_1(u+C)$$

$$x = (u - C)t + F_2(u - C)$$

根据弱波近似，穿过反射冲击波时的黎曼不变量 α 是连续的，根据爆轰产物中的解可知 $\alpha = u + C = \alpha_0 = \dfrac{x}{t}$，代入通解第一式可以确定 $F_1(u+C) = 0$，于是通解的第一式为

$$x = (u + C)t$$

另外，在固壁上，任何时刻都有 $x = l$、$n = 0$。通解第二式应满足 $l = -Ct + F_2(-C)$。再考虑到在 $t = \dfrac{l}{D}$ 时，固壁处产物的 $C = C_1 = D$，代入 $l = -Ct + F_2(-C)$，得到 $F_2(-C) = 2l$，于是通解的第二式为

$$x = (u - C)t + 2l$$

所以，反射波后流场的解为

$$\begin{cases} u + C = \dfrac{x}{t} \\ u - C = \dfrac{x - 2l}{t} \end{cases}$$

即

$$\begin{cases} u = \dfrac{x - l}{t} \\ C = \dfrac{l}{t} \end{cases} \quad (6-46)$$

由解可知，反射冲击波后产物的声速与空间坐标 x 无关，也即在反射波与固壁之间的整个流场中，声速的空间分布是均匀的，压力、密度等特征量的空间分布也是均匀的，它们的值只随时间单调下降。

四、反射冲击波方程及波后壁面处的载荷

（一）反射冲击波运动方程

按弱波近似，反射冲击波速度可取为

$$D_s = \dfrac{1}{2}(u - C + u_0 - C_0)$$

式中，u_0、C_0 为反射波前流场参数，$u_0 = u_H$，$C_0 = C_H$，因此有 $u_0 - C_0 = -\dfrac{D}{2}$。再利用波后流场的解，有 $u - C = \dfrac{x - 2l}{t}$，代入得

$$D_s = \dfrac{x - 2l}{2t} - \dfrac{D}{4}$$

即反射冲击波波阵面的运动方程为

$$\frac{dx}{dt} = \frac{x-2l}{2t} - \frac{D}{4} \quad (6-47)$$

由初始条件 $t = \frac{l}{D}$、$x = l$，积分上式得

$$x = -\frac{1}{2}Dt - \frac{1}{2}\sqrt{lDt} + 2l \quad (6-48)$$

此式可以很好地用下列线性方程近似：

$$x = 1.7l - \frac{D}{1.42}t \quad (6-49)$$

（二）反射冲击波后刚壁面上的压力

$$p = p_H\left(\frac{\rho}{\rho_H}\right)^3 = p_H\left(\frac{C}{C_H}\right)^3 = \frac{64}{27}p_H\left(\frac{l}{Dt}\right)^3 \quad (6-50)$$

反射冲击波后刚壁面上的压力如图 6-4 所示。

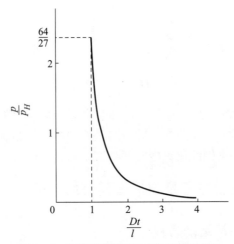

图 6-4　刚性壁面所受压力随时间的变化

结论：

（1）爆轰结束瞬间 $\left(t = \frac{l}{D}\text{ 时}\right)$，$p = \frac{64}{27}p_H$。即该瞬时作用在刚壁面上的压力是产物压力的 $\frac{64}{27}$ 倍。原因是此时的压力除了产物自身的静压外，以 u_H 运动的产物突然被刚壁制止并施加给刚壁很大的动压力（即反射的结果）。

（2）刚壁面处压力随时间衰减得很快。当 $t = 2\frac{l}{D}$ 时，$p = \frac{8}{27}p_H$，即下降

为原来的 1/8。这表明爆轰产生的对固壁的冲量作用几乎在不长的时间间隔 $\Delta t = \dfrac{l}{D}$ 内就全部给了固壁。

（3）作用在刚壁上的总冲量：

$$I = \int_{\frac{l}{D}}^{\infty} Sp\,\mathrm{d}t = \frac{64}{27} Sp_H \left(\frac{l}{D}\right)^3 \int_{\frac{l}{D}}^{\infty} \frac{\mathrm{d}t}{t^3} = \frac{32}{27} Sp_H \left(\frac{l}{D}\right)$$

$$= \frac{8}{27} M_0 D \tag{6-51}$$

式中，$M_0 = S\rho_0 l$，为装药的质量。与产物自由飞散情形下通过截面 $x = l$ 的总动量相比，本问题情形下冲量增大了一倍，这是由产物运动受阻引起的压力剧增导致的。

（4）单位面积冲量：

$$i = \frac{8}{27} \rho_0 l D \tag{6-52}$$

另外，当时间很长时，由于稀疏波的不断扰动，产物被稀疏到很小的密度，绝热指数 k 不能再取为 3。因此，用上述式子计算的结果与实际相比是稍微偏低的。但是由于膨胀的初始阶段 p 随 t 下降极快，作用于刚壁上的压力和冲量基本上取决于膨胀的初始阶段。因此，由 k 的变化而引起的误差可以忽略。

单位面积冲量 i 随爆速 D、装药密度 ρ_0 的增加而增加，见表 6-3。单位面积冲量也与装药的有效作用部分有关。

表 6-3　单位面积冲量与爆速的关系

装药密度 /(g·cm^{-3})	梯恩梯		钝感黑索今	
	i/(N·s·m^{-2})	D/(m·s^{-1})	i/(N·s·m^{-2})	D/(m·s^{-1})
1.20	—	—	30 607	6 400
1.25	—	—	31 883	6 660
1.30	27 959	6 025	32 962	6 870
1.35	28 940	6 200	33 648	7 060
1.40	29 724	6 320	34 826	7 350
1.45	30 509	6 440	—	—
1.50	31 392	6 440	—	—

还需指出：

（1）计算目标物的破坏作用时，若在 $t = 2\dfrac{l}{D}$ 时压力还没有达到足以引起目标物破坏的大小，那么按照延长到极长时间所得到的冲量值是偏高的。

（2）装药起爆位置的不同影响刚壁面处的压力 – 时间的变化规律，但不影响刚壁的总冲量。如图 6 – 5 所示，其中曲线 1 为开端起爆即本问题的解；曲线 2 为闭端起爆情形的解；曲线 3 为中间起爆情形的解。

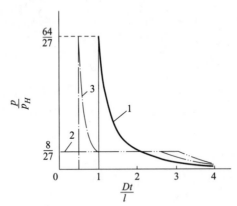

图 6 – 5　不同起爆位置下的 $p-t$ 曲线
1—开端起爆；2—闭端起爆；3—中间起爆

可以看出，在同样的装药下，由于起爆位置的不同，爆炸作用不同，爆破效果也不一样，由此可以得到改善工程爆破效果的下列启示：

①对于破坏强度较大的金属材料，要求在短暂瞬间的爆炸载荷越大越好，应选择开端起爆。

②对于爆破岩石等强度不是很大的介质，由于闭端起爆壁面处压力变化存在一段较长的平台，可以提高炸药爆炸对岩石的有效作用时间，也即提高了炸药的能量利用率，能取得比较理想的爆破效果。

五、中间起爆，一端刚壁情形下的产物流场

中间起爆，一端刚壁情形下的产物中的波系如图 6 – 6 所示，各区的解为：

（1）区：
$$\begin{cases} u + C = \dfrac{D}{2} \\ u - C = -\dfrac{D}{2} \end{cases} \quad (6-53)$$

（2）区：
$$\begin{cases} u + C = \dfrac{D}{2} \\ u - C = \dfrac{x}{t} \end{cases} \quad (6-54)$$

第六章 爆轰产物的飞散与抛射作用

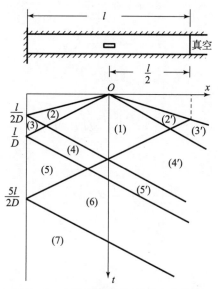

图 6-6 中间起爆情形下产物中的波系

(2') 区：
$$\begin{cases} u + C = \dfrac{x}{t} \\ u - C = -\dfrac{D}{2} \end{cases} \quad (6-55)$$

(3) 区：
$$\begin{cases} u + C = \dfrac{x + l}{t} \\ u - C = \dfrac{x}{t} \end{cases} \quad (6-56)$$

(3') 区：
$$\begin{cases} u + C = \dfrac{x}{t} \\ u - C = D\dfrac{2x - l}{2Dt - l} \end{cases} \quad (6-57)$$

(4) 区：
$$\begin{cases} u + C = \dfrac{x + l}{t} \\ u - C = -\dfrac{D}{2} \end{cases} \quad (6-58)$$

(4') 区：
$$\begin{cases} u + C = \dfrac{D}{2} \\ u - C = D\dfrac{2x - l}{2Dt - l} \end{cases} \quad (6-59)$$

(5) 区：
$$\begin{cases} u + C = \dfrac{D}{2} \\ u - C = -\dfrac{D}{2} \end{cases} \qquad (6-60)$$

(5′) 区：
$$\begin{cases} u + C = \dfrac{x + l}{t} \\ u - C = D\dfrac{2x - l}{2Dt - l} \end{cases} \qquad (6-61)$$

(6) 区：
$$\begin{cases} u + C = \dfrac{D}{2} \\ u - C = D\dfrac{2x - l}{2Dt - l} \end{cases} \qquad (6-62)$$

(7) 区：
$$\begin{cases} u + C = D\dfrac{2x + 3l}{2Dt - l} \\ u - C = D\dfrac{2x - l}{2Dt - l} \end{cases} \qquad (6-63)$$

容易知道，当 $t = \dfrac{l}{2D}$ 时，爆轰波到达固壁，固壁压力突跃升高到 $p = \dfrac{64}{27}p_H$；由于左向中心稀疏波的作用，在 $\dfrac{l}{2D} \leqslant t \leqslant \dfrac{l}{D}$ 时间内，固壁处压力逐渐下降；$t = \dfrac{l}{D}$ 时，压力降为 $p = \dfrac{8}{27}p_H$，在 $\dfrac{l}{D} \leqslant t \leqslant \dfrac{5l}{2D}$ 时间内，压力保持为 $p = \dfrac{8}{27}p_H$（静止区 5）；$t \geqslant \dfrac{5l}{2D}$ 以后，由于左向中心稀疏波的作用，固壁处压力又逐渐下降。

无论起爆位置在何处，在一维飞散情形下，向左、右两侧飞散的总动量是相等的，因此，作用在刚壁上的冲量一致。

第三节　接触爆炸对刚体的一维抛射

利用炸药爆炸释放的能量推动一定质量物体实现高速运动，对这一问题的理论研究和具体实现具有很重要的实际意义。军事上，战斗部破片的运动、一些新概念武器（比如某些动能武器、炸药枪等）的基本原理都是如此。

装药长为 l，左端引爆，被抛射物体质量为 M，均置于截面积为 A 的圆管中，如图 6-7 所示。

第六章 爆轰产物的飞散与抛射作用

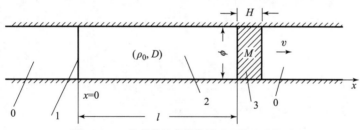

图 6-7 一维装药接触爆炸驱动刚体运动模型

为了将讨论的问题简化,假设被抛射物体为各处截面形状相同的刚性柱体,圆管也为刚体。

炸药爆轰完毕后,物体受到高压爆轰产物的推动而产生一维运动。物体运动状态的变化取决于它所受到的力,对该力的求解要通过对爆轰产物膨胀过程中流场参数分布的分析。流场的特征分析如图 6-8 所示。

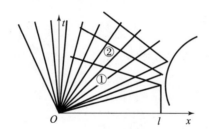

图 6-8 一维装药接触爆炸驱动刚体运动波系

问题即为求解被抛射体在不同时刻到达位置上的运动速度。

一、物体运动速度求解

(一)流场分析

炸药在 $x=0$ 处起爆,产物即向左飞散入真空中,紧跟爆轰波后有一簇中心稀疏波向右传播,产物为右行中心简单波区:

$$\begin{cases} x = (u+C)t \\ u - C = -\dfrac{D}{2} \end{cases} \quad (6-64)$$

当 $t = \dfrac{l}{D}$ 时,爆轰波到达被抛射体,产生左传冲击波(弱击波),平板同时开始运动。后续的每一道右向波都以自己的 $u+C$ 速度传播,不断地赶上被抛射体，又不断从运动着的平板表面反射回一系列的左向波。反射压缩波传过的区域成为复合波区，如前所述，复合波区近似为等熵区，可由下列方程组描述：

$$\begin{cases} x = (u+C)t + F_1(u+C) \\ x = (u-C)t + F_2(u-C) \end{cases} \quad (6-65)$$

由初始条件可以确定 $F_1(u+C) = 0$。

（二）刚体运动速度

由牛顿第二定律得

$$M\frac{\mathrm{d}v}{\mathrm{d}t} = Ap_b \quad (6-66)$$

式中，p_b 为物体表面处爆轰产物的压力。由于

$$\frac{p_b}{p_H} = \left(\frac{C_b}{C_H}\right)^3 \quad (6-67)$$

于是，

$$p_b = \frac{1}{4}\rho_0 D^2 \left(\frac{C_b}{0.75D}\right)^3 = \frac{16}{27}\frac{\rho_0}{D}C_b^3 \quad (6-68)$$

式中，C_b 为物体表面处产物中的声速。将上式代入式（6-66），得

$$\frac{\mathrm{d}v}{\mathrm{d}t} = \frac{16}{27} \cdot \frac{A\rho_0}{MD}C_b^3 = \frac{\eta C_b^3}{lD} \quad (6-69)$$

式中，$\eta = \frac{16}{27}\frac{m}{M} = \frac{16}{27}\frac{\rho_0 l}{\rho_1 H} = \frac{16}{27}\mu$，$\mu$ 为炸药质量与平板质量之比。

分析 v 与 C_b 的关系：

由于每道右向波在平板表面反射时，爆轰产物速度立即由 u 变为壁面处产物的速度 u_b，声速由 C 变为壁面处产物的声速 C_b，从而有

$$u + C = u_b + C_b \quad (6-70)$$

由于被抛射物体表面处产物的速度 u_b 与物体的运动速度 v 相等，即 $\frac{\mathrm{d}x}{\mathrm{d}t} = u_b = v$，对式 $x = (u+C)t = (u_b = C_b)t$ 两边关于 t 取导数，得到

$$-\frac{\mathrm{d}u_b}{\mathrm{d}t} = -\frac{\mathrm{d}v}{\mathrm{d}t} = \frac{C_b}{t} + \frac{\mathrm{d}C_b}{\mathrm{d}t} \quad (6-71)$$

将式（6-69）代入，得到

$$\frac{C_b}{t} + \frac{\mathrm{d}C_b}{\mathrm{d}t} + \frac{\eta C_b^3}{lD} = 0 \quad (6-72)$$

解此微分方程，得到

$$\frac{1 + \frac{2\eta C_b^2 t}{lD}}{C_b^2 t^2} = 常数 \tag{6-73}$$

利用初始条件和边界条件可确定该常数。

当爆轰波到达壁面时刻 $\left(t = \dfrac{l}{D}\right)$ 时,有 $u_b = 0, C_b = D$,代入得

$$常数 = \frac{1 + 2\eta}{l^2} \tag{6-74}$$

于是可得到

$$C_b = \frac{l}{t}\theta$$

式中,

$$\theta = \left[1 + 2\eta\left(1 - \frac{l}{Dt}\right)\right]^{-\frac{1}{2}} \tag{6-75}$$

因而有

$$\frac{dv}{dt} = \frac{\eta}{lD}\left(\frac{l\theta}{t}\right)^3 \tag{6-76}$$

两边同时积分,可解得

$$v = D\left(1 + \frac{\theta - 1}{\eta\theta} - \frac{l\theta}{Dt}\right) \tag{6-77}$$

此即为平板运动的速度表达式。

二、最大速度及讨论

当 $t \to \infty$ 时,有

$$\theta = -\frac{1}{\sqrt{1 + 2\eta}}, v_{max} = D\left(1 + \frac{1}{\eta} - \frac{\sqrt{1 + 2\eta}}{\eta}\right)$$

当 $\dfrac{m}{M} \ll 1, \eta \ll 1$ 时,有

$$v_{max} = \frac{1}{2}\eta D$$

当 $\dfrac{m}{M} \gg 1, \eta \gg 1$ 时,有

$$v_{max} \approx D$$

引入炸药效率 ξ:

$$\xi = \frac{\frac{1}{2}Mv_{max}^2}{mQ}$$

式中，Q 为炸药单位质量的爆热，$Q = \dfrac{D^2}{2(K^2-1)}$，当 $K = 3$ 时，$Q = \dfrac{D^2}{16}$。

炸药效率表示的是炸药装药的能量有多少份额转化成物体的动能。有

$$\xi = \frac{16}{27}\frac{8}{\eta}\left(1 + \frac{1}{\eta} - \frac{\sqrt{1+2\eta}}{\eta}\right)^2 \qquad (6-78)$$

容易由式（6-78）得到，当 $\eta = \dfrac{2}{3}$ 时，$\xi = \xi_{\max} = 35.16\%$，即表明，用平面爆轰推动刚体时，炸药与刚体质量有一最佳比率：

$$\frac{m}{M} = \frac{27}{16}\eta = \frac{27}{16} \times \frac{3}{2} = 2.53 \qquad (6-79)$$

实际工作中，可以用这个结论快速估算接触爆炸时抛射一个物体所需的合理装药量，并求得该条件下的最大抛射速度。

由抛射速度公式绘得 $\dfrac{v}{D} - \dfrac{Dt}{l}$ 平面上以 η 为参数的曲线，如图 6-9 所示。

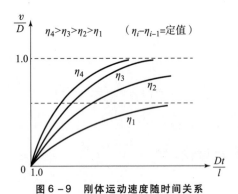

图 6-9　刚体运动速度随时间关系

三、物体运动轨迹方程

由 $x = (u + C)t = (u_b + C_b)t = \left(\dfrac{\mathrm{d}x}{\mathrm{d}t} + C_b\right)t$，得

$$\frac{\mathrm{d}x}{\mathrm{d}t} - \frac{x}{t} = -C_b = -\frac{l\theta}{t} \qquad (6-80)$$

解此微分方程，得

$$\frac{x}{t} = -\frac{D}{\eta}\left[1 + 2\eta\left(1 - \frac{l}{Dt}\right)\right]^{\frac{1}{2}} + C = -\frac{D}{\eta\theta} + C \qquad (6-81)$$

由初始条件可知，当 $t = \dfrac{l}{D}$ 时，$x = l$，得

$$C = \left(1 + \frac{1}{\eta}\right)D$$

于是,

$$x = Dt\left(1 + \frac{\theta - 1}{\eta\theta}\right) \tag{6-82}$$

这就是平板运动的轨迹方程。

四、复合区中参数的分布

在运动物体的壁面处,有

$$x = (u + C)t = (u - C)t + F_2(u - C) \tag{6-83}$$

由此可得

$$F_2(u - C) = 2Ct = 2C_b t = 2l\theta \tag{6-84}$$

又由于在物体壁面处,有

$$u - C = D\left(1 + \frac{\theta - 1}{\eta\theta} - \frac{l\theta}{Dt}\right) - \frac{l\theta}{t} = D\left(1 + \frac{\theta - 1}{\eta\theta} - \frac{2l\theta}{Dt}\right)$$

而由

$$\theta = \left[1 + 2\eta\left(1 - \frac{l}{Dt}\right)\right]^{\frac{1}{2}}$$

可得

$$\frac{l}{Dt} = 1 + \frac{\theta^2 - 1}{2\eta\theta^2}$$

于是,

$$u - C = D\left(1 - 2\theta + \frac{1 - \theta}{\eta}\right)$$

所以,

$$\theta = \frac{D(\eta + 1) - \eta(u - C)}{D(2\eta + 1)}$$

因此,

$$F_2(u - C) = 2l\left[\frac{D(\eta + 1) - \eta(u - C)}{D(2\eta + 1)}\right]$$

于是可得复合波区的解为

$$\begin{cases} u + C = \dfrac{x}{t} \\ u - C = \dfrac{x - \dfrac{2l(\eta + 1)}{2\eta + 1}}{t - \dfrac{2\eta l}{(2\eta + 1)D}} \end{cases} \tag{6-85}$$

分析该结果,可以得到以下几点结论:

(1) 当 $M=0$ 时,$\eta \to \infty$,有

$$\begin{cases} u + C = \dfrac{x}{t} \\ u - C = \dfrac{x-l}{t-\dfrac{l}{D}} \end{cases} \qquad (6-86)$$

即为右端是真空的情形。

(2) 当 $M=\infty$,$\eta=0$ 时,有

$$\begin{cases} u + C = \dfrac{x}{t} \\ u - C = \dfrac{x-2l}{t} \end{cases} \qquad (6-87)$$

即为右端是刚性壁的情形。

五、计算值的修正

上述计算的极限速度是偏高的,主要原因在于爆炸产物不可能按一维规律飞散,需要进行修正。

在瞬时爆轰的假设条件下,当 $l > 2R_0$ 时,有效装药高度 h_0 恒等于 R_0,但这与实际不相符,因为爆轰产物在各个方向上的飞散实际上并不是均匀的。对于圆柱形装药而言,当 $l > 2R_0$ 时,在一定范围内,平板的抛掷速度仍然随 l 的增大而增大,最后才趋于一个极限值。为了和试验结果保持一致,对 h_0 加以修正。

圆柱形装药的实际有效装药高度设为 h_1,则

$$h_1 = h_0 \left[1 + \dfrac{1}{\sqrt{1 + \left(\dfrac{R_0}{l}\right)^2}} \right] = k h_0 \qquad (6-88)$$

式中,修正系数 k 反映了装药高度对平板的影响。

以上是将平板当成绝对刚体讨论的结果。实际上,对于任何物体,在爆轰波作用下都会产生压缩变形,因此,就平板运动过程的细节而言,物体的运动图像与上述刚体的运动图像并不完全相同。

第四节 瞬时爆轰假设

由于通常所用的炸药爆轰速度都很大,在炸药量有限的情况下,炸药的爆轰时间很短,可以认为爆轰是瞬间完成的,此即瞬时爆轰假设。引入瞬时爆轰假设可以使问题简化,能获得简单实用的计算公式,对那些不需要过高精确度的实际问题非常适用。

一、瞬时爆轰假设

对于在军事工程上常用的中级炸药,爆速一般在 7 000 m/s 左右,高级炸药的爆速更高。在通常用药量下,爆轰经历的时间非常短暂,例如装药密度为 1.6 g/cm^3 的梯恩梯炸药,爆速达 7 000 m/s,装药长 14 cm 时,爆轰时间约为 20 μs。因此,可以假设爆轰是在瞬间完成的,即可以采用瞬时爆轰假设。瞬时爆轰假设的基本特征如下。

(1) 爆轰产物的质点初速为零,爆轰产物的体积为装药的初始体积。

瞬时爆轰假设认为炸药爆轰在瞬间完成,炸药在发生爆炸变化时,所产生的爆轰产物质点来不及发生位移,即在这一瞬间,爆轰产物的体积和装药的初始体积一样。并且爆轰产物处于静止状态,即产物的初速为零。

(2) 爆轰产物处于平衡状态(即爆炸场特征物理量如压力、速度、密度等均匀分布)。

(3) 不考虑起爆点在装药中位置的影响。

二、瞬时爆轰假设下的爆轰参数

瞬时爆轰假设下,爆轰产物的初始参数计算如下。

压力可以由能量方程来计算,由

$$\frac{\bar{p}_H \bar{V}_H}{K-1} - \frac{p_0 V_0}{K-1} = \frac{1}{2}(\bar{p}_H + p_0)(V_0 - \bar{V}_H) + Q_V \quad (6-89)$$

因为 $\bar{V}_H = V_0$,且 p_0 与 $\bar{p}_H$ 相比足够小,可以忽略不计,所以有

$$\frac{\bar{p}_H V_0}{K-1} = Q_V$$

即

$$\bar{p}_H = (K-1)\rho_0 Q_V \quad (6-90)$$

将 $D^2 = 2(K^2 - 1)Q_V$ 代入，有

$$\bar{p}_H = (K - 1)\rho_0 Q_V = \frac{1}{2(K+1)}\rho_0 D^2 \quad (6-91)$$

根据本章第一节考虑爆轰过程的经典 C-J 爆轰理论，爆轰波波阵面处压力为

$$p_H = 2(K - 1)\rho_0 Q_V \quad (6-92)$$

于是可得 $\bar{p}_H = \frac{1}{2}p_H$，表明瞬时爆轰产物（均匀爆炸场）的初始压力为考虑爆轰过程的经典 C-J 理论爆轰波波阵面压力的 1/2。

瞬时爆轰假设下，爆轰产物中的声速为

$$\bar{C}_H^2 = K\frac{\bar{p}_H}{\bar{\rho}_H} = K(K-1)Q_V$$

将 $D^2 = 2(K^2 - 1)Q_V$ 代入，有

$$\bar{C}_H = \sqrt{\frac{K}{2(K+1)}}D \quad (6-93)$$

注意：上述计算式对气体炸药来说较为精确；对凝聚体炸药来说，由于应用了 $D^2 = 2(K^2 - 1)Q_V$，只能用于近似计算。

三、瞬时爆轰假设下的爆轰产物的膨胀

本讨论基于真空自由膨胀假设。

1. 膨胀过程的特点

可以认为是绝热膨胀过程。

2. 近似将产物的膨胀过程分为两个绝热膨胀阶段

第一阶段按照 $\bar{p}\bar{V}^K = $ 常数 ($K \approx 3$) 规律进行，第二阶段按 $\bar{p}\bar{V}^\gamma = $ 常数 ($\gamma = 1.2 \sim 1.4$) 规律进行，两阶段的搭接点压力为 $\bar{p}_K$（一般为 0.15 ~ 0.2 GPa），即

$$\bar{p}_H \bar{V}_H^K = \bar{p}_K \bar{V}_K^K \quad (\bar{p} > \bar{p}_K) \quad (6-94)$$

$$\bar{p}_K \bar{V}_K^\gamma = \bar{p}\bar{V}^\gamma \quad (\bar{p} < \bar{p}_K) \quad (6-95)$$

3. 两阶段搭接点参数的近似计算

$$\frac{\bar{p}_H \bar{V}_H}{K-1} - \frac{\bar{p}_K \bar{V}_K}{K-1} + \Delta Q = Q_V \quad (6-96)$$

上式中，第二项值比第一项小得多，故可近似得

$$\Delta Q = Q_V - \frac{\bar{p}_H \bar{V}_H}{K-1} = Q_V - \frac{\bar{p}_H \bar{V}_0}{K-1} = Q_V - \frac{D^2}{2(K^2-1)} \quad (6-97)$$

可以将下列两式联立求解 $\bar{p}_K$ 和 $\bar{V}_K$：

$$\bar{p}_H V_0^K = \bar{p}_K \bar{V}_K^K$$

$$\frac{\bar{p}_K \bar{V}_K}{\gamma - 1} = \Delta Q = Q_V - \frac{D^2}{2(K^2-1)}$$

解得

$$\bar{p}_K = \bar{p}_H \left\{ \frac{\gamma-1}{K-1} \left[\frac{(K-1)Q_V}{\bar{p}_H V_0} - 1 \right] \right\}^{\frac{K}{K-1}} \quad (6-98)$$

4. 常用炸药瞬时爆轰假设下搭接点的参数及特点

对于 TNT 等常用炸药，其搭接点参数 $\bar{p}_K$、$\bar{V}_K$ 的值见表 6-4。

表 6-4 瞬时爆轰假设下空气冲击波初始参数（计算值）

炸药	$\rho_0/$ (g·cm^{-3})	$D/$ (m·s^{-1})	$\bar{p}_K/$ (×10^5 Pa)	$\bar{V}_K/$ (cm^3·g^{-1})	$\bar{p}_x/$ (×10^5 Pa)	$\bar{u}_x/$ (m·s^{-1})	$\bar{D}_x/$ (m·s^{-1})
梯恩梯	1.62	7 000	1 380	2.59	285	4 400	4 840
梯恩梯	1.60	7 000	1 250	2.60	230	4 100	4 500
黑索今	1.65	8 350	1 190	3.02	360	4 950	5 450
太安	1.69	8 400	1 670	2.65	390	5 200	5 700

5. 瞬时爆轰假设下爆轰产物膨胀在爆破工程中的应用

在土石、混凝土或钢筋混凝土构筑物的爆破中，通常采用钻孔爆破。研究炮孔中的炸药爆炸后作用在孔壁上的压力随时间的变化，是研究钻孔爆破在介质中爆炸波传播的基础。为了做好这项研究，首先必须求解爆轰产物作用在孔壁上的初始压力。

炮孔直径一般大于装药直径。例如，常用的 7655、YT-23、YT-24、YT-26 型凿岩机的钻孔直径均为 43 mm，而 2 号岩石铵梯炸药标准药卷直径为 32 mm。炮孔直径与药卷直径之比（用半径之比 $\frac{R}{R_0}$ 表示）称为不耦合系数。

明确爆轰产物膨胀到压力 $\bar{p}_K$ 时的半径对于计算式的选择是有利的。

对于圆柱形直列装药（条形药包），有

$$\frac{R}{R_0} = \left(\frac{\bar{p}_H}{\bar{p}_K} \right)^{\frac{1}{2K}} \quad (6-99)$$

对于 $\rho_0 = 1\,200$ kg/m³、$D = 5\,000$ m/s、$Q_V = 4.18 \times 10^6$ J/kg 的某炸药，有

$$\bar{p}_H = \frac{1}{8}\rho_0 D^2 = 3.75 \times 10^9 \text{ Pa}$$

再由 $\bar{p}_K = \bar{p}_H \left\{ \dfrac{\gamma - 1}{K - 1}\left[\dfrac{(K-1)Q_V}{\bar{p}_H V_0} - 1\right] \right\}^{\frac{K}{K-1}}$，可得

$$\bar{p}_K = \bar{p}_H \left\{ \frac{\gamma - 1}{K - 1}\left[\frac{(K-1)Q_V}{\bar{p}_H V_0} - 1\right] \right\}^{\frac{K}{K-1}}$$

$$= 3.75 \times 10^9 \times \left\{ \frac{1.4 - 1}{3 - 1}\left[\frac{(K-1)\times 4.18 \times 10^6}{3.75 \times 10^9 \times \dfrac{1}{1\,200}} - 1\right] \right\}^{\frac{3}{3-1}}$$

$$= 7.27 \times 10^8 \text{ (Pa)}$$

于是得

$$\frac{R}{R_0} = \left(\frac{\bar{p}_H}{\bar{p}_K}\right)^{1/2K} = \left(\frac{3.75 \times 10^9}{7.27 \times 10^8}\right)^{1/6} = 1.31$$

对于圆柱形直列装药，爆轰产物膨胀到半径为 R 时的压力为

$$\bar{p} = (\bar{p}_H^{\gamma/K})(\bar{p}_K^{1-(\gamma/K)})\left(\frac{R_0}{R}\right)^{2\gamma} \tag{6-100}$$

对于所采用的炸药，当取不耦合系数 $\dfrac{R}{R_0} = 2$ 时，可得

$$\bar{p} = 2.24 \times 10^8 \text{ Pa}$$

四、爆轰产物膨胀特点

1. 初期压强衰减很快

对于 $K = 3$ 的球形装药，$V \propto r^3$ 或 $p \propto r^{-9}$，于是，

$$\frac{p}{p_H} = \left(\frac{r_0}{r}\right)^9$$

代入 $r = 1.5 r_0$，有

$$\frac{p}{p_H} = \frac{1}{34.4}$$

2. 爆轰产物对目标直接作用的范围小（即产物的极限膨胀体积不大）

当 $p < \bar{p}_K$ 时，有

$$\frac{V}{V_0} = \frac{\bar{V}_K}{V_0} \cdot \frac{V}{\bar{V}_K} = \left(\frac{\bar{p}_H}{\bar{p}_K}\right)^{\frac{1}{3}}\left(\frac{\bar{p}_K}{p}\right)^{\frac{1}{\gamma}}$$

将 $\bar{p}_H = 10^{10}$ Pa、$p = 10^5$ Pa、$\gamma = 1.4$ 代入上式得

$$\frac{V}{V_0} = 50^{\frac{1}{3}} \times 2\,000^{1.4} \approx 800$$

第五节 有效装药

前述均假定产物做一维流动，也即装药外壳、端部物体等都是绝对刚壁，不考虑由于外壳的破坏、变形而引起的径向稀疏波的能量耗散，只考虑轴向的稀疏波对产物流场的影响。而这在实际中是不可能的，实际上将有非常复杂的波向爆轰产物传播，导致产物能量的多维耗散。

下面介绍一维裸露圆柱形装药在一端引爆的情况下，考虑爆轰过程中作用于另一端的有效装药。

一、爆轰波的传播和产物飞散的物理过程

除了跟在爆轰波后的轴向稀疏波会影响产物流场外，因产物径向飞散而产生的径向稀疏波以当地声速向轴线会聚。径向稀疏波所到之处，爆轰产物的压力迅速下降，使得装药端部刚壁所受到的作用冲量大大减少。爆轰波的传播与产物飞散如图 6-10 所示。

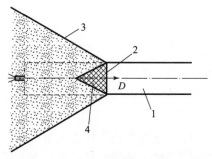

图 6-10 爆轰波的传播与产物飞散
1—炸药；2—爆轰波波阵面；3—产物飞散界面；4—径向稀疏波未到达区域

二、考虑爆轰过程情形下端部固壁的有效装药计算

实际爆轰产物的飞散虽然不是一维过程，但是可以由一维关系式近似求出有效部分的极限长度 l_a。

有效部分极限长度 l_a 为爆轰波到达底端时，径向稀疏波侵入轴心所形成的有效锥体的高度，如图 6 – 11 所示。

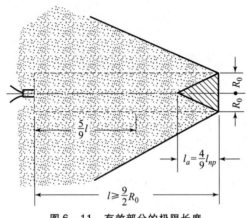

图 6 – 11　有效部分的极限长度

设径向稀疏波的传播速度为 v，则有

$$\frac{R_0}{v} = \frac{l_a}{D} \qquad (6-101)$$

即得

$$l_a = R_0 \frac{D}{v} \qquad (6-102)$$

试验表明，$v \approx \dfrac{D}{2}$，于是有

$$l_a \approx 2R_0 \qquad (6-103)$$

有效部分的极限长度只表示爆轰产物开始向右方飞散时锥体的最大高度。实际飞散过程中，由于径向稀疏波的持续入侵，有效部分的长度将持续缩小，实际上向右方飞散的锥体质量较开始飞散时要小，因此称之为有效部分的极限长度。

有效部分的极限长度需要适当的装药长度来保证，装药过短时，不能保证飞向右方的装药长度为极限长度。能保证产生有效部分的极限长度所需要的最短装药长度称为装药的极限长度，以 l_{np} 表示。求解过程如下。

一维飞散情形下，有

$$l_a = \frac{4}{9}l \qquad (6-104)$$

实际爆炸情形下，对于沿长度方向上的产物飞散，上述关系式同样适用，即有

$$l_a = \frac{4}{9} l_{np} \qquad (6-105)$$

于是可得

$$l_{np} = \frac{9}{4} l_a = \frac{9}{2} R_0 \qquad (6-106)$$

若装药长度小于这个极限长度，则有效部分为一圆台，高为装药长度的 $\frac{4}{9}$。

于是可得有效装药质量：

(1) 当 $l < \frac{9}{2} R_0$ 时（图 6-12），

$$M_a = \frac{1}{3} \pi R_0^2 l_a \rho_0 = \frac{2}{3} \pi R_0^3 \rho_0 \qquad (6-107)$$

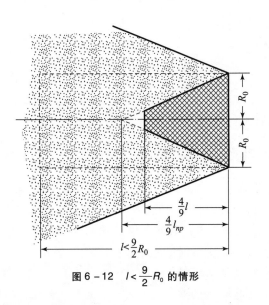

图 6-12　$l < \frac{9}{2} R_0$ 的情形

(2) 当 $l \geqslant \frac{9}{2} R_0$ 时，

$$M_a = \frac{4}{9} \pi R_0^2 l \rho_0 \left(1 - \frac{2}{9} \frac{l}{R_0} + \frac{4}{243} \frac{l^2}{R_0^2}\right) \qquad (6-108)$$

结论：

可以看出，与瞬时爆轰假设类似，实际爆轰的有效装药质量也只是在一定范围 $\left(l \geqslant \frac{9}{2} R_0\right)$ 内随装药长度的增加而增加。

当装药密度 ρ_0 及装药长度 l 相同时，端部固壁的比冲量随装药直径的增大而增大，这是因为直径增大时，径向稀疏波的影响相对减弱。

三、瞬时爆轰假设下的有效装药计算

本部分讨论基于装药在真空中瞬时爆轰的情形，即做了两个假设：一是假设装药瞬时爆轰；二是假设爆轰产物往真空自由飞散。

（一）爆轰产物散射速度

在做了上述假设的情形下，可以认为，炸药的全部爆炸热能完全转变为产物飞散的动能，即有

$$Q_V = \frac{mv^2}{2} \tag{6-109}$$

对单位质量装药，有

$$Q_V = \frac{v^2}{2} \tag{6-110}$$

于是，有

$$v = \sqrt{2Q_V} \tag{6-111}$$

此结果是瞬时爆轰假设下爆轰产物的平均散射速度。

（二）散射面和散射面位移速度

爆轰产物从原装药表面同时向各个方向散射形成散射面。散射面将未运动和已运动的产物分离开来，随着时间的推移，将逐渐向原装药内部推进。

散射面位移速度的方向与产物散射速度的方向相反。

一长条状长方体装药在瞬时爆轰的假设下，不考虑其侧面散射，其上下两个方向散射的情形如图6-13所示。因散射面位移速度相同，上下两个散射面将在装药的中面会合。在散射面相应的位置，形成一个等距离面组。据此，可以方便地计算瞬时爆轰假设下的有效装药或装药的利用率。

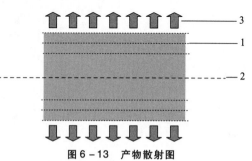

图6-13　产物散射图

1—散射面；2—中面；3—散射方向

（三）有效装药和装药的利用率

产物按各自特定的散射方向散射，成为自己特定散射方向目标的有效作用部分，相应的装药就是该特定方向目标的有效装药，如图 6-14 所示。爆炸产物有效部分的体积 V_1 和整个装药的体积 V_0 之比，称为装药的利用率，即

$$\eta = \frac{V_1}{V_0} \quad (6-112)$$

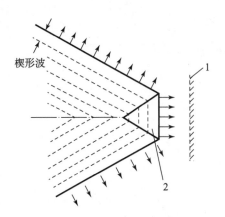

图 6-14　装药的有效部分示意图
1—目标；2—装药对目标作用的有效部分

显然，装药的形状不同，其对特定方向的有效装药或装药的利用率也不同。如图 6-15 所示。

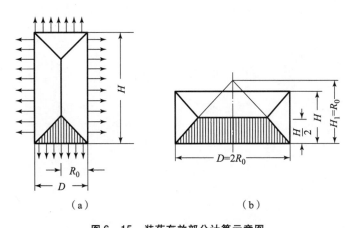

图 6-15　装药有效部分计算示意图
（a）高圆柱体装药；（b）短圆柱体装药

对于高圆柱体形状装药,其对一端目标的装药利用率为

$$\eta = \frac{R_0}{3H} \quad (6-113)$$

当 R_0 一定时,η 将随 H 的增加而减小;当 $H = 2R_0$ 时,装药的利用率 η 最大,也即,当药柱高度超过直径时,并不能增强装药对该端部的爆炸作用。

对于装药高度 H 小于其直径 D 的短圆柱体装药,其对一端的装药利用率为

$$\eta = \frac{1}{2} - \frac{1}{4}\frac{H}{R_0} + \frac{1}{24}\left(\frac{H}{R_0}\right)^2 \quad (6-114)$$

可以看出,当药柱的半径一定时,η 将随 H 的减小而增大。因而,在设计反坦克地雷时,一般都采用扁平装药的方式。

第七章

炸药的空中爆炸理论

  装药爆炸后形成高温高压的爆轰产物，产物在空气中迅速膨胀，形成了空气冲击波，产物及空气冲击波均对周围的介质产生机械作用。距装药稍远距离处的爆炸作用主要是爆炸空气冲击波的作用，例如，边长约 1 m 的散装 TNT 装药爆炸后，会在周围直径约 100 m 的范围内造成房屋倒塌，对周围直径约 200 m 范围内的人员产生不同程度的杀伤。再如，储有 10 000 kg 炸药的炸药库爆炸后，除在炸药库所在地面造成巨型大坑外，还会使周围直径 200 m 范围内的房屋倒塌,对周围直径近 500 m 的范围内的人员产生不同程度的杀伤。要研究装药在空气中的爆炸作用,必须首先掌握装药在空气中爆炸的载荷计算方法。本章主要讨论装药在空气中爆炸的基本物理现象,应用爆炸相似律确定球形(集团)装药和圆柱形直列装药等在空气中爆炸时的爆炸载荷计算,介绍 TNT 当量(等效药量)的相关概念与计算,分析计算装药在空气中爆炸对周围目标(如建筑物、军事装备、人员等)的破坏和杀伤作用等。

第一节 装药在空气中爆炸的基本知识

装药在空气中爆炸时,由于产物的巨大压力,爆炸产物迅速向外膨胀。这个过程如同一个加速推进的活塞一样,压缩着周围的空气不断向外膨胀。由于产物最初以极高的速度强烈地压缩着周围的空气介质,使周围的压力、密度和温度突跃升高,形成了压力很高的初始冲击波(约为 10^8 Pa 量级)。随着产物的不断膨胀,便有沿着产物向内传播的稀疏波。当稀疏波阵面传到爆心时,爆心处的压力开始下降。

一、装药爆炸作用区域划分与确定

装药爆炸的作用区域可以划分为迫近区、近区、较远区和远区。
各区范围可以做粗略计算。
假设装药爆炸为瞬时爆轰,则爆轰产物的压力为

$$\bar{p}_H = \frac{1}{8}\rho_0 D^2 \qquad (7-1)$$

球形装药爆轰时,产物由初始体积 V_0 膨胀至极限体积 V_l 时,压力由 $\bar{p}_H$ 下降至 p_0。

在产物膨胀的第一阶段($p > p_K$):

$$\bar{p}_H V_0^K = p_K V_K^K, \quad K \approx 3 \qquad (7-2)$$

在产物膨胀的第二阶段（$p < p_K$）：

$$p_K V_K^\gamma = p_0 V_l^\gamma, \quad \gamma \approx 1.2 \sim 1.4 \tag{7-3}$$

对于一般中级炸药，$p_K \approx 2 \times 10^8$ Pa，于是由上面两式可以得出

$$\frac{V_l}{V_0} = \left(\frac{r_l}{r_0}\right)^3 = \left(\frac{V_l}{V_K}\right)\left(\frac{V_K}{V_0}\right) = \left(\frac{\bar{p}_H}{p_K}\right)^{\frac{1}{k}} \left(\frac{p_K}{p_0}\right)^{\frac{1}{\gamma}} \tag{7-4}$$

式中，r_l 为极限半径。以 $\bar{p}_H = 1 \times 10^{10}$ Pa, $p_0 = 1 \times 10^5$ Pa, $K = 3$, $\gamma = 1.4$ 代入上式，得

$$V_l = 800 V_0$$
$$r_l = 9.3 r_0$$

若以 $\gamma = 1.25$ 代入，则得

$$V_l = 1\,600 V_0$$
$$r_l = 11.7 r_0$$

即，爆轰产物直接作用的范围是很小的。

实际情况中，最后的极限体积并不是一下子达到的。由于惯性的原因，爆炸产物最初膨胀到的最大体积超过极限体积的 30% ~ 40%，这时爆炸产物中的压力小于周围介质的压力 p_0。随后外界压力又使爆炸产物压缩到体积小于极限体积，即产物的压力稍大于 p_0，接着开始第二次膨胀和压缩的脉动过程。这样经过几次衰减振动，最后才达到极限体积。而随着第二次、第三次爆炸产物膨胀的出现，将在周围介质中产生第二次、第三次压力波，如图 7-1 所示。试验表明，对于空气中的爆炸，对炸药爆炸破坏作用有实际意义的只是第一次膨胀和压缩产生的爆炸空气冲击波。

通常认为，爆炸产物停止膨胀往回运动时，空气冲击波即脱离产物而单独向前运动。但两者脱离的距离很难精确确定。

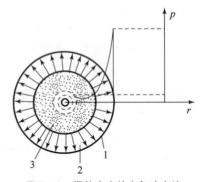

图 7-1 爆炸产生的空气冲击波
1—冲击波波阵面；2—正压区；3—负压区

Adushin 利用压力测定装置、时间放大器和离子传感器测量了装药近旁的冲击波参数，他发现，$\bar{r} = \dfrac{r}{m^{1/3}} > 0.8 \sim 1$（$r$ 为距爆心的距离（m），m 为装药量（kg））的范围内，冲击波会缓慢地与爆炸产物分离；直到 $\bar{r} \leq 1.6$ 时，爆炸产物与冲击波尚未完全分离；$\bar{r} > 1.6$ 时，冲击波内只包含空气，并单独传播。

二、空气冲击波的能量

可根据热力学定律简单地计算炸药爆炸时传给空气冲击波的能量。产物膨胀到极限体积 V_l 时,所具有的能量 E_l 为

$$E_l = \frac{p_0 V_l}{\gamma - 1} \tag{7-5}$$

炸药爆炸放出的初始能量 E 为

$$E = mQ_V = \rho_0 V_0 Q_V \tag{7-6}$$

忽略其他的能量损耗,炸药爆炸后传给冲击波的能量 E_s 为

$$E_s = E - E_l = m\left[Q_V - \frac{p_0 V_l}{(\gamma - 1)\rho_0 V_0}\right]$$

或

$$\frac{E_s}{E} = 1 - \frac{p_0 V_l}{(\gamma - 1)\rho_0 Q_V V_0} \tag{7-7}$$

对于中等威力的炸药,取 $Q_V \approx 4.184 \times 10^6$ J/kg、$\rho_0 = 1\,600$ kg/m³,若 $V_l = 1\,600 V_0$、$p_0 = 9.8 \times 10^4$ Pa、$\gamma = 1.25$,代入式(7-7),可以得到

$$\frac{E_s}{E} = 90.6\%$$

若取 $\gamma = 1.4$,则 $\frac{E_s}{E} = 97\%$。

由于炸药爆轰的不完全,产物膨胀产生的冲击波对空气进行冲击压缩的过程中不可避免地将一部分能量变为热而消耗掉,产物与空气介质的分界面在平衡位置的振荡也会消耗不少能量,实际上真正传给周围空气介质的能量要小得多,为炸药初始能量的 60%~70%。

三、爆炸的空气冲击波及其对目标的破坏作用

(一)爆炸的空气冲击波及其传播

爆炸产生的空气冲击波分为正压区和负压区,如图7-1所示。

在距爆心的最近距离内,装药爆炸对周围介质的机械作用主要是爆炸产物的作用,这是接触爆炸所研究的范围;在近距离内,则是爆炸产物和空气冲击波的共同作用;在较远距离上,爆炸作用将单独是空气冲击波的作用。爆心周围产物压力随时间的变化如图7-2所示。

(二)描述爆炸空气冲击波的主要特征量

空气冲击波对目标的破坏作用由三个特征数来度量:

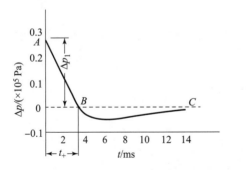
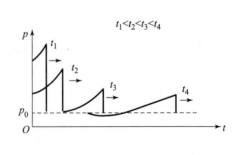

图7-2 爆心周围产物压力随时间的变化

(1) 波阵面上的压力,通常以峰值超压 Δp_1 表示。
(2) 正压作用时间(冲击波持续时间),以 t_+ 表示。
(3) 单位面积冲量,以 i 表示,$i = \int_{t_0}^{t_0+t_+} [p(t) - p_0] \mathrm{d}t$。

这三个量的大小直接表示空气冲击波破坏作用的强弱。

(三)爆炸的空气冲击波对空气微元的作用

爆炸空气冲击波通过某空气微元时状态参数的变化如图7-3所示。

空气冲击波还未到达该微元时,取微元边长为1,如图7-3(a)所示,其状态参数以初始值 p_0、ρ_0、T_0、u_0 表示。当空气冲击波到达该微元时,其压力突跃升高到 $p_1 = 1.666 \times 10^5$ Pa,速度由静止状态突变为 v_1,运动方向与空气冲击波的传播方向相同,如图7-3(b)所示。随着空气冲击波正压区的传播,该微元的压力等参数不断减小,在某一时刻压力等于 p_0,此时空气微元的密度和质点速度变为 ρ_0 和 v_0,如图7-3(c)所示。此后,空气冲击波的负压区到达该微元,空气微元呈稀疏状态,即压力低于 0.98×10^5 Pa,这时空气微元开始以较小的速度向反方向运动。由于微元密度较低,体积增大,如图7-3(d)所示。负压区通过后,空气微元的一些参数恢复到原来的状态,但冲击绝热压缩的结果使得空气微元的温度稍微升高了一些,如图7-3(e)所示。

(四)爆炸空气冲击波的破坏效应

由 $(0.3 \sim 40) \times 10^3$ kg 的TNT炸药地面爆炸的试验数据可知:
当空气冲击波超压 $\Delta p_m = (0.02 \sim 0.12) \times 10^5$ Pa时,可以引起玻璃破坏;
当空气冲击波超压 $\Delta p_m > 0.76 \times 10^5$ Pa时,可以使普通砖墙倒塌,甚至将

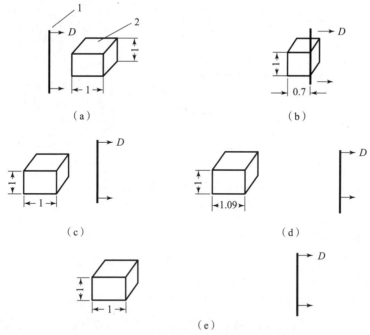

图 7-3 爆炸空气冲击波对空气微元的作用过程
(a) 冲击波到达前；(b) 冲击波到达瞬间；(c) 冲击波到达后 0.5~0.6 s；
(d) 冲击波到达后 1.25 s；(e) 冲击波通过后 2 s
1—空气冲击波；2—某空气微元

钢筋混凝土屋顶压塌。

对于核爆炸，由于空气冲击波的正压作用时间很长，其破坏作用要大得多。$\Delta p_m = (0.2 \sim 0.3) \times 10^5$ Pa 时，可使砖木结构的建筑物遭受破坏。

四、装药在空气中爆炸的爆炸场

装药的爆炸作用与装药的形状及距装药中心的距离有关。特别是接触爆炸或者直接靠近装药的极近距离内，不同形状装药的爆炸作用有很大的不同。

工程上常将装药做成不同的形状，如球形、圆柱形、线形和薄片状等，使装药在无限空气介质中爆炸时爆点周围形成不同的爆炸作用场，以达到预期效果。但在较远距离处，形状的影响就不明显了。引爆面对装药的爆炸作用场在近距离处影响较大（引爆面处的初冲击波参数比另一端的小得多），据此可以设计聚能装药，如图 7-4（b）所示。

试验表明，长细比远大于 1 的线性装药，一端引爆后产生的爆炸波在性质

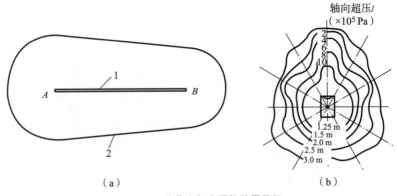

图 7-4 装药空气中爆炸的爆炸场
（a）线性装药；（b）聚能装药
1—线性装药；2—爆轰波阵面

上与球形的或块状的装药爆炸产生的爆炸波是相似的，但压力和冲量随距离的衰减要快得多。

当研究装药在空气中的爆炸作用时，装药的形状大致可以归纳为球形、圆柱形和平面装药。在近距离范围内，球形装药周围的爆炸场相当于高温高压气体产物的三维体膨胀；圆柱形装药径向（两端除外）的爆炸场相当于高温高压气体产物的二维面膨胀；平面装药的爆炸场相当于高温高压气体产物的一维线膨胀。随着距离的增加，装药形状的影响越来越小。在距离足够远处，爆炸场就相当于同质量球形装药的爆炸场。

第二节 爆炸相似律

爆炸相似律主要阐明各种爆炸现象和爆炸结果之间的规律性。

在爆炸问题的研究中，最早和应用最广的是霍普金森在 1915 年提出的比例定律或立方根定律。霍普金森爆炸相似律如图 7-5 所示。

霍普金森比例定律指出，两种几何相似的装药，成分相同，但尺寸不同，当在相同的大气中爆炸时，在相同的比例距离上会产生相似的爆炸波（冲击波）。

在霍普金森比例定律中，对应时间（相似时间）上的比例爆炸波压力和速度是不改变的。通常使用一个有量纲参数作为比例距离。常用的有量纲比例距离 Z 为

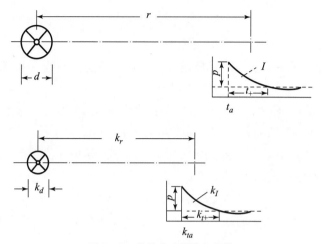

图 7-5 霍普金森爆炸相似律

$$Z = \frac{r}{E^{\frac{1}{3}}} \text{ 或 } Z = \frac{r}{m^{\frac{1}{3}}} \qquad (7-8)$$

式中，r 为距爆心的距离；m 为炸药的质量；E 为炸药的能量。

在任何关于爆炸波的研究中，说明爆源的主要参数是它的总能量 E 或它的能量密度。因此，在霍普金森比例定律中，装药质量 m 通常是以 TNT 作为标准炸药来计算的，而对于其他种类的炸药或其他类型的爆源，是用 TNT 当量来计算的。这里的计算是基于比较两种爆源的有效能量。TNT 当量可以用爆热进行换算：

$$m_e = \frac{Q_{Vi}}{Q_{VT}} m_i \qquad (7-9)$$

式中，m_e 为某炸药的 TNT 当量（kg）；m_i 为某炸药的装药量（kg）；Q_{Vi} 为某炸药的爆热（J/kg）；Q_{VT} 为 TNT 的爆热，取为 4.184×10^6 J/kg。

根据霍普金森相似律，爆炸的数据几乎都可以用霍普金森比例参数

$$Z = \frac{r}{E^{\frac{1}{3}}} \text{ 或 } \frac{r}{m^{\frac{1}{3}}} \text{（比例距离）} \qquad (7-10)$$

$$\tau = \frac{t}{E^{\frac{1}{3}}} \text{ 或 } \frac{t}{m^{\frac{1}{3}}} \text{（比例时间）} \qquad (7-11)$$

$$\xi = \frac{I}{E^{\frac{1}{3}}} \text{ 或 } \frac{I}{m^{\frac{1}{3}}} \text{（比例冲量）} \qquad (7-12)$$

来表示，因此，霍普金森相似律可以表示为

$$\begin{cases} p = p(Z) \\ \tau = \tau(Z) \\ \xi = \xi(Z) \end{cases} \qquad (7-13)$$

霍普金森相似律是在假定气体是完全气体，并忽略重力和黏性影响的条件下得出的。

假定球形装药（忽略装药半径）在空气中爆炸，空气的压力和密度分别为 p_0 和 ρ_0，绝热指数为 k，超压 $\Delta p_m = p_m - p_0$（p_m 为冲击波波阵面上的压力）的大小取决于炸药装药的总能量 E、冲击波波阵面距爆心的距离 r 以及 p_0、ρ_0、k，可以函数的形式表示为

$$\Delta p_m = f(E, r, p_0, \rho_0, k) \qquad (7-14)$$

设长度的量纲为 L、质量的量纲为 M、时间的量纲为 T，则各物理量的量纲为

$$[\Delta p_m] = [p_0] = ML^{-1}T^{-2}$$
$$[E] = ML^2T^{-2}$$
$$[\rho_0] = ML^{-3}$$
$$[r] = L$$
$$[k] = 1$$

选择 p_0、E 和 ρ_0 作为独立变量，相应的量纲即为独立量纲。由 π 定理可得

$$\pi_1 = \Delta p_m p_0^{\alpha_1} E^{\beta_1} \rho_0^{\gamma_1}$$
$$\pi_2 = r p_0^{\alpha_2} E^{\beta_2} \rho_0^{\gamma_2}$$
$$\pi_3 = k p_0^{\alpha_3} E^{\beta_3} \rho_0^{\gamma_3}$$

由量纲和谐条件可得

$$\begin{cases} 1 + \alpha_1 + \beta_1 + \gamma_1 = 0 \\ -1 - \alpha_1 + 2\beta_1 - 3\gamma_1 = 0 \\ -2 - 2\alpha_1 - 2\beta_1 = 0 \end{cases} \rightarrow \begin{cases} \alpha_1 = -1 \\ \beta_1 = 0 \\ \gamma_1 = 0 \end{cases}$$

$$\begin{cases} \alpha_2 + \beta_2 + \gamma_2 = 0 \\ 1 - \alpha_2 + 2\beta_2 - 3\gamma_2 = 0 \\ -2\alpha_2 - 2\beta_2 = 0 \end{cases} \rightarrow \begin{cases} \alpha_2 = \dfrac{1}{3} \\ \beta_2 = -\dfrac{1}{3} \\ \gamma_2 = 0 \end{cases}$$

$$\begin{cases} \alpha_3 + \beta_3 + \gamma_3 = 0 \\ -\alpha_3 + 2\beta_3 - 3\gamma_3 = 0 \\ -2\alpha_3 - 2\beta_3 = 0 \end{cases} \rightarrow \begin{cases} \alpha_3 = 0 \\ \beta_3 = 0 \\ \gamma_3 = 0 \end{cases}$$

因此有

$$\pi_1 = \frac{\Delta p_m}{p_0}$$

$$\pi_2 = \frac{r}{\left(\frac{E}{p_0}\right)^{\frac{1}{3}}}$$

$$\pi_3 = k$$

依照 π 定理可以写成

$$\frac{\Delta p_m}{p_0} = F\left[\frac{r}{\left(\frac{E}{p_0}\right)^{\frac{1}{3}}}, k\right] \qquad (7-15)$$

由于在计算时一般 k 取为常数，又 $E = mQ_V$，故上式可写成

$$\Delta p_m = p_0 \cdot F_1\left[\left(\frac{Q_V}{p_0}\right)^{\frac{1}{3}} \frac{m^{\frac{1}{3}}}{r}\right] \qquad (7-16)$$

在 p_0、Q_V 一定的条件下，有

$$\Delta p_m = f\left(\frac{m^{\frac{1}{3}}}{r}\right) \qquad (7-17)$$

式（7-17）就是霍普金森相似律的表达式 $p = p(Z)$ 的形式。

在实际中，可以将函数写成多项式的形式：

$$\Delta p_m = A_0 + A_1 \frac{m^{\frac{1}{3}}}{r} + A_2 \left(\frac{m^{\frac{1}{3}}}{r}\right)^2 + \left(\frac{m^{\frac{1}{3}}}{r}\right)^3 \qquad (7-18)$$

考虑到当 $r \to \infty$ 时 $\Delta p_m = 0$，因此 $A_0 = 0$。系数 A_1、A_2、A_3 可以由给定条件下系列试验的结果利用最小二乘法确定。

第三节 TNT 装药在空气中爆炸的参量计算式

一、TNT 装药在空气中爆炸时冲击波峰值超压的计算公式

（一）TNT 球形装药在无限空气介质中爆炸

TNT 球形装药在无限空气中爆炸时，空气冲击波峰值超压的计算式为

$$\Delta p_m = 0.084\left(\frac{m_e^{\frac{1}{3}}}{r}\right) + 0.27\left(\frac{m_e^{\frac{1}{3}}}{r}\right)^2 + 0.7\left(\frac{m_e^{\frac{1}{3}}}{r}\right)^3$$

$$= \frac{0.084}{\bar{r}} + \frac{0.27}{\bar{r}^2} + \frac{0.7}{\bar{r}^3}, \quad 1 \leq \bar{r} \leq 10 \sim 15 \quad (7-19)$$

式中，Δp_m 为在无限空气中爆炸时冲击波的峰值超压（10^6 Pa）；m_e 为 TNT 的装药质量（kg）；r 为距爆心的距离（m）；$\bar{r} = \dfrac{r}{\sqrt[3]{m_e}}$，为比例距离（m/kg$^{1/3}$）。

注意：无限空气中爆炸是指装药在无边界的空气中爆炸。这时，空气冲击波不受其他界面的影响。一般认为，无限空气中爆炸时，装药的比例高度应符合

$$\frac{H}{\sqrt[3]{m_e}} \geq 0.35 \quad (7-20)$$

式中，H 为装药离地面的高度（m）。

（二）装药在钢板、混凝土、岩石等的刚性地面爆炸

装药在地面爆炸时，由于地面的阻挡，空气冲击波不是向整个空间传播，而只是向未被约束的一侧传播。在钢板、混凝土、岩石等一类的刚性地面爆炸时，可以看作是两倍的装药在无限空间爆炸。将 $m_e = 2m$ 代入式（7-19）即得装药在刚性地面爆炸时产生的爆炸空气冲击波的峰值超压：

$$\Delta p_{mgr} = 0.106 \left(\frac{m^{\frac{1}{3}}}{r}\right) + 0.43 \left(\frac{m^{\frac{1}{3}}}{r}\right)^2 + 1.4 \left(\frac{m^{\frac{1}{3}}}{r}\right)^3,$$

$$1 \leq \frac{r}{m^{1/3}} \leq 10 \sim 15 \quad (7-21)$$

（三）装药在普通土壤地面爆炸

此时，地面土壤受高温、高压爆炸产物的作用而发生变形、破坏，甚至被抛掷到空中，从而在地面形成炸坑，消耗了炸药爆炸的部分能量。此时，可以使用 $m_e = (1.7 \sim 1.8)m$ 等效土壤地面的约束作用，对普通土壤地面，取 $m_e = 1.8m$，代入式（7-19）可得

$$\Delta p_{mg} = 0.102 \left(\frac{m^{1/3}}{r}\right) + 0.399 \left(\frac{m^{1/3}}{r}\right)^2 + 1.26 \left(\frac{m^{1/3}}{r}\right)^3,$$

$$1 \leq \frac{r}{m^{1/3}} \leq 10 \sim 15 \quad (7-22)$$

根据相似理论，由试验得出的 TNT 装药在无限空气中爆炸的半经验公式还有

$$\Delta p_m = \frac{1.07}{\bar{r}^3} - 0.1 (10^6 \text{ Pa}), \quad \bar{r} \leq 1 \quad (7-23)$$

$$\Delta p_m = \frac{0.076}{\bar{r}} + \frac{0.255}{\bar{r}^2} + \frac{0.65}{\bar{r}^3}(\times 10^6 \text{ Pa}), \quad 1 \leq \bar{r} \leq 15 \quad (7-24)$$

亨利奇得到的公式为

$$\Delta p_m = \begin{cases} \dfrac{1.40717}{\bar{r}} + \dfrac{0.55397}{\bar{r}^2} - \dfrac{0.03572}{\bar{r}^3} + \dfrac{0.000625}{\bar{r}^4}(\times 10^6 \text{ Pa}), \\ 0.05 \leq \bar{r} \leq 0.3 \\ \dfrac{0.61938}{\bar{r}} - \dfrac{0.03262}{\bar{r}^2} + \dfrac{0.21324}{\bar{r}^3}(\times 10^6 \text{ Pa}), \quad 0.3 \leq \bar{r} \leq 1 \\ \dfrac{0.0662}{\bar{r}} + \dfrac{0.405}{\bar{r}^2} + \dfrac{0.3288}{\bar{r}^3}(\times 10^6 \text{ Pa}), \quad 1 \leq \bar{r} \leq 10 \end{cases}$$

$$(7-25)$$

贝克得到的公式为

$$\Delta p_m = \begin{cases} 2.006\left(\dfrac{m^{1/3}}{r}\right) + 0.194\left(\dfrac{m^{1/3}}{r}\right)^2 - 0.004\left(\dfrac{m^{1/3}}{r}\right)^3(\times 10^6 \text{ Pa}), \\ 0.05 \leq \dfrac{r}{m^{1/3}} \leq 0.50 \\ 0.067\left(\dfrac{m^{1/3}}{r}\right) + 0.301\left(\dfrac{m^{1/3}}{r}\right)^2 + 0.431\left(\dfrac{m^{1/3}}{r}\right)^3(\times 10^6 \text{ Pa}), \\ 0.50 \leq \dfrac{r}{m^{1/3}} \leq 70.9 \end{cases}$$

$$(7-26)$$

比较式（7-23）~式（7-26）可得，在比例距离较大处，各经验公式的计算结果相近；而在比例距离较小处，计算结果有较明显的差别。

（四）装药形状对地面爆炸空气冲击波超压的影响

在小比例距离下，装药形状的影响不可忽略，随着比例距离的增大，装药形状的影响越来越不重要了。

（五）装药在坑道、矿井、人防工事内爆炸

装药在坑道、矿井、人防工事内爆炸时，空气冲击波沿着坑道两个方向传播，卷入运动的空气要比在无限介质中爆炸少得多，一定比例距离下的超压计算如下。

1. 两端直坑道

超压相等时，有

$$\frac{m}{2S} = \frac{m_e}{4\pi r^2} \quad (7-27)$$

于是,

$$m_e = m\frac{4\pi r^2}{2S} = 2\pi \frac{r^2}{S}m \quad (7-28)$$

式中,S 为一个方向传播的空气冲击波面积,等于坑道的截面积。

将上式代入式(7-19),有

$$\Delta p_m = \frac{0.084}{r}\left(\frac{2\pi r^2 m}{S}\right)^{1/3} + 0.27\left(\frac{2\pi r^2}{S}\right)^{2/3}\left(\frac{\sqrt[3]{m}}{r}\right)^2 + 0.7\left(\frac{2\pi r^2}{S}\right)\left(\frac{\sqrt[3]{m}}{r}\right)^3$$

$$= 0.155\left(\frac{m}{Sr}\right)^{1/3} + 0.92\left(\frac{m}{Sr}\right)^{2/3} + 4.4\frac{m}{Sr},$$

$$1 \leqslant \left(\frac{Sr}{2\pi m}\right)^{\frac{1}{3}} \leqslant 10 \sim 15 \quad (7-29)$$

2. 一端直坑道

若装药在一端堵死的坑道内爆炸,即空气冲击波只沿着坑道一个方向传播,这时只需将 $m_e = \dfrac{4\pi r^2}{S}m$ 代入式(7-19)计算即可。

在波克罗夫斯基的独头巷道中爆破时,空气冲击波超压计算公式:

$$\Delta p_m = 0.181\left(\frac{m}{Sr}\right)^{1/3} + 1.46\left(\frac{m}{Sr}\right)^{2/3} + 8.8\frac{m}{Sr} \ (\times 10^6 \ \text{Pa}) \quad (7-30)$$

当 $r \geqslant 6d_B$(d_B 为巷道直径)时,该公式是正确的,因为空气冲击波的气流、入射波、反射波和它们不连续反射的相互作用结果而形成的平面冲击波波阵面是在与装药的距离等于 6~8 倍巷道直径的地方出现的。

3. 空气冲击波沿断面不变的直巷道运动时的衰减

马舒科夫公式:

$$\Delta p = 7.7 \frac{r_0^4 D_H^4 p_0}{S^2(r+2.25)^2 T} \times 10^{-7} \ (\times 10^3 \ \text{Pa}) \quad (7-31)$$

式中,r_0 为装药半径;D_H 为炸药爆速;T 为空气的热力学温度;p_0 为大气压力;S 为邻近装药地点的巷道断面积;r 为测点距装药中心的距离。

若已知某一点的冲击波压力,那么当冲击波沿着断面面积一定的巷道继续传播时,其衰减可表示为

$$\Delta p_r = \frac{\Delta p \cdot r_1}{r_1 + r}e^{-\frac{\beta r}{d_B}} \ (\times 10^3 \ \text{Pa}) \quad (7-32)$$

式中,Δp_r 为与测点距离为 r 处的空气冲击波波阵面超压($\times 10^3$ Pa);Δp 为某测点的空气冲击波波阵面超压($\times 10^3$ Pa);r_1 为某测点距装药中心的距离;d_B

为巷道的直径;β 为考虑巷道表面粗糙性的系数。

二、爆炸冲击波正压区作用时间 t_+ 的确定

爆炸冲击波正压区作用时间 t_+ 是另一个重要的特征参数。试验表明,t_+ 与装药的线性尺寸成正比:

$$\frac{t_+}{\sqrt[3]{m}} = f\left(\frac{r}{\sqrt[3]{m}}\right) \tag{7-33}$$

因此,可以根据爆炸相似律通过试验方法建立经验公式。

(一) 萨道夫斯基公式

$$t_+ = B \times 10^{-3} \sqrt[6]{m} \sqrt{r} \ (\text{s}) \tag{7-34}$$

式中,B 为系数,空气中,$B = 1.5$;普通地面,$B = 1.3$;刚性地面,$B = 1.0$。

(二) 亨利奇公式

$$\frac{t_+}{m^{1/3}} = 10^{-3}(0.107 + 0.444\bar{r} + 0.264\bar{r}^2 - 0.129\bar{r}^3 + 0.0335\bar{r}^4),$$

$$0.05 \leqslant \bar{r} \leqslant 3 \tag{7-35}$$

式中,$\bar{r} = \dfrac{r}{\sqrt[3]{m}}$。

(三) 常用公式

对于 TNT 装药(无限空中爆炸),有

$$\frac{t_+}{\sqrt[3]{m}} = 1.35 \times 10^{-3} \left(\frac{r}{\sqrt[3]{m}}\right)^{1/2} \tag{7-36}$$

若装药在地面爆炸,则 m 以 TNT 当量 m_e 代入进行计算。对于刚性地面,$m_e = 2m$;对于普通地面,$m_e = 1.8m$。

三、冲击波超压随时间的变化

由布罗德的理论解,有

$$\Delta p(t) = \Delta p_m \left(1 - \frac{t}{t_+}\right) e^{-a\frac{t}{t_+}} \tag{7-37}$$

式中,Δp_m 为波阵面上的超压,当该压力在 $1 \times 10^5 \text{ Pa} < \Delta p_m < 3 \times 10^5 \text{ Pa}$ 范围内时,有

$$a = \frac{1}{2} + \Delta p_m \left[1.1 - (0.13 + 0.20 \Delta p_m) \frac{t}{t_+} \right] \quad (7-38)$$

当 $\Delta p_m < 1 \times 10^5$ Pa 时，有

$$a = \frac{1}{2} + \Delta p_m \quad (7-39)$$

此时也可近似用下式估算：

$$\Delta p(t) = \Delta p_m \left(1 - \frac{t}{t_+} \right) \quad (7-40)$$

式中，$\Delta p(t)$ 为从冲击波波阵面到达的瞬间开始到某个时间 t 时的超压。

比较精确的 $\Delta p(t)$ 表达式还有许多，如修正的弗里德兰德方程：

$$p(t) = p_0 + \Delta p_m \left(1 - \frac{t}{t_+} \right) e^{-b \frac{t}{t_+}} \quad (7-41)$$

式中，$t_a < t \leq t_a + t_+$，t_a 为冲击波到达时间；b 值由 $\overline{R}$ 的数值来确定，$\overline{R} = \frac{r p_0^{1/3}}{E_0^{1/3}}$，为量纲为 1 的萨克斯比例距离。

也可以用下列公式来近似计算：

$$\Delta p(t) = \Delta p_m \left(1 - \frac{t}{t_+} \right)^n \quad (7-42)$$

式中，$n = 1 + \Delta p_m^{2/3}$。

四、单位面积冲量

单位面积冲量由空气冲击波波阵面超压曲线 $\Delta p(t)$ 与正压区作用时间直接确定，计算比较复杂。

（一）试验测定结果

$$\begin{cases} \dfrac{i_+}{\sqrt[3]{m}} = A \dfrac{\sqrt[3]{m}}{r} = \dfrac{A}{\bar{r}}, & r > 12 r_0 \\ i_+ = B \dfrac{m}{r^2}, & r \leq 12 r_0 \end{cases} \quad (7-43)$$

TNT 装药在无限空中爆炸时，$A = 400$，$B = 250$。

若装药在地面爆炸，对于刚性地面，$m_e = 2m$；对于普通地面，$m_e = 1.8m$。若装药在两端通的坑道中爆炸，以 $m_e = 2\pi \dfrac{r^2}{S} m$ 代入即可。

（二）萨道夫斯基单位面积冲量计算公式

$$i_+ = \begin{cases} A\dfrac{m^{2/3}}{r}, & \bar{r} > 0.25 \\ 150\dfrac{m}{r^2}, & \bar{r} < 0.25 \end{cases} \quad (7-44)$$

（三）亨利奇单位冲量计算公式

$$\dfrac{i_+}{\sqrt[3]{m}} = \begin{cases} 6\,501 - \dfrac{10\,933.7}{\bar{r}} + \dfrac{6\,168}{\bar{r}^2} - \dfrac{984.5}{\bar{r}^3}, & 0.4 \leqslant \bar{r} \leqslant 0.75 \\ -315.8 + \dfrac{2\,069.1}{\bar{r}} - \dfrac{2\,118.1}{\bar{r}^2} + \dfrac{785.5}{\bar{r}^3}, & 0.75 \leqslant \bar{r} \leqslant 3 \end{cases} \quad (7-45)$$

（四）其他计算公式

TNT 装药在无限空中爆炸时的比冲量：

$$i_+ = A\dfrac{m^{2/3}}{r} \quad (7-46)$$

式中，系数 A 在 200~250 范围内。

五、其他参数计算公式

（一）冲击波长度（压缩空气层厚度）

$$\lambda = C_0 t_+ \quad (7-47)$$

式中，$C_0 = 340$ m/s。

（二）负压区参数

由布罗德的理论及一些学者的研究，有

$$\begin{cases} \Delta p_{\min} \approx \dfrac{0.35}{\bar{r}}(10^5 \text{Pa}), & \bar{r} > 1.6 \\ t_- \approx 4.25\dfrac{m^{1/3}}{m_0} = 1.25 \times 10^{-2} m^{1/3} \\ i_- \approx i_+\left(1 - \dfrac{1}{2r}\right) \\ \lambda_- \approx 340 t_- \end{cases} \quad (7-48)$$

式中，$\Delta p_{\min} = p_{\min} - p_0 < 0$。

以上介绍的是球形（集团）装药爆炸相似律的一些研究成果，下面介绍圆柱形直列装药（条形药包）爆炸相似律的一些研究成果。

六、圆柱形直列装药情况下的一些计算公式

（一）萨拉马辛压力计算公式

萨拉马辛给出的圆柱形直列装药在标准大气条件下的空中爆炸和地面爆炸的冲击波压力计算公式为

$$p = \frac{A}{1 + B\left(\frac{r^2}{m}\right)^{5/7}} \quad (\times 10^6 \text{ Pa}) \qquad (7-49)$$

式中，r 为与装药轴线的距离；m 为每米（纵长）的装药质量；A、B 为系数。

在上式分母中的 1 与第二项比较起来可以忽略的距离上，该公式可以写成

$$p = \frac{A}{B}\left(\frac{m}{r^2}\right)^{\frac{5}{7}} \quad (\times 10^6 \text{ Pa}) \qquad (7-50)$$

在要求一定的精度 δ 的情况下，可以用不等式确定上式的适用范围：

$$r \geqslant \left(\frac{m^{\frac{5}{7}}}{B\delta}\right)^{7/10} = \frac{m^{1/2}}{(B\delta)^{7/10}} = Mm^{\frac{1}{2}} \qquad (7-51)$$

以 $m = \pi r_0^2 \rho_B$ 代入上式，得

$$\frac{r}{r_0} \geqslant (\pi\rho_B)^{\frac{1}{2}} M \qquad (7-52)$$

（二）单位面积冲量

根据相似理论，可得

$$\frac{i}{r_0} = f\left(\frac{r}{r_0}\right) \qquad (7-53)$$

根据试验可以确定出函数的具体形式，对 $\rho_B = 1\,600 \text{ kg/m}^3$ 的 TNT 而言，有

$$\frac{i}{r_0} = 6.28 \times 10^6 \left(\frac{r_0}{r}\right)^{3/2} \qquad (7-54)$$

若用单位长度装药爆炸能 $E_0 = \sigma r_0^2$ 代替装药半径，上式可以改写为

$$i = 6.28 \times 10^6 \left(\frac{E_0}{\sigma}\right)^{5/4} r^{-3/2} \qquad (7-55)$$

将 $E_0 = mQ_V$ 及 $\sigma = \pi\rho_B Q_V$ 代入上式，可得出

$$i = 6.28 \times 10^6 \left(\frac{1}{\pi\rho_B}\right)^{5/4} m^{5/4} r^{-3/2} \qquad (7-56)$$

也即

$$i = 147 m^{5/4} r^{-3/2} \quad (7-57)$$

若装药在刚性地面爆炸,则

$$i = 350 m^{5/4} r^{-3/2} \quad (7-58)$$

试验表明,上列计算式为 $\dfrac{r}{r_0}$ 的值为 50~137 时是正确的。

(三) 正压区时间

在 $\dfrac{r}{r_0} \geqslant 50$ 时的正压作用时间,对于 TNT 装药在空中的爆炸,有

$$t_+ = 1.2 \times 10^{-3} \sqrt{m} \quad (7-59)$$

若在刚性地面爆炸,则

$$t_+ = 1.7 \times 10^{-3} \sqrt{m} \quad (7-60)$$

(四) 根据能量相似原理计算圆柱形直列装药的空气冲击波波阵面的压力

设装药的长度为 L;到装药轴线的距离为 r ($r < L$);空气冲击波为柱面波,面积为 $2\pi r L$,则装药的当量为

$$m_e = m \frac{4\pi r^2}{2\pi r L} = 2\frac{r}{L}m \quad (7-61)$$

代入式 (7-19),可得

$$\Delta p_m = 0.106 \left(\frac{m}{Lr^2}\right)^{1/3} + 0.43 \left(\frac{m}{Lr^2}\right)^{2/3} + 1.4 \left(\frac{m}{Lr^2}\right) \ (\times 10^6 \text{ Pa}) \quad (7-62)$$

当装药置于刚性地面和普通土壤地面上爆炸时,其空气冲击波超压分别为

$$\Delta p_{mgr} = 0.134 \left(\frac{m}{Lr^2}\right)^{1/3} + 0.683 \left(\frac{m}{Lr^2}\right)^{2/3} + 2.8 \left(\frac{m}{Lr^2}\right) \ (\times 10^6 \text{ Pa})$$
$$(7-63)$$

$$\Delta p_{mg} = 0.129 \left(\frac{m}{Lr^2}\right)^{1/3} + 0.634 \left(\frac{m}{Lr^2}\right)^{2/3} + 2.52 \left(\frac{m}{Lr^2}\right) \ (\times 10^6 \text{ Pa})$$
$$(7-64)$$

式 (7-62)~式 (7-64) 的使用范围为 $1 \leqslant \left(\dfrac{Lr^2}{2m}\right)^{1/3} \leqslant 10~15$ 且 $r < L$。

七、长方块、短圆柱体装药的空中爆炸冲击波压力

标准 TNT 药块,如 400 g 药块和 75 g 药柱,分别为长方体块和短圆柱体装

药，考虑装药形状的影响时，它们在空气中爆炸所产生的冲击波压力的经验计算公式如下。

长方体块装药空气冲击波的峰值压力经验公式：

$$\Delta p_m = \frac{0.1323}{\bar{r}} - \frac{0.7553}{\bar{r}^2} + \frac{3.56}{\bar{r}^3} \ (\times 10^6 \ \text{Pa}) \qquad (7-65)$$

短圆柱体装药：

$$\Delta p_m = \frac{0.1111}{\bar{r}} - \frac{0.1824}{\bar{r}^2} + \frac{1.885}{\bar{r}^3} \ (\times 10^6 \ \text{Pa}) \qquad (7-66)$$

两种装药从一端起爆时，它们周围的压力分布是不对称的，两个经验公式仅适用于通过装药中心且垂直于其轴线的平面，且需满足 $1.587 < \frac{r}{m^{1/3}} < 9.917$。

第四节 炸药在空气中爆炸的 TNT 当量

前述爆炸冲击波参数计算公式均是建立在以 TNT 装药作为爆源的基础上的。若空中爆炸的爆源不是 TNT 炸药，而是其他炸药甚至是其他能源，如核能或燃料与空气的混合物时，就需要一个转换系数将实际的爆源和 TNT 装药联系起来，以便能够应用前述经验公式。这一转换系数通常称为 TNT 当量系数或 TNT 的等效药量系数。

有几种基于不同原理的计算 TNT 当量系数的方法，如能量相似原理、冲击波效应的爆炸输出原理等。本节着重介绍基于爆炸输出原理求取 TNT 当量系数的方法。

一、基于能量相似原理的 TNT 当量系数

在本章第二节中已经提及，基于能量相似原理的 TNT 当量系数是将 TNT 的总能量定为标准，以其他爆源的总能量与 TNT 的总能量相比较，从而求出其他爆源的 TNT 当量系数：

$$F_{iE} = \frac{E_i}{E_{\text{TNT}}} \qquad (7-67)$$

对于高效炸药，可以用爆热来表示释放的总能量，故高效炸药的 TNT 当量系数可表示为

$$f_{iE} = \frac{Q_{Vi}}{Q_{VTNT}} \qquad (7-68)$$

能量相似原理建立在"理想"爆源的基础上，即爆源的能量密度很大，同时功率很高，因而可以用总能量这个参数来表示爆源的特性。实际上，除了点源、核爆炸和激光火花以外，只有高密度的军用炸药（高爆速炸药）才可以作为理想爆源处理。

对于一般民用炸药，特别是火药和烟火剂作为爆源时，其能量密度和功率都比较低，爆炸波效应与以爆热为基础求得的 TNT 当量相比，会有较大的差别。

二、基于冲击波效应的爆炸输出原理的 TNT 当量系数

对于某种爆源来说，在相同距离上造成同等程度的破坏所需要的作为爆源的 TNT 装药的质量就定义为其 TNT 当量。显然，对于不同的爆炸效应，如爆破效应、地震效应、冲击波效应等，即使是相同的爆源，也有不同的 TNT 当量。并且，在某种情况下，距爆源的距离不同时，TNT 当量也有不同的数值。除此之外，基于该原理的 TNT 当量还受许多其他因素的影响，不像基于爆源总能量求得的 TNT 当量那样，对于给定的爆源，其 TNT 当量是一个常量。

就空气中的冲击波效应而言，以不同的冲击波参数为基准，对同样爆源可以得到不同的 TNT 当量，如在同样距离上产生相同的峰值压力、正压冲量、到达时间或正压作用时间等所要求的作为爆源的 TNT 当量就可能各不相同。试验表明，根据正压作用的时间或到达时间建立的 TNT 当量具有较大的误差。根据峰值压力建立的 TNT 当量可以作为峰值压力和到达时间的 TNT 当量；根据正压冲量建立的 TNT 当量可以作为正压冲量和正压作用时间的 TNT 当量。

很多情况下，采用单一的 TNT 当量系数数值，即采用按某个压力范围内 TNT 当量系数的线性平均值就够了。

根据爆炸输出确定的 TNT 当量能更好地反映爆炸输出特性，更符合工程实践的实际需要。但爆源的爆炸输出受到很多因素的影响，特别是同一爆源的爆炸输出，TNT 当量在距爆心不同距离处有不同的数值，因而它的 TNT 当量不是一个常数。

三、影响爆炸输出 TNT 当量的主要因素

（1）爆源自身性质的影响。对爆炸输出影响最大的自身特性是能量密度和功率。

（2）爆源临界值对爆炸输出的影响。炸药只有达到临界直径和临界药量，

才能完全爆轰，此时爆炸输出才能稳定。

（3）药包几何形状对爆炸输出的影响。几何形状对近区的爆炸输出影响较大。

（4）爆源约束条件对爆炸输出的影响。主要介绍装药外壳对爆炸输出的影响。

（5）起爆药量对爆炸输出的影响。计算 TNT 当量时，要对起爆药量进行修正。

四、基于两种不同原理下的 TNT 当量比较

通过对比基于两种不同原理下的 TNT 当量，可以得到以下结论：

（1）基于冲击波效应的爆炸输出原理的 TNT 当量与工程实践的实际情况更加符合。

（2）基于总能量的 TNT 当量值偏高。

（3）基于总能量的 TNT 当量计算方法由于简单而得到广泛使用。

（4）对于能量密度和功率较高的爆源（如军用高速炸药），仍然可以使用基于总能量的 TNT 当量。

第五节　爆炸空气冲击波在刚性壁面上的反射

空气冲击波在传播过程中，遇到平固壁时就会发生反射。对固壁作用的反射压力取决于入射波的强度和固壁与入射波波阵面运动方向的相对位置。此外，固壁的刚度、面积大小与驻定不动的程度也对这一压力的强弱有所影响。

固壁表面与入射波波阵面之间存在三种关系：平行；垂直；成一般角度。由此，冲击波在固壁上的作用有三种方式：正反射，即冲击波传播方向与固壁面垂直，其反射为正反射；无反射，即掠射，冲击波的传播方向与固壁表面平行，冲击波波阵面将在固壁面上平移而过，固壁所受的最大压力与冲击波波阵面上的超压相等；斜反射，即冲击波波阵面与固壁面呈一倾斜角度相遇时的反射。

实际上，冲击波在传播时遇到的目标往往是有限尺寸的，这时，除了有反射作用外，还有冲击波的环流作用，也称为绕流作用。

一、完全气体中传播的平面正冲击波在无限大刚性平固壁上的正反射

冲击波波阵面处的气流质点和固壁相遇瞬间即被遏制阻止，下一层的运动质点也被阻止，即其向入射波传播方向的运动被阻滞，导致在固壁面附近出现一个高压静止区，当质点从固壁面反向膨胀时，便在介质中产生一新冲击波，即为反射波。

（一）几点假定

（1）反射瞬间，入射波和反射波引起的气流运动均为定常流动。
（2）冲击波的厚度略去不计。
（3）绝对刚壁。

（二）波后气流参数计算公式的数学推导

1. 基本思想

取随波运动的参考系，取一微元控制体，如图 7-6 所示。

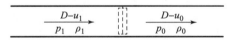

图 7-6　平面正冲击波流场

以右向为正方向。
连续方程：
$$\rho_0(D - u_0) = \rho_1(D - u_1) \tag{7-69}$$
动量方程：
$$p_1 - p_0 = \rho_0(D - u_0)^2 - \rho_1(D - u_1)^2 \tag{7-70}$$
利用连续方程可得下述形式：
$$p_1 - p_0 = \rho_0(D - u_0)(u_1 - u_0) \tag{7-71}$$
能量方程：
$$E_0 + \frac{p_0}{\rho_0} + \frac{1}{2}(D - u_0)^2 = E_1 + \frac{p_1}{\rho_1} + \frac{1}{2}(D - u_1)^2 \tag{7-72}$$

2. 对于入射波

$$u_1 - u_0 = u_1 = \sqrt{(p_1 - p_0)(V_0 - V_1)} \tag{7-73}$$

$$D_1 - u_0 = D_1 = V_0 \sqrt{\frac{p_1 - p_0}{V_0 - V_1}} \qquad (7-74)$$

$$D_1 - u_1 = V_1 \sqrt{\frac{p_1 - p_0}{V_0 - V_1}} \qquad (7-75)$$

$$\frac{\rho_1}{\rho_0} = \frac{(K+1)p_1 + (K-1)p_0}{(K-1)p_1 + (K+1)p_0} \qquad (7-76)$$

3. 对于反射波

$$-u_2 + u_1 = \sqrt{(p_2 - p_1)(V_1 - V_2)} \qquad (7-77)$$

$$D_2 + u_1 = V_1 \sqrt{\frac{p_2 - p_1}{V_1 - V_2}} \qquad (7-78)$$

$$D_2 + u_2 = V_2 \sqrt{\frac{p_2 - p_1}{V_1 - V_2}} \qquad (7-79)$$

$$\frac{\rho_2}{\rho_1} = \frac{(K+1)p_2 + (K-1)p_1}{(K-1)p_2 + (K+1)p_1} \qquad (7-80)$$

由此可得

$$\frac{\rho_2}{\rho_0} = \frac{(K+1)p_2 + (K-1)p_1}{(K-1)p_2 + (K+1)p_1} \cdot \frac{(K+1)p_1 + (K-1)p_0}{(K-1)p_1 + (K+1)p_0} \qquad (7-81)$$

4. p_2 的计算式

因为

$$\sqrt{(p_1 - p_0)(V_0 - V_1)} = \sqrt{(p_2 - p_1)(V_1 - V_2)} \qquad (7-82)$$

于是有

$$\frac{p_1 - p_0}{\rho_0}\left(1 - \frac{\rho_0}{\rho_1}\right) = \frac{p_2 - p_1}{\rho_1}\left(1 - \frac{\rho_1}{\rho_2}\right) \qquad (7-83)$$

因而

$$\frac{(p_1 - p_0)^2}{(K-1)p_1 + (K+1)p_0} = \frac{(p_2 - p_1)^2}{(K+1)p_2 + (K-1)p_1} \qquad (7-84)$$

令 $\frac{p_1}{p_0} = \pi_1$，$\frac{p_2}{p_1} = \pi_2$，由上式可得：

$$(\pi_1 - 1)^2 = \frac{\pi_1\left(\frac{K-1}{K+1}\pi_1 + 1\right)(\pi_2 - 1)^2}{\pi_2 + \frac{K-1}{K+1}} \qquad (7-85)$$

解 π_2 可得

$$\pi_2 = \frac{2\frac{K-1}{K+1}\pi_1^2 + \pi_1^2 + 1 \pm \left(2\frac{K-1}{K+1}\pi_1^2 + \pi_1^2 - 2\frac{K-1}{K+1}\pi_1 - 1\right)}{2\left(\frac{K-1}{K+1}\pi_1^2 + \pi_1^2\right)}$$

(7 - 86)

取正根，有

$$\pi_2 = \frac{\left(2\frac{K-1}{K+1} + 1\right)\pi_1 - \frac{K-1}{K+1}}{\frac{K-1}{K+1}\pi_1 + 1}$$

(7 - 87)

即有

$$\frac{p_2}{p_1} = \frac{(3K-1)p_1 - (K-1)p_0}{(K-1)p_1 + (K+1)p_0}$$

(7 - 88)

若为强冲击波，$p_1 \gg p_0$，则

$$\frac{p_2}{p_1} = \frac{3K-1}{K-1}$$

(7 - 89)

取 $K = 1.4$ 时，有

$$\frac{p_2}{p_1} = 8$$

(7 - 90)

即反射波波阵面压力为入射波波阵面压力的 8 倍。

若取负根，即有

$$\pi_2 = \frac{\frac{K-1}{K+1}\pi_1 + 1}{\frac{K-1}{K+1}\pi_1^2 + \pi_1}$$

(7 - 91)

即

$$\frac{p_2}{p_1} = \frac{(K-1)\frac{p_0}{p_1} + (K+1)\left(\frac{p_0}{p_1}\right)^2}{(K-1) + (K+1)\frac{p_0}{p_1}}$$

(7 - 92)

若为强冲击波，则由上式可得 $\frac{p_2}{p_1} \to 0$，没有物理意义。

以超压表示，令 $\Delta p_2 = p_2 - p_0$，$\Delta p_1 = p_1 - p_0$，取 $K = 1.4$，有

$$p_2 = (\Delta p_1 + p_0)\frac{8\Delta p_1 + 7p_0}{\Delta p_1 + 7p_0}$$

(7 - 93)

或

$$\Delta p_2 = 2\Delta p_1 + \frac{6\Delta p_1^2}{\Delta p_1 + 7p_0}$$

(7 - 94)

当为弱冲击波时，即 $\Delta p_1 \ll p_0$，有

$$\frac{\Delta p_2}{\Delta p_1} = 2$$

与声波反射一致。对于强冲击波，$\Delta p_1 \gg p_0$，有

$$\frac{\Delta p_2}{\Delta p_1} = 8$$

5. D_2 的计算式

$$D_2 = V_2 \sqrt{\frac{p_2 - p_1}{V_1 - V_2}} = \sqrt{\frac{p_2 - p_1}{\rho_2 \left(\frac{\rho_2}{\rho_1} - 1\right)}}$$

消去密度和比容项，得

$$D_2 = \frac{1}{\sqrt{2\rho_0}} \frac{[(K-1)p_2 + (K+1)p_1]\sqrt{(K-1)p_1 + (K+1)p_0}}{\sqrt{[(K+1)p_2 + (K-1)p_1][(K+1)p_1 + (K-1)p_0]}}$$

化简得

$$D_2 = \sqrt{\frac{2}{\rho_0[(K+1)p_1 + (K-1)p_0]}} [(K-1)p_1 + p_0] \quad (7-95)$$

由

$$D_1 = V_0 \sqrt{\frac{p_1 - p_0}{V_0 - V_1}} = \sqrt{\frac{p_1 - p_0}{\rho_0\left(1 - \frac{\rho_0}{\rho_1}\right)}}$$

因而

$$D_1 = \sqrt{\frac{(K+1)p_1 + (K-1)p_0}{2\rho_0}} \quad (7-96)$$

于是有

$$\frac{D_2}{D_1} = \frac{2[(K-1)p_1 + p_0]}{(K+1)p_1 + (K-1)p_0} \quad (7-97)$$

或

$$\frac{D_2}{D_1} = \frac{2\left[(K-1) + \frac{p_0}{p_1}\right]}{(K+1) + (K-1)\frac{p_0}{p_1}} \quad (7-98)$$

当 $p_1 \gg p_0$ 时，

$$\frac{D_2}{D_1} = \frac{2(K-1)}{K+1} \quad (7-99)$$

取 $K=1.4$,则 $\dfrac{D_2}{D_1}=\dfrac{1}{3}$,即 $D_2<D_1$。

当 $p_1-p_0\ll p_0$ 时,则 $\dfrac{D_2}{D_1}=1$。

6. ρ_2 的计算式

$$\dfrac{\rho_2}{\rho_1}=\dfrac{Kp_1}{(K-1)p_1+p_0} \tag{7-100}$$

若 $p_1\gg p_0$,取 $K=1.4$,有

$$\dfrac{\rho_2}{\rho_1}=\dfrac{K}{K-1}=3.5 \tag{7-101}$$

由入射冲击波关系式,有 $\dfrac{\rho_1}{\rho_0}=\dfrac{K+1}{K-1}=6$,所以,

$$\dfrac{\rho_2}{\rho_0}=\dfrac{\rho_2}{\rho_1}\dfrac{\rho_1}{\rho_0}=\dfrac{K}{K-1}\cdot\dfrac{K+1}{K-1}=21 \tag{7-102}$$

7. 冲击压缩后空气的温度

由完全气体状态方程 $\dfrac{T_2}{T_1}=\dfrac{p_2V_2}{p_1V_1}$,有

$$\dfrac{T_2}{T_1}=\dfrac{(3K-1)p_1-(K-1)p_0}{(K-1)p_1+(K+1)p_0}\cdot\dfrac{(K-1)p_1+p_0}{Kp_1} \tag{7-103}$$

若 $p_1\gg p_0$,取 $K=1.4$,有

$$\dfrac{T_2}{T_1}=\dfrac{3K-1}{K-1}\cdot\dfrac{K-1}{K}=2.29 \tag{7-104}$$

说明:

(1) 上述诸式是平面定常冲击波对平固壁作用的结果。

(2) 上述诸式适用于 $\dfrac{p_1}{p_0}<40$ 的情况,否则需考虑空气的电离。

二、平面正冲击波在运动刚性平固壁上的正反射

以上所讨论的情况是平面正冲击波在刚性平固壁面上正反射的情况。实际上,一般目标在强大的爆炸载荷作用下,均会发生一定的变形或位移。空气冲击波遇到运动刚壁发生正反射时,壁面超压按下式计算:

$$\dfrac{p_2}{p_1}=\dfrac{\sqrt{b_1^2-4a_1c_1}-b_1}{2a_1} \tag{7-105}$$

或写成超压比：

$$\frac{\Delta p_2}{\Delta p_1} = \frac{\sqrt{b_1^2 - 4a_1 c_1} - b_1}{2a_1}\left(1 + \frac{p_0}{\Delta p_1}\right) - \frac{p_0}{\Delta p_1} \quad (7-106)$$

式中，

$$a_1 = \frac{2A}{k}$$

$$b_1 = \frac{4A}{k} + (k+1)(B+C+D)$$

$$c_1 = \frac{2A}{k} - (k-1)(B+C+D)$$

$$A = \frac{\left(\frac{k+1}{k-1} + \frac{p_1}{p_0}\right)\frac{p_1}{p_0}}{1 + \frac{k+1}{k-1}\frac{p_1}{p_0}} = \frac{\left(\frac{2k}{k-1} + \frac{\Delta p_1}{p_0}\right)\left(1 + \frac{\Delta p_1}{p_0}\right)}{\frac{2k}{k-1} + \frac{k+1}{k-1}\frac{\Delta p_1}{p_0}}$$

$$B = \frac{\frac{2}{k}\left(\frac{p_1}{p_0} - 1\right)^2}{(k+1)\frac{p_1}{p_0} + (k-1)} = \frac{\left(\frac{\Delta p_1}{p_0}\right)^2}{k^2\left(1 + \frac{k+1}{k-1}\frac{\Delta p_1}{p_0}\right)}$$

$$C = -2\frac{U}{C_0}\frac{\frac{p_1}{p_0} - 1}{\sqrt{\frac{k+1}{2k}\frac{p_1}{p_0} + \frac{k-1}{2k}}} = -2\frac{U}{C_0}\frac{\frac{\Delta p_1}{p_0}}{k\sqrt{1 + \frac{k+1}{2k}\frac{\Delta p_1}{p_0}}}$$

$$D = \left(\frac{U}{C_0}\right)^2$$

计算结果表明，刚壁运动速度的大小和方向对壁面反射超压有明显的影响。当刚壁背向爆心运动时（$U>0$），动壁反射系数小于刚性固壁反射系数；反之，则动壁反射系数大于刚性固壁反射系数，U值越大，影响越大。

由试验研究得，球形装药的爆炸冲击波作用在障碍物中心区域的最大反射超压的计算公式为

$$\Delta p_2 = 10\sqrt{\frac{m}{r^3}} = 10\bar{r}^{-\frac{3}{2}}\ (\times 10^5\ \text{Pa})，$$
$$0.1 \times 10^5\ \text{Pa} < \Delta p_2 < 2.5 \times 10^5\ \text{Pa} \quad (7-107)$$

反射波的冲量由下式确定：

$$i_2 = \begin{cases} A\dfrac{m^{2/3}}{r}, & r \geqslant 0.5m^{1/3} \\ 240\dfrac{m}{r^2}, & r < 0.25m^{1/3} \end{cases} \quad (7-108)$$

式中，A 的值为 500～600。

三、平面正冲击波在刚性平固壁上的规则斜反射

当空气冲击波与刚性壁面成一定角度相遇时，就发生冲击波的斜反射。入射波波阵面与壁面的夹角称为入射角；反射波波阵面与壁面的夹角称为反射角。

如图 7-7 所示，入射冲击波以一定角度 ϕ_0 与刚壁相遇，当其到达 AB 位置时，A 点和壁面相遇。因入射正冲击波波阵面后空气质点的运动速度与冲击波波阵面相垂直，该速度可以分解为垂直和水平两个方向的分速度，垂直分速度受到固壁面的阻滞作用而滞止为零，水平分速度使空气质点沿着壁面向左运动，改变了原来的行进方向。同时，在 A 点处受阻的质点又密集起来，形成扰动源，从这里发出元波，以后 A_1、A_2、… 各点先后相继到达固壁面上的 E_1、E_2、… 各点，各点又作为波源，各自发出独立元波，这些元波的公切线（面）OR 就构成了反射波波阵面。也即，密集的压缩空气膨胀产生了反射冲击波。反射冲击波波阵面与壁面的夹角 ϕ_2 称为反射角。因为反射波波阵面是在被入射冲击波冲击压缩后的空气中传播的，具有较高的速度，所以 $D_2 > D_1$。

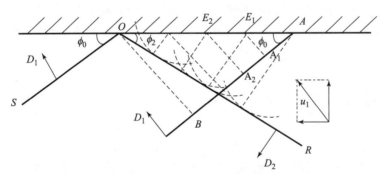

图 7-7　平面正冲击波在刚性壁面上的规则斜反射

显然，O 点在固壁面以速度 $\dfrac{D_1}{\sin\phi_0}$ 自右向左移动。为了方便研究问题，采用以速度 $\dfrac{D_1}{\sin\phi_0}$ 向左运动的动坐标系后，入射波和反射波均成为驻立冲击波，原来静止的空气则以速度 $\dfrac{D_1}{\sin\phi_0}$ 向右运动。研究反射问题时，可以把入射波和反射波作为两个气体运动方向与波阵面斜成一定角度的斜冲击波来处理。下面讨论气流通过两个斜激波波阵面后的状态。

（一）气流由 0 区至 I 区

平面正冲击波刚性壁面规则斜反射情形下的空气流场如图 7-8 所示。对于入射波波阵面两侧，由质量守恒和动量守恒可得

$$\begin{cases} \rho_0 q_0 \sin\phi_0 = \rho_1 q_1 \sin(\phi_0 - \theta) \\ p_0 + \rho_0 q_0^2 \sin^2\phi_0 = p_1 + \rho_1 q_1^2 \sin^2(\phi_0 - \theta) \end{cases} \quad (7-109)$$

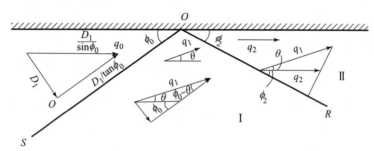

图 7-8　平面正冲击波刚性壁面规则斜反射情形下的空气流场

将上式中的第一式代入第二式，可得

$$p_1 - p_0 = \rho_0 q_0 \sin\phi_0 [q_0 \sin\phi_0 - q_1 \sin(\phi_0 - \theta)] \quad (7-110)$$

由于 $p_1 > p_0$，$q_0 \sin\phi_0 > q_1 \sin(\phi_0 - \theta)$，即气流穿过冲击波时垂直分速变小了。

另外，由于波阵面是稳定的，即压力在平行于冲击波波阵面时方向无变化，在平行于冲击波波阵面方向上动量守恒：

$$\rho_0 q_0 \sin\phi_0 \cdot q_0 \cos\phi_0 - \rho_1 q_1 \sin(\phi_0 - \theta) \cdot q_1 \cos(\phi_0 - \theta) = 0$$

即有

$$q_0 \cos\phi_0 = q_1 \cos(\phi_0 - \theta) \quad (7-111)$$

即气流穿过冲击波面时，只有气流速度的法向分量发生了突跃变化，而切向分量保持不变。因此可以将斜激波看成是法向气流的正冲击波。

由冲击波绝热方程（Hugoniot 方程）略加变化得到

$$\frac{\rho_1}{\rho_0} = \frac{(K+1)p_1 + (K-1)p_0}{(K-1)p_1 + (K+1)p_0} \quad (7-112)$$

该方程不包含速度量，因此，在斜冲击波中仍然适用。

（二）由 I 区至 II 区

同样，I 区气流以 q_1 速度与反射冲击波 OR 成夹角 $\phi_2 + \theta$ 流入 II 区。反射波后气流速度 q_2 的方向平行于壁面。对于反射冲击波的两侧，有

$$\begin{cases} \rho_2 q_2 \sin\phi_2 = \rho_1 q_1 \sin(\phi_2 + \theta) \\ p_2 + \rho_2 q_2^2 \sin^2\phi_2 = p_1 + \rho_1 q_1^2 \sin^2(\phi_2 + \theta) \end{cases} \quad (7-113)$$

$$q_2 \cos\phi_2 = q_1 \cos(\phi_2 + \theta) \quad (7-114)$$

$$\frac{\rho_2}{\rho_1} = \frac{(K+1)p_2 + (K-1)p_1}{(K-1)p_2 + (K+1)p_1} \quad (7-115)$$

利用式（7-109）~式（7-115）可以求得 p_2、ρ_2、q_2、ϕ_2、q_1 和 θ，运算比较复杂。下面仅给出主要结果。

$$\frac{(\pi_2 - 1)t_2}{1 + \mu^2 \pi_2 + (\pi_2 + \mu)t_2^2} = \frac{(\pi_1 - 1)t_0}{\pi_1 + \mu^2 + (1 + \mu^2 \pi_1)t_0^2} = M \quad (7-116)$$

$$\frac{(\pi_2 - 1)^2}{(\pi_2 + \mu^2)(1 + t_2^2)} = \frac{(\pi_1 - 1)^2}{(\pi_1 + \mu^2 \pi_1)(1 + t_0^2)} = L \quad (7-117)$$

$$M^2(1-\mu^2)^2(t_0 - t_2) + M[(1-\mu^2)^2 - (t_0 - t_2)^2 - (\mu^2 + t_0 t_2)^2] - (t_0 - t_2) = 0 \quad (7-118)$$

式中，$\dfrac{p_1}{p_0} = \pi_1$，$\dfrac{p_2}{p_1} = \pi_2$，$t_0 = \tan\phi_0$，$t_2 = \tan\phi_2$，$\mu^2 = \dfrac{K-1}{K+1}$。

（三）结论

（1）当入射角 ϕ_0 较小时，$\phi_2 < \phi_0$，随着 ϕ_0 的增大，ϕ_2 变大，当 $\phi_0 = \phi_0^*$ 时，两者相等。

（2）当入射角 ϕ_0 从 0 开始增大时，斜反射的压力比 $\dfrac{p_2}{p_1}$ 与正反射的相比较，在开始时稍有减小，随后增大，并在 $\phi_0 = \phi_0^*$ 时，有 $\dfrac{p_2}{p_1} = 1$。

（3）当 ϕ_0 超过 ϕ_0^* 时，对于 $\pi_1 < 7.02(K = 1.4)$ 的弱冲击波来说，反射压力与入射压力之比还要增大，对于强冲击波来说，将发生不规则反射（马赫反射）。

（4）入射波超压大于 20×10^5 Pa 时，需要考虑实际气体状态方程的影响。

（5）刚壁运动的影响。

平面正冲击波反射角与入射角关系曲线如图 7-9 所示。

四、马赫反射

反射冲击波压力与入射角的关系曲线如图 7-10 所示。对于一定的 π_1，当 ϕ_0 大于某个角度（临界角 ϕ_{0c}）后，ϕ_2 和 $\dfrac{p_2}{p_1}$ 没有实解，说明实际上在该条

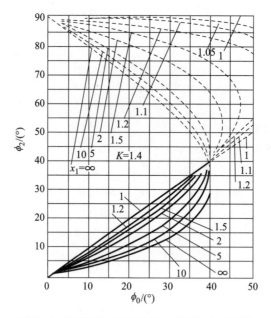

图 7-9 平面正冲击波反射角与入射角关系曲线

件下所发生的反射已经不是规则反射，而是非规则反射，即马赫反射，如图 7-11 所示。

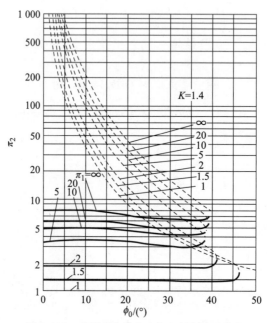

图 7-10 反射冲击波压力与入射角关系曲线

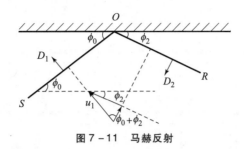

图 7-11 马赫反射

反射波在被入射波压缩和加热了的气体中运动，在入射角很大的情况下，它很少受到入射冲击波后气流的阻滞。因此，反射波的速度将大于入射波的速度，反射波将逐渐赶上入射波，相遇融合在一起形成新的冲击波，且反射点离开固壁面，这个新波称为"马赫冲击波"。三个波的连接点称为"三波点"，同时形成一条滑移线，在滑移线两侧的质点速度和密度不同，但压力相同。

马赫冲击波如图 7-12 所示。因入射波波阵面与反射波波阵面的融合是逐渐沿高度发生的，所以马赫波阵面的高度（马赫杆高）随距爆心距离的增大而增大。马赫波与壁面相交的地方垂直于壁面（这也是不改变气流流动方向而形成冲击波的唯一可能情况）。通过马赫波与通过入射冲击波和反射冲击波的气流将有不同的速度和密度，因此存在一个两侧压力相

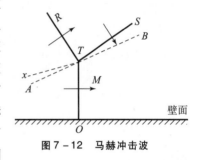

图 7-12 马赫冲击波

同但质点速度和密度不同的滑动线。实际上，三波点附近三个冲击波的波阵面都是弯曲的，在弯曲的冲击波面后还存在着连续的波系，马赫反射的图谱相当复杂，当前也只能做定性分析。

球形冲击波在平刚壁上马赫反射的主要特征是马赫杆不断增长，马赫波逐渐超前于入射波，马赫杆有一切线与平面刚壁近似正交。图 7-13 是根据高速纹影摄影机拍摄的照片绘制的，试验的 TNT 当量是 0.44 g、比例爆高为 1.6 m/kg$^{1/3}$。

综合上述可知，在规则反射区内的目标将承受两次冲击（入射冲击波和反射冲击波）的作用，而在非规则反射（马赫反射）区内的目标将承受一次冲击（马赫冲击波）的作用。

入射角的临界值 ϕ_{0c} 在强爆炸的情形下，对于空气介质来说接近于 40°。实际上，这一临界值并非常数，它随着入射冲击波强度的增加而减小。规则反射

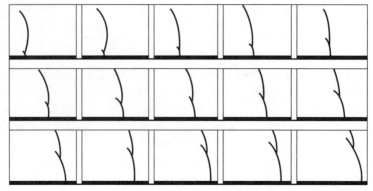

图 7-13 球形冲击波在平刚壁上的马赫反射

的临界角 ϕ_{0c} 与冲击波突跃 $\dfrac{p_0}{p_1}$ 的关系曲线如图 7-14 所示。图中实线上方区域为非规则反射区；虚线下方区域为规则反射区域；实线与虚线之间的区域，规则反射和非规则反射都有可能发生。

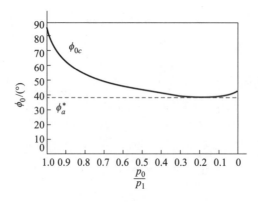

图 7-14 ϕ_{0c} 与入射冲击波压力的关系

一组在不同入射角下反射超压与入射超压之比的试验曲线如图 7-15 所示。可以看出，其最大比值发生在 $\phi_0 = 0°$ 或相当于从规则反射区过渡到非规则反射区的 $\phi_0 = 40° \sim 70°$ 的范围内。

五、空气冲击波反射后压力与冲量的计算

装药在空气中爆炸时，不同位置处所发生的情况如图 7-16 所示。图中 B 点为空气自由场的情形，测得的压力曲线如 1 所示。地面 C、E、F、G、K 各点相对于爆炸中心构成不同的入射角 ϕ_0，得到不同的 $p(t)$ 曲线。$\phi_0 = 0°$ 时，

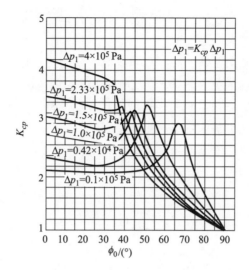

图 7−15 入射角和入射超压与反射系数的关系

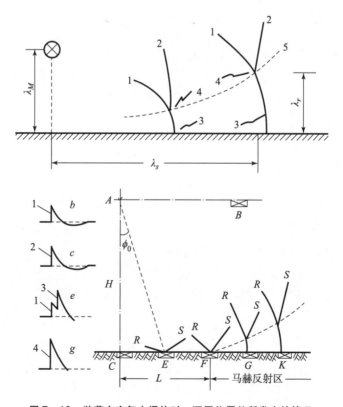

图 7−16 装药在空气中爆炸时，不同位置处所发生的情况

产生正反射，$p(t)$ 曲线如 2 所示，压力要比 B 点的高很多。图中 E、F 两点处，由于入射角满足 $\phi_0 < \phi_{0c}$，只发生规则反射，$p(t)$ 曲线如 3 所示。当 $\phi_0 > \phi_{0c}$ 时，如图中 G、K 两点处，产生马赫反射，马赫反射波的 $p(t)$ 曲线如 4 所示，反射压力比入射的更高。因此，装药在空气中爆炸时，地表面不同位置处发生各种形式的反射。可以利用冲击波的这种反射特性，使装药在距离地面合适的高度爆炸，以达到最大的破坏效应。

空气冲击波反射后的压力与冲量的计算如下。

（一）正反射

$$\Delta p_2 = 2\Delta p_1 + \frac{6\Delta p_1^2}{\Delta p_1 + 7p_0} \tag{7-119}$$

$$\Delta p_2 = 10\sqrt{\frac{m}{r^3}} = 10\bar{r}^{-\frac{3}{2}}\ (\times 10^5\ \text{Pa}),$$

$$0.1 \times 10^5\ \text{Pa} < \Delta p_2 < 2.5 \times 10^5\ \text{Pa} \tag{7-120}$$

（二）规则反射

由试验结果知，入射冲击波压力小于 $3 \times 10^5\ \text{Pa}$ 时，反射波的压力与入射角无关，仍然可以用正反射的公式进行计算。当入射波压力大于 $3 \times 10^5\ \text{Pa}$ 时，应该用前述规则斜反射流场计算方法进行计算。

（三）马赫反射

经验公式：

$$\Delta p_m = \Delta p_{mgr}(1 + \cos\phi_0) \tag{7-121}$$

式中，Δp_m 为峰值超压；Δp_{mgr} 为在刚性地面爆炸时空气冲击波的峰值超压。

冲量的试验结果为

$$i = \begin{cases} i_{+G}(1 + \cos\phi_0), 0° \leq \phi_0 < 45° & (7-122) \\ i_{+G}(1 + \cos^2\phi_0), 45° < \phi_0 < 90° & (7-123) \end{cases}$$

式中，i_{+G} 为地面爆炸时的冲量，按 r 取从爆心到该点的直线距离进行计算。

也可由经验公式

$$i = \begin{cases} 250\dfrac{m}{r^2}(1+\cos\phi_0), r \leq 20r_0 \approx m^{1/3} & (7-124) \\ 250\dfrac{m^{\frac{2}{3}}}{r}(1+\cos\phi_0), r \geq 20r_0 & (7-125) \end{cases}$$

进行计算。对地面的反射波压力有显著的影响。一方面，高度增加表明离爆心越远,入射波压力降低;另一方面,引起了 ϕ_0 和 ϕ_{0c} 的减少,使反射波压力升高。因此,对一定的反射波压力,存在着一个最有利的爆炸高度,即

$$H_{ur} = 3.2 \sqrt[3]{\frac{m}{\Delta p_2}} \tag{7-126}$$

在最有利高度爆炸时,与产生 Δp_2 所对应的水平距离为

$$L = 1.3 \frac{H_{ur}}{\Delta p_2^{0.4}} \tag{7-127}$$

第六节 空气冲击波与有限尺寸刚性壁的相互作用

前面讨论了冲击波在无限刚壁上反射的各种情况。实际上,冲击波在传播过程中遇到的目标往往是有限尺寸的,除了反射外,还发生冲击波的环流(绕流)作用。假设有限尺寸刚性壁能承受冲击波作用而不被破坏,下面分宽而不高、高而不宽及宽高都不大三种情况分析空气冲击波与刚性有限尺寸壁的相互作用。

一、平面冲击波垂直作用于宽而不高的刚性壁

壁正面附近产生冲击波的正反射,压力增高为 Δp_2。同时,入射冲击波沿顶部传播,稀疏波则以当地声速向壁正面高压区内传播,形成顺时针方向运动的旋风。旋风形成后,一方面使反射波后面的压力急剧下降,另一方面和入射冲击波一起作用,变成环流向前传播。环流进一步发展,绕过壁顶部沿壁背面向下运动,使壁背面受到的压力逐渐增大,而壁正面由于稀疏波的作用,压力逐渐下降,但降低后的压力仍比壁背面的压力大。环流继续沿壁背面向下运动,到达低地面后反射,使压力升高。环流沿地面运动,大约在离背面 $2H$(H 为壁高)的地方形成马赫反射,使冲击波的压力大为增加。马赫波继续向前运动,冲击波环流过壁顶时形成的旋风也离开刚壁边缘与空气一起继续运动。平面冲击波垂直作用于宽而不高的刚性壁,如图 7-17 所示。

二、平面冲击波垂直作用于高而不宽的刚性壁

如图 7-18 所示,平面冲击波垂直作用于高而不宽的刚性壁时,在壁的两侧同时发生环流波,绕到壁面后继续运动时,将发生碰撞而形成反射,在壁后面距离约等于壁宽的地方形成马赫反射区,使那里的压力骤然增高。

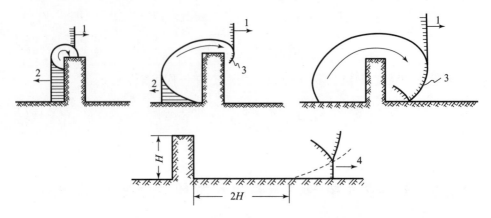

图 7-17 平面冲击波垂直作用于宽而不高的刚性壁
1—入射冲击波；2—反射冲击波；3—环流；4—马赫波

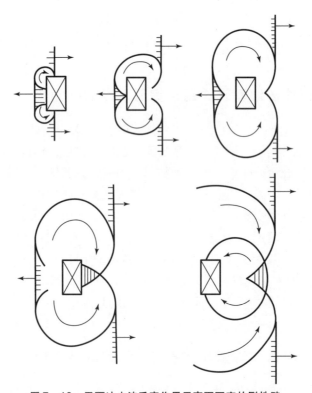

图 7-18 平面冲击波垂直作用于高而不宽的刚性壁

三、对于宽和高都不大的刚壁

受到冲击波作用后,环流同时产生于壁的顶端和两侧,从而在壁背面某处会出现三个环流波汇聚作用的合成波区,合成波区的汇聚作用更为强烈。

第七节 装药在空气中爆炸对目标的破坏作用

装药在空气中爆炸能使周围的目标,如建筑物、军事装备和人员等,受到不同程度的破坏和损伤。在距爆心最近的距离内,目标所承受的主要是爆炸产物的直接作用;在距离小于 $(10 \sim 15)r_0$(r_0 为装药半径)时,目标受到爆炸产物和冲击波的共同作用;在更远的距离,目标只受空气冲击波的破坏作用。因此,在进行估算时,应该选用相应的计算式。

一、空气冲击波对目标破坏的主要特征量

各种目标在爆炸作用下的破坏是一个极为复杂的问题,不仅与装药量的大小、装药形状有关,还与装药与目标的相对位置、距离,以及目标的形状、结构、材料的物理力学性能有关。由此可以衍生出许多学科。

对于一般炸药的爆炸,当目标距离装药有一定的距离时,主要应该考虑空气冲击波的作用。描述空气冲击波强弱的参数有三个,即峰值超压、正压作用时间和冲量。峰值超压表示冲击波瞬间作用的量,冲量表示在正压作用时间范围内超压的持续作用量,二者对目标都起破坏作用,起主要作用的因素则取决于目标对冲击波破坏载荷接受的情况,即由目标的自振周期 T 与冲击波正压作用时间来决定,如图 7-19 所示。

(1)若 $t_+ \ll T$,对目标的破坏作用取决于冲击波的冲量。

(2)若 $t_+ \gg T$,对目标的破坏作用取决于冲击波的最大压力或称"静压"作用。通常只是在大药量爆炸(如仓库爆炸)时,对目标的破坏才取决于静压作用。

奥里索夫和萨道夫斯基研究认为,当 $\dfrac{t_+}{T} \leq 0.25$ 时,破坏作用按冲量来计算;当 $\dfrac{t_+}{T} \geq 10$ 时,按最大压力来计算。

由结构动力学知,一个物体或一个结构本身有确定的振动周期。若有外力

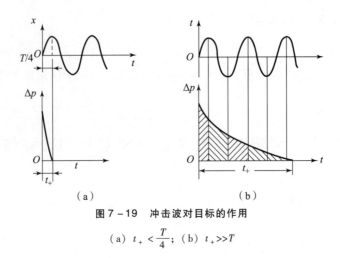

图 7-19 冲击波对目标的作用

(a) $t_+ < \dfrac{T}{4}$;(b) $t_+ \gg T$

作用在物体上,物体振动的情况与外力的性质及物体自身的性质都有关。在物体振动的一个周期内,有时外力的方向与物体振动方向相同,有时相反。当外力方向与物体振动方向相同时,外力会使振动加强;当外力方向与物体振动方向相反时,会使振动减弱。

若 $0.25 \leq \dfrac{t_+}{T} \leq 10$,若仅按最大压力或冲量来计算,都会带来很大的误差。这种情况下目标的设防距离将在本章后面部分介绍。

另外,当冲击波自目标反射时,作用在目标上的压力和冲量都将增大。若目标尺寸较小,冲击波到达时还将发生环流,使压力改变。

由于这个问题非常复杂,我们只研究一些典型而又基本的问题。

二、炸药在空气中爆炸对近距离目标的破坏作用

由于 t_+ 很小,一般炸药近距离爆炸时,对目标的破坏作用通常可以按冲量进行计算。在爆炸荷载作用下,由于目标材料所表现的性能不同,其受到破坏的状况也是不相同的。

(一)构件在强度极限下的破坏

建立模型如下:两端简支的等截面梁受沿梁表面对称分布的载荷作用,最大载荷在梁的中部,且载荷大小在极短时间内不改变。

梁的破坏可以根据能量平衡来确定。

在假设条件下,单位长度梁获得速度 v 时所得到的动能为

$$U = \frac{1}{2}mv^2 = \frac{I_0^2}{2m} \quad (7-128)$$

等于对梁的弯矩所做功的弹性能。由材料力学可知，其为

$$U = \frac{M^2}{2EJ} \quad (7-129)$$

于是有

$$\frac{M^2}{2EJ} = \frac{I_0^2}{2m} \quad (7-130)$$

由此得到

$$M = I_0 \sqrt{\frac{EJ}{m}} \quad (7-131)$$

即表明最大弯矩 M 与起始单位冲量 I_0 成正比。

对于截面为矩形的梁（和平板），$J = \frac{1}{12}bh^3$，其中 b 为梁的宽度，h 为梁的厚度（高度）。而 $M = \frac{1}{6}\sigma bh^2$，其中 σ 为梁受到的最大正应力。又 $m = \rho bh$，代入上式，得

$$\sigma = \frac{I_0}{bh}\sqrt{\frac{3E}{\rho}} \quad (7-132)$$

其他构件也可作为一维（一个自由度系统）问题来近似处理。

近距离爆炸时，冲击波的单位面积冲量为

$$i = B\frac{m}{r^2} \quad (\text{对于 TNT}, B = 250) \quad (7-133)$$

因为 $i = \frac{I_0}{b}$，故有

$$i = \sigma h\sqrt{\frac{\rho}{3E}} = B\frac{m}{r^2} \quad (7-134)$$

于是，

$$r = \sqrt{\frac{Bm}{\sigma h}}\sqrt[4]{\frac{3E}{\rho}} \quad (7-135)$$

在上式中代入材料的许用应力 $[\sigma]$ 时，所得 r 即为在这种爆炸作用下梁不被破坏的最小距离，即"安全距离"。若代入材料的强度极限 σ_B，则得到这一爆炸对梁破坏的距离。

一些材料的 σ_B 和 E 的值见表 7-1。

表 7-1　一些材料的 σ_B 和 E 的值

材料名称	弹性模量 $E/(\times 10^9\text{ Pa})$	强度极限 $\sigma_B/(\times 10^6\text{ Pa})$	表观密度 $/(\text{N}\cdot\text{m}^{-3})$
木材	10	30	6 000
钢筋混凝土	20	50	26 000
钢	200	2 000	78 000

若将上式中的常数项归并，可以得到破坏距离的计算式：

$$r = k\sqrt{C} \tag{7-136}$$

式中，k 为与目标性质有关的系数，见表 7-2。

表 7-2　一些目标的 k 值

目标	k	破坏情况
飞机	1.0	飞机结构完全破坏
火车头	4~6	结构破坏
舰艇	0.44	舰面建筑物破坏
非装甲船舶	0.375	船舶结构破坏（适用于 $m < 400$ kg）
装有玻璃的门窗	7~9	装配玻璃全部破坏
装有玻璃的门窗	30	局部破坏，再远发生偶然破坏
窗栏、门、隔墙	2.8	破坏
木板墙	0.7	破坏（适用于 $m > 250$ kg）
砖墙	0.4	形成缺口（适用于 $r = \sqrt{\dfrac{m}{h}}$，h 为墙厚（m），$m > 250$ kg）
砖墙	0.6	形成裂缝（适用条件同上）
不坚固的木石建筑物	2.0	破坏
混凝土墙和楼板	0.25	严重破坏

（二）金属结构在塑性变形下的破坏

金属结构在载荷作用下可以产生较大的塑性变形而整体却不破坏。因此，要使金属构件破坏，构件只获得超过暂时抗度的应力是不够的，还必须赋予结构产生塑性变形所需的能量，当其塑性变形超过一定限度时，就能使整个结构破坏。

为了便于讨论，仍只对两端简支的矩形等截面梁进行研究。

引入"单位破坏功"的概念：某金属材料在爆炸作用下被破坏时，单位体积所需消耗的功,称为单位破坏功。其以符号 A_M 表示,其数值由爆炸标准试验确定,因此也称为爆破功。

在上述情况下,由爆炸载荷(冲量)所赋予梁单位长度上的动能可以看成梁的破坏功。设梁的截面积为 F,则破坏梁单位长度所需的功为 $A_M F$。于是有

$$A_M F = \frac{I_0^2}{2m}$$

由此,对构件单位长度的破坏冲量 I_0 为

$$I_0 = \sqrt{2m A_M F}$$

因为 $m = \rho F, F = bh, I_0 = ib$,于是得单位面积冲量 $i = h\sqrt{2\rho A_M}$。

一些金属材料的单位破坏功见表 7-3。

表 7-3 一些金属材料的单位破坏功

材料名称	单位破坏功 $A_M/(N \cdot cm^{-2})$
软钢	10 790
中等硬度钢	11 180
硬钢	13 340
高强度合金钢	15 200
灰口铁	50
可锻铸铁	2 650
青铜	10 690
超高强度合金钢	24 520

三、爆炸冲击波的破坏作用

装药在空气中爆炸时,爆炸冲击波对不同距离上的人员、军事装备和建筑物具有不同程度的损伤和破坏作用。

(一) 爆炸冲击波对人员的杀伤作用情况

冲击波对人员的杀伤作用主要表现为引起血管破裂,致使皮下或内脏出血,以及内脏器官的破裂,特别是肝、脾等实质器官的破裂和肺脏的撕裂。空气冲击波超压对暴露人员损伤程度的关系见表 7-4。空气冲击波对掩蔽人员的杀伤作用要小得多,如掩蔽在堑壕内时,杀伤半径为暴露时的 2/3;掩蔽在掩蔽所或避弹所内时,杀伤半径仅为暴露时的 1/3。

表 7-4 空气中冲击波对人员的杀伤作用

损伤程度	冲击波超压/($\times 10^5$ Pa)
没有杀伤作用	<0.2
轻微（轻微的挫伤）	0.2~0.3
中等（听觉器官损伤、中等挫伤、骨折等）	0.3~0.5
严重（内脏严重挫伤*，可引起死亡）	0.5~1.0
极严重（可能大部分死亡）	>1.0

* 指血管破裂，肝、脾或肺撕裂

普通炸药空气中爆炸使人致死的距离 R 为：

当 $m < 300$ kg 时，$R = 1.1 m^{1/3}$；

当 $m > 300$ kg 时，$R = 2.7 m^{1/3}$；

对人员的安全距离 R_{min} 为 $R_{min} = 15 m^{1/3}$，此时超压不大于 0.1×10^5 Pa。

（二）空气冲击波超压对军事装备总体作用的破坏情况

空气冲击波超压对各种军事装备总体作用的破坏情况如下：

（1）飞机。超压大于 1×10^5 Pa 时，各类飞机完全破坏。超压为 $(0.5 \sim 1.0) \times 10^5$ Pa 时，各种活塞式飞机完全破坏，喷气式飞机受到严重损坏；超压为 $(0.2 \sim 0.5) \times 10^5$ Pa 时，歼击机和轰炸机受到轻微损伤，运输机受到中等或严重损伤。

（2）舰船。超压为 $(0.7 \sim 0.85) \times 10^5$ Pa 时，船只受到严重损坏；超压为 $(0.28 \sim 0.43) \times 10^5$ Pa 时，船只受到轻微或中等破坏。

（3）车辆。超压为 $(0.35 \sim 3.0) \times 10^5$ Pa 时，可使装甲运输车、轻型自行火炮受到不同程度的损坏。

当超压为 $(0.5 \sim 1.1) \times 10^5$ Pa 时，能破坏无线电雷达站和损坏各种轻武器。

（三）空气冲击波对建筑物的破坏情况

建筑物的破坏等级、破坏情况及相应的空气冲击波超压和比例距离见表 7-5。

表 7-5 空气冲击波对建筑物的破坏情况

破坏等级	等级名称	建筑物破坏情况	$\Delta p / \times 10^5$ Pa（实测值）	相应的比例距离 $\dfrac{r}{\sqrt[3]{m}}/(\text{m} \cdot \text{kg}^{-1/3})$
一	基本无破坏	玻璃偶尔开裂或震落	<0.02	
二	玻璃破坏	玻璃部分或全部破坏	0.02~0.12	>10.55

续表

破坏等级	等级名称	建筑物破坏情况	$\Delta p / \times 10^5$ Pa（实测值）	相应的比例距离 $\dfrac{r}{\sqrt[3]{m}}/(\text{m}\cdot\text{kg}^{-1/3})$
三	轻度破坏	玻璃破坏，门窗部分破坏，砖墙出现小裂缝（5 mm 以内）和稍有倾斜，瓦屋面局部掀起	0.12~0.30	6.1~10.55
四	中等破坏	门窗大部分破坏，砖墙有较大裂缝（5~50 mm）和倾斜（10~100 mm），钢筋混凝土屋盖裂缝，瓦屋面掀起，大部分破坏	0.30~0.50	4.6~6.1
五	严重破坏	门窗摧毁，砖墙严重开裂（50 mm 以上），倾斜很大甚至部分倒塌，钢筋混凝土屋盖严重开裂，瓦屋面塌下	0.50~0.76	3.68~4.6
六	倒塌	砖墙倒塌，钢筋混凝土屋盖塌下	>0.76	<3.68

如何确定建筑物的安全距离？根据国家规定的建筑物安全等级标准确定的防护冲击波破坏的最小距离，称为冲击波设防安全距离，简称设防安全距离。设防安全距离是对一定的安全等级而言的。设防安全距离要求把建筑物的破坏程度控制在允许的安全等级范围之内，有效地防护冲击波的破坏作用。

由于爆轰产物的作用范围有限，在研究设防安全距离时，主要考虑空气冲击波的破坏作用。建筑物的破坏程度如何，与冲击波的强弱及建筑物的性质都有很大关系。前面已经指出，当冲击波的正压作用时间小于 1/4 建筑物的自振周期时，建筑物的破坏主要靠冲量；当冲击波的正压作用时间大于 10 倍建筑物的自振周期时，建筑物的破坏主要靠峰值超压。但在大多数情况下，冲击波正压作用时间和建筑物自振周期之间并不满足上述极端条件，因此，设定安全防护距离不能单纯看超压，也不能单纯看冲量，要看建筑物实际破坏程度。

第八章

炸药在密实介质中的爆炸作用

炸药在密实介质中的爆炸主要指装药在土石介质和水介质中的爆炸。

第一节　装药在岩土介质中的爆炸作用

一、单个药包在岩土介质中爆炸的内部作用

（一）岩石爆破破坏机理

关于岩石等脆性介质的爆破破坏机理有许多假说，按照假说的基本观点，归纳起来有爆生气体膨胀压力破坏理论、反射拉应力波破坏理论及反射拉应力波和爆生气体压力共同作用理论三种。

1. 爆生气体膨胀压力破坏理论

爆生气体压力膨胀破坏理论认为，炸药爆炸所引起的脆性介质（岩石等）的破坏主要是爆生气体的膨胀压力做功的结果。炸药爆炸时，爆生气体迅速膨胀，对炮孔壁作用一个极高的压力，在炮孔周围介质中形成一个压应力场，使介质质点发生径向位移。如果由径向位移衍生出来的切向拉应力超过介质的抗拉强度，岩石等介质中就会产生径向裂隙。如果在药包附近有自由面存在，那么介质移动的阻力在最小抵抗线方向上最小，而质点移动的速度最大。在阻力不等的不同方向上，质点移动的速度不同，从而引起剪切应力。如果该剪切应力超过了介质的抗剪强度，介质将发生剪切破坏。因此，若药室中的爆生气体

压力足够大,破碎岩块将沿径向被抛掷出去。该理论只强调爆生气体压力的准静态作用而忽视应力波对介质的动作用,这是不符合实际的。例如,当用外敷药包炸大块孤石时,仍能使岩石发生破碎。此时由于爆生气体的膨胀几乎不受限制,故其对破岩所起的作用几乎可以忽略,可见这时若用爆生气体压力破坏理论来解释岩石发生破坏的原因,就显得不够全面了。

2. 反射拉应力波破坏理论

这种理论认为,脆性介质的爆破破坏主要是由爆炸压应力波传播到自由面,反射变成拉应力波造成对介质破坏所致。由于脆性介质抗拉强度远远小于抗压强度,如果反射拉应力波形成的拉应力超过介质的抗拉强度,介质便会发生从自由面向药包方向层层拉断的破坏(俗称片落)。该理论虽然能够解释实际工程中出现的一些现象(如爆破时在自由面处常发现片裂、剥落等现象),但是它与爆生气体压力破坏理论相反,只强调爆破的动作用,同样是比较片面的。

3. 反射拉应力波和爆生气体压力共同作用理论

这种理论认为,反射拉应力波和爆生气体压力都是引起介质破坏的重要原因,二者之间既密切相关,又互有影响,它们分别在介质破坏过程中的不同阶段起着重要作用。一般来说,炸药对介质的破坏首先是爆炸应力波的动作用,然后是爆生气体压力的静作用。爆破工程实践证明,这种理论对介质爆破破坏所做的解释比较符合实际情况,因而被大多数研究者所接受。

(二)岩石爆破破碎分区

装药中心到自由面的垂直距离称为最小抵抗线。对于一定的装药来说,若最小抵抗线超过某一临界值,则炸药爆炸在自由面上看不到爆破的迹象,爆破作用只发生在介质内部,这种作用称为爆破的内部作用。根据介质的破坏特征,单个球形药包爆破的内部作用可以在爆源周围形成压碎圈、裂隙圈和振动圈,如图 8-1 所示。

1. 压碎圈

药包爆炸时,在药包周围的介质上作用一个峰值很高的脉冲压力,并在紧靠药包附近的区域激起一股强烈的冲击波。在冲击波的超高压(一般可达几万兆帕)作用下,介质结构遭到严重破坏,并粉碎成微细粒子,从而形成压碎圈或粉碎圈。该作用圈的半径很小,但由于介质遭到强烈的粉碎作用,产生

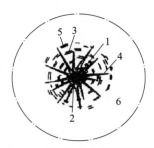

图 8-1 岩石爆破内部作用示意图
1—药包；2—压碎圈；3—裂隙圈；4—径向裂隙；5—环向裂隙；6—振动圈

塑性变形或剪切破坏，消耗能量很大。

因此，为了充分利用炸药的爆炸能，应尽可能控制或减少压碎圈的形成。

2. 裂隙圈

压碎圈形成后，冲击波衰减为压应力波，压力已经低于介质的抗压强度，不再产生压破坏，但仍然可以使压碎圈外的介质产生径向压缩，引起介质质点的径向位移和径向扩张，并由此衍生出切向拉应力。因为脆性介质的抗拉强度比抗压强度小，如果该切向拉应力值超过介质的抗拉强度，将会形成与压碎圈贯通的径向裂隙。在冲击波、应力波作用下，介质受到强烈的压缩作用，积蓄了一部分弹性变形能。随着压碎圈的形成和径向裂隙的展开，压力迅速下降，达到一定程度时，原先在药包周围的介质中被压缩过程中积蓄的弹性变形能释放出来，转变为卸载波，形成与压应力波作用方向相反的向心拉应力，使介质质点产生反向的径向移动。当这个向心拉应力大于介质的抗拉强度时，将会在已经形成的径向裂隙间产生环状裂隙。在径向裂隙与环向裂隙形成的同时，由于径向应力与切向应力作用的结果，还可能形成剪切裂隙。这些是爆炸应力波的动作用破坏的结果。

爆生气体跟在冲击波后面，以准静态压力形式作用于炮孔壁，并在高压作用下挤入由应力波形成的径向裂隙中，像尖劈一样使裂隙扩张与延伸，并在裂隙的尖端引起应力集中，迫使裂隙进一步扩展。此外，爆生气体的作用时间较长，它在炮孔壁周围介质中形成的准静态应力场也有助于裂隙的进一步发育。爆炸应力波作用首先形成了初始裂隙，接着爆生气体的膨胀、挤压、尖劈作用助长了裂隙的延伸、扩张和发育，只有当应力波与爆生气体衰减到一定程度后，裂隙才停止扩展。这样，随着径向裂隙、环向裂隙和剪切裂隙的形成、扩展、贯通，纵横交错、内密外疏、内宽外细的裂隙网将介质分割成大小不等的碎块，形成了裂隙圈。该作用圈是由拉、剪破坏形成的，其作用半径比压碎圈的大。

综上所述，应力波和爆生气体对介质的破坏都起着重要作用。一般来说，在高阻抗介质、高猛度炸药、耦合装药或不耦合系数较小的条件下，应力波的破坏作用是主要的；但在低阻抗介质、低猛度炸药、装药不耦合系数较大的条件下，爆生气体的准静态压力破坏作用则是主要的。

3. 振动圈

炸药爆炸产生的能量在压碎圈和裂隙圈内消耗了很多，在裂隙圈以外的介质中不再对介质产生破坏作用，只能使介质质点发生弹性振动，直到弹性振动波的能量完全被介质吸收为止。该作用圈的范围比前两个大得多，称为振动圈。在爆破工程中，为了提高爆破能量利用率，减小爆破危害，应尽可能控制或减少压碎圈和振动圈的形成，加强裂隙圈的破坏作用。

二、单个药包在岩土介质中爆炸的外部作用

当炸药在岩土介质中爆炸时，实际上考虑岩土和空气的界面（自由面）对爆炸的影响特性。由于爆炸冲击波在自由面的反射作用，炸药爆炸除了在周围的岩土介质中产生压碎区、破裂区和振动区外，视其药包到自由面的距离（最小抵抗线）不同，还将在自由面引起岩土的破裂、鼓包和抛掷，形成爆破漏斗，如图 8-2 所示。

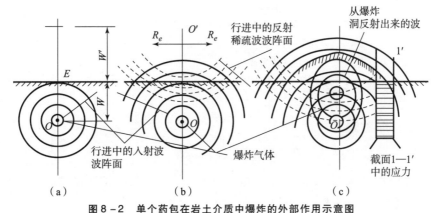

图 8-2 单个药包在岩土介质中爆炸的外部作用示意图
(a) 压力波的传播；(b) 反射稀疏波的形成；(c) 岩石的鼓起

（一）药包埋置深度

在爆破工程中，通常将药包中心到自由面的最小距离称为最小抵抗线，用 W 表示。最小抵抗线是爆破设计中的最主要的参数。由于最小抵抗线代表了爆破时岩石阻力最小的方向，在这个方向上岩石的运动速度最高，爆破作用最集中。因此，最小抵抗线是爆破作用的主导方向，也是抛掷作用的主导方向。

当一个埋置在地下深处的药包逐步向临空面提升，即逐步减小其最小抵抗线 W 时，就会出现如图 8-3 所示的情况。如果药包的药量不变，当药包的埋置深度减小到某一临界值时，地表岩石开始发生明显破坏，脆性岩石将"片落"，塑性岩石将"隆起"，此时药包的埋置深度称为"临界深度"，即爆破破坏刚好由爆破内部作用转为松动爆破的最大埋置深度，它表征为岩石表面开始破坏的临界值。如果药包的药量不变，埋置深度从临界深度值再进一步减少，地表岩石的"片落"现象将更加显著，爆破漏斗体积增大。当药包埋置深度减小到某一界限值时，爆破漏斗体积达到最大值，这时的埋置深度称为最佳深度 H_0，爆破能量利用率最大。

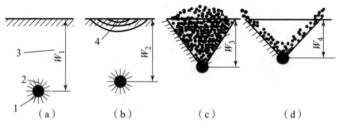

图 8-3 岩体中的药包随最小抵抗线变化产生的爆破作用
(a) 内部作用药包；(b) 地表产生"片落"剥离现象；
(c) 岩体出现"鼓包"；(d) 形成漏斗
1—压缩圈；2—裂隙圈；3—振动圈；4—"片落"区

（二）爆破漏斗

将球形药包埋置在一个水平临空面下的岩体爆破时，如果埋置深度合适，爆破后将会在岩体中由药包中心到临空面形成一个倒锥形体的爆破坑，这个坑就叫爆破漏斗，如图 8-4 所示。

爆破漏斗由以下要素构成：

（1）爆破漏斗半径，表示在临空面上爆破破坏范围的大小。

（2）最小抵抗线 W，临空面为水平的情况下，它就是药包的埋置深度。

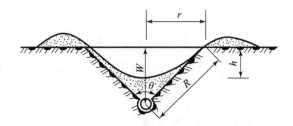

图 8-4 爆破漏斗及其构成要素

r—爆破漏斗半径；W—最小抵抗线；R—漏斗破裂半径；h—漏斗可见深度；θ—漏斗张开角

（3）漏斗破裂半径 R，爆破漏斗的侧边线长，表示爆破作用在岩体中的破坏范围。

（4）漏斗可见深度 h，药包爆破后，一部分岩块被抛掷到漏斗以外，一部分又回落到漏斗内，成为一个可见漏斗。从临空面到漏斗内岩块堆积表面的最大深度，叫作漏斗的可见深度。

（5）漏斗的张开角 θ，即爆破漏斗的锥角，它表示漏斗的张开程度。

（三）爆破作用指数及爆破作用分类

在工程爆破中，爆破漏斗半径 r 和最小抵抗线 W 的比值称为爆破作用指数 n，即 $n = r/W$。爆破漏斗是一般工程爆破中最普遍、最基本的形式。一般来说，最小抵抗线一定时，爆破作用越强，所形成的爆破漏斗半径越大，相应地，爆破漏斗内介质的破碎和抛掷作用越强。根据爆破作用指数值的大小，爆破漏斗有如下 4 种基本形式，如图 8-5 所示。

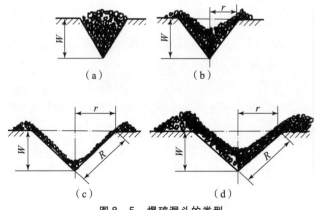

图 8-5 爆破漏斗的类型

1. 松动爆破漏斗

爆破漏斗内的岩石等介质被破坏、松动，并不被抛出坑外，不形成可见的爆破漏斗坑。此时 $n \approx 0.75$。它是控制爆破常用的形式。当 $n < 0.75$ 时，不形成从药包中心到自由面的连续破坏，不形成爆破漏斗，如图 8-5（a）所示。

2. 减弱抛掷（加强松动）爆破漏斗

爆破漏斗半径 r 小于最小抵抗线 W，即 $0.75 < n < 1$ 时，称为减弱抛掷爆破漏斗，又称为加强松动爆破漏斗，如图 8-5（b）所示。

3. 标准抛掷爆破漏斗

爆破漏斗半径 r 与最小抵抗线 W 相等，即爆破作用指数 $n = 1$ 时，称为标准抛掷爆破漏斗，如图 8-5（c）所示。

4. 加强抛掷爆破漏斗

爆破漏斗半径 r 大于最小抵抗线 W。即爆破作用指数 $n > 1$ 时，称为加强抛掷爆破漏斗。当 $n > 3$ 时，爆破漏斗的有效破坏范围并不随 n 值的增加而明显增大。实际上，这时炸药的能量主要消耗在岩块等介质的抛掷上，因此，$n > 3$ 时已无实际意义。所以，爆破工程中加强抛掷爆破漏斗的作用指数为 $1 < n < 3$，如图 8-5（d）所示。

三、成组药包在介质中的爆破作用

成组药包爆破破坏机理要比单药包爆破时复杂得多，因此，研究成组药包的爆破破坏机理对于合理选择爆破参数具有重要意义。但是，这方面的理论研究工作还做得很不够，许多生产中的实际问题还不能从理论上予以充分解释。

由于爆破破坏的过程难以进行直接观测，为此，在光学活性材料（如有机玻璃）中用微型药包进行了模拟试验，同时用高速摄影装置将光学活性材料试块的爆破破坏过程记录下来。试验结果表明，当多个药包齐发爆破时，在最初几微秒时间内，应力波以同心球状从各起爆点向外传播。经过一定时间后，相邻两药包爆轰引起的应力波相遇，并产生相互叠加，出现复杂的应力波状态，应力重新分布，沿炮孔连心线方向的应力得到加强，而炮孔连心线中心两侧附近则出现应力降低区。

两个药包齐发爆破时，激起的压应力波沿两炮孔的连心线相向传播，相遇时发生相互叠加，结果沿炮孔连心线的压应力相互抵消，拉应力得到加强，如

图 8-6 所示。若两炮孔相距较近，叠加后的拉应力超过介质的抗拉强度，沿炮孔连心线将产生径向裂隙，使两炮孔相互贯通，爆轰气体产物的准静压作用使两炮孔连心线上各点均产生很大的切向拉伸应力，在炮孔连心线和炮孔壁相交处产生应力集中，其拉应力最大，如图 8-7 所示。因此，拉伸裂隙首先出现在炮孔壁，然后沿炮孔连心线向外延伸，贯通两个炮孔。此外，由于应力波的叠加作用，在两药包的辐射状应力波作用线正交处，应力相互抵消，产生应力降低区。

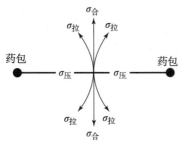

图 8-6 应力加强示意图

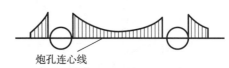

图 8-7 拉应力集中

在台阶爆破中，多排成组药包齐发爆破所产生的应力波互相作用情况比单排时更加复杂，如图 8-8 所示。前排各炮孔构成的四边形中的岩石，受到 4 个炮孔药包爆破引起的应力波的互相叠加作用，产生了极高的应力状态，应力波的作用时间也被延长了，因而使破碎效果大为改善。然而，多排成组药包齐发爆破时，只

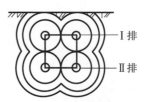

图 8-8 多个药包齐发爆破应力波叠加示意图

有第一排炮孔爆破具有两个临空面的优势条件，而后排炮孔爆破无平行炮孔方向的自由面可以利用，爆破所受的夹制作用大，爆破的能量消耗大。因此，在实际工程中很少采用多排成组炮孔齐发爆破。在多排成组炮孔爆破时，前后排炮孔采用微差起爆技术，将会获得较好的爆破效果。

四、装药量计算公式

装药量是爆破工程中一个最重要的参数，装药量确定得正确与否直接关系到爆破效果和经济效益。一般来说，装药量的确定与爆落岩石体积、岩性、临空面状况及其他爆破条件等因素有关。长期以来，人们一直沿用在生产实践中总结出来的经验公式——体积公式，它的基本原理是装药量的大小与被爆破岩石体积成正比。体积公式为

$$Q = KV \tag{8-1}$$

式中，Q 为装药量，kg；K 为爆破单位体积岩石的炸药消耗量，kg/m³；V 为被爆破的岩石体积，m³。

如果药包是集中药包（药包形状接近于球形或立方体的药包叫集中药包，药包长度大于其最短边的 6 倍时，则叫延长药包或长条药包）。对于标准抛掷爆破漏斗，爆破作用指数 $n = 1$（即 $r = W$），爆破漏斗体积和装药量公式为

$$V = \frac{1}{3}\pi r^2 W \approx W^3 \tag{8-2}$$

$$Q_{标} = K_{标}V \approx K_{标}W^3 \tag{8-3}$$

适用于各种类型的抛掷爆破漏斗的装药量计算公式为

$$Q_{标} = K_{标}W^3 f(n) \tag{8-4}$$

式中，$f(n)$ 为爆破作用指数的函数。

对于标准抛掷爆破，$f(n) = 1$；对于加强抛掷爆破，$f(n) > 1$；对于减弱抛掷爆破（或称加强松动爆破），$0.75 < f(n) < 1$。关于 $f(n)$ 的计算方法，各个研究者提出了不同的计算公式，而应用比较广泛的是苏联学者鲍列斯科夫提出的计算公式为

$$f(n) = 0.4 + 0.6n^3 \tag{8-5}$$

故抛掷爆破的装药量的计算公式为

$$Q_{抛} = K_{标}W^3(0.4 + 0.6n^3) \tag{8-6}$$

上式用来计算抛掷爆破的装药量是比较合适的。我国爆破工程的实践证明，当最小抵抗线大于 25 m 时，用此式计算出来的装药量偏小，应按下式进行修正：

$$Q_{抛} = K_{标}W^3(0.4 + 0.6n^3)(W/25)^{0.5} \tag{8-7}$$

对于松动爆破，$f(n)$ 在 $0.33 \sim 0.5$ 之间，故松动爆破的装药量为

$$Q_{松} = (0.33 \sim 0.5)K_{标}W^3 \tag{8-8}$$

上述各式中的 $K_{标}$，定义为标准抛掷爆破单位炸药消耗量，即在水平地面标准抛掷爆破条件下，爆破单位体积岩石消耗 2#岩石炸药量，一般用 K 表示，单位为 kg/m³。在实际工程中，也简称为单位用药量、单位耗药量、单位用药系数、单耗等。

五、影响爆破效果的因素

（一）药包起爆时序

现代爆破技术中广泛应用延时爆破技术。所谓延时爆破，是指采用延时雷

管或继爆管使各个药包按不同时间顺序起爆的爆破技术，分为毫秒延时爆破和秒延时爆破等。深孔微差爆破，是以毫秒或数十毫秒时间间隔依次顺序起爆多个炮孔或多排炮孔。

高速摄影资料表明，当底盘抵抗线小于 10 m 时，从起爆到台阶面出现裂缝，历时 10～15 ms，台阶顶部在起爆 80～150 ms 时出现鼓起；此后爆生高压气体逸出，鼓包开始破裂。在深孔微差起爆中，后爆药包较先爆药包延迟十至数十毫秒起爆，这样后爆药包是在相邻先爆药包的应力波作用处于预应力的状态中起爆的，两组深孔爆破产生的应力波相互叠加，可以加强破碎效果。先爆孔形成的爆破破裂面对后爆深孔来说相当于增加了新的临空面，如图 8-9 所示。后起爆孔的最小抵抗线和爆破作用方向都有所改变，增强了入射压力波和反射拉伸波在自由面方向的破碎岩石的作用，并减少夹制作用。因此，深孔微差爆破，可以有效地改善岩石的破碎质量，加大一次爆破规模。

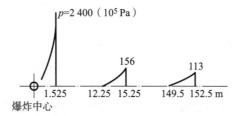

图 8-9　质量为 173 kg 的 TNT 水中冲击波的传播情况

（二）岩石等介质的爆破特性对爆破效果的影响

岩石等介质是爆破的对象，其爆破特性是影响爆破效果的重要因素，如介质的密度、强度、脆性和弹（塑）性、结构构造及可爆性等。它们不但能反映出在爆破作用下岩石介质中应力在时间和空间上的分布状况，而且最终影响到单位炸药消耗量的大小，以及爆破岩石块度级配、抛掷距离等结果。

（三）爆破参数与工艺对爆破效果的影响

爆破参数与工艺是影响爆破效果的主要因素，包括自由面的大小与数量、最小抵抗线、炮孔密集系数、装药结构、炮孔堵塞质量、起爆间隔时间和起爆药包位置等。

1. 自由面的大小与数量、最小抵抗线和炮孔密集系数

自由面的大小与数量对爆破效果影响显著。自由面越大、数量越多，且与

爆源的距离适宜，岩石的爆破阻力就越小，越有利于岩石的爆破破碎。最小抵抗线和炮孔密集系数的大小对爆破效果至关重要。最小抵抗线过大，岩石抵抗爆破作用的阻力增强；反之，又易产生飞石等危害。因此，选取合理的抵抗线是提高爆破效果的关键。炮孔密集系数是孔距与抵抗线的比值，它是评价相邻两炮孔间距关系的系数，对于优化爆破参数，充分利用爆破能量开裂，破碎岩石，改善爆破效果，具有实际意义。

2. 装药结构

改变装药结构可以影响炸药的爆破性能和作用，从而有利于提高炸药能量利用率。一般工程爆破中常用的装药结构有耦合装药、不耦合装药和轴向空隙或惰性介质间隔装药三种方式。

耦合装药是按设计的炮孔装药长度施行全断面密实装药，即炮孔直径与药包直径的比值等于1，这是目前生产中应用最广泛的一种装药结构，其炸药的爆轰压力值较高，爆破作用猛烈，对岩石等介质爆破破坏影响显著。

不耦合装药是沿药包周边与炮孔壁间预留环状空气间隙，常用炮孔直径与药包直径之比（即不耦合系数）表示。该值反映了药包在炮孔中与炮孔壁的接触状况。不耦合系数大于1。不耦合装药时，爆轰波通过空气介质传递到岩石等介质中去，空气间隙犹如气垫一样，将爆轰初始阶段气体产物的一部分能量储存起来，这样就削弱了炮孔初始压力峰值。而后受压气垫又将大量储存的能量释放出来做功，从而延长了爆轰气体产物的作用时间。不耦合装药结构能够比较均匀地降低炮孔壁上所承受的峰值压力，有助于保护孔壁少受径向爆破裂隙的破坏。这种装药结构多用于预裂爆破、光面爆破等控制爆破。

轴向空隙或惰性介质间隔装药是沿炮孔轴向预留空气间隔或充填某一惰性介质间隔的装药结构。由于炮孔中预留空气或惰性介质间隔，爆破时可以降低炮孔壁上受到的压力，延长爆轰气体的作用时间。这种装药结构比较简单，炮孔的线装药密度分布均匀，爆破破碎块度适宜，从而降低了单位炸药的消耗量。这种装药结构多用于深孔爆破。

3. 炮孔堵塞质量

裸露药包爆破时，爆轰气体产物迅速扩散，此时紧贴药包的岩石主要是在冲击波作用下受到破坏，无用功消耗很大。良好的堵塞可以阻止爆轰气体产物过早地从装药空腔冲出，保证在岩石破裂之前使装药空腔内保持高压状态，这样可以增加有效破碎能量。一般在堵塞质量良好的炮孔中，爆速和殉爆距离明显提高，当使用较低爆速的炸药时尤为显著。因此，一般情况下应保持足够的堵塞长度和质量，如使堵塞长度大于抵抗线等。

4. 起爆药包位置

起爆药包置于炮孔装药部分的位置，不仅与炸药能量的充分释放密切相关，还决定了爆轰波传播方向和岩石中的应力分布。合理地放置起爆药包可以促使破裂裂隙的发展，提高岩石破碎效果。在柱状装药爆破中，主要有两种起爆药包位置和起爆方向：一种是起爆药包位于孔口第二个药包处，这样装药比较方便，而且节省起爆材料；另一种是起爆药包布置在孔底第一个或第二个药包位置，起爆后，爆轰波自孔底向孔口方向传播，有利于消除"残孔"现象。药室爆破时，通常将起爆体设置在装药的几何中心位置，如果药量大时，须将起爆体的数量增加。

六、岩体中传播的冲击波

（一）岩体内冲击波参数

参照空气冲击波方程式可得

$$\rho_0 D_{cy} = \rho_2 (D_{cy} - v_{cy}) \quad (8-9)$$

$$u_{cy} = \left(1 - \frac{\rho_0}{\rho_1}\right) \cdot D_{cy} \quad (8-10)$$

$$\rho_0 D_{cy} u_{cy} = p_1 - p_0 \quad (8-11)$$

式中，ρ_0 为岩石的初始密度；ρ_1 为冲击波波阵面上的岩石密度；D_{cy} 为岩石内冲击波的传播速度；u_{cy} 为岩石内冲击波波阵面上的质点位移速度；p_0 为介质初始压力；p_1 为冲击波波阵面压力。

根据能量守恒定律得出

$$p_1 u_{cy} = \rho_0 D_{cy} \left(\frac{u_{cy}^2}{2} + \Delta E\right)$$

或

$$\Delta E = \frac{1}{2} p_1 (V_0 - V_1) \quad (8-12)$$

式中，ΔE 为单位质量岩石的内能变化。

（二）冲击波的衰减

炸药在岩石内爆炸，能否在围岩内激起冲击波取决于炸药和岩石的性质，并非在任何情况下都能形成冲击波，尤其是光面爆破。采用不耦合装药是避免在岩体内不激起冲击波的典型实例。

集中装药，如硐室爆破，在岩体内所激起的波是球面冲击波。而柱状装药在炮孔中爆炸时，不是整个装药长度同时爆炸，而是有一个传爆过程，因此可以把药柱分割成若干个集中药包，爆轰波沿想象的连续集中药包传爆，逐个引爆各集中药包，即可把柱状装药爆炸时在岩体内所激起的波看成是若干个球面冲击波。

在传播过程中，冲击波的波幅（位移、质点速度、应变和应力）随着传播距离加大而减小，这主要是由介质的几何尺寸加大造成的。另外，介质不完全是弹性体，变形过程中有滞后效应，以及质点振动时颗粒之间产生摩擦等，也是造成冲击波衰减的原因。

冲击波的衰减系数是与波阵面形状和岩石性质有关的常数。为了计算冲击波的压力随距离变化的规律，根据弹性力学理论可推导出计算公式：

$$p = p_0 \left(\frac{r}{r_0}\right)^{-\alpha} \qquad (8-13)$$

其中，

$$\alpha = 2 + \frac{2\mu}{1-\mu} \qquad (8-14)$$

式中，p_0 为冲击波的初始压力；r_0 为药包半径；α 为冲击波衰减指数；μ 为岩石的泊松比。

第二节　装药在水介质中的爆炸作用

一、装药在水中爆炸的物理现象

装药在无限水介质中爆炸时，形成高温、高压的爆炸产物，其压力远远超过静水压力，会产生冲击波和气泡脉动两种现象。

炸药在空气和水中爆炸时的物理现象，主要区别如下：

（1）相同装药爆炸时，水中冲击波的压力比空气冲击波压力要大得多。

（2）水中冲击波的作用时间比空气冲击波作用时间要短得多。

（3）水中冲击波波阵面传播速度近似地等于阵面声速，而空气冲击波波阵面传播速度比冲击阵面上的声速要大。

（4）爆炸产物在水中膨胀要比在空气中慢得多。

出现上述主要区别的原因主要如下。

（1）在一般压力下，水几乎是不可压缩的，在高压作用下可以压缩：

①7.36~9.81 MPa 时，体积变化 1/320。

②98.1 MPa 时，水的密度变化 $\Delta\rho/\rho = 0.05$；高压下可压缩，形成冲击波。

（2）水的密度比空气的大，装药爆炸时，爆炸气体受到不同的静压作用，膨胀较慢。

（3）水中声速较大，18 ℃ 时，声速为 1 489 m/s。随着水中含气量的增加，水中声速下降很快。当水中含气量为 0.1%~1% 时，水中声速下降到 900 m/s。

（一）水中冲击波现象

装药在无限、均匀和静止的水中爆炸时，首先在水中形成冲击波，然后在爆炸产物和水的界面处产生反射稀疏波。反射稀疏波以相反的方向向爆轰产物的中心运动。

水中初始冲击波压力比空气中的大，空气冲击波初始压力 78.5~127.5 MPa，水中冲击波初始压力大于 9 810 MPa；随着水中冲击波的传播，其波阵面压力和传播速度下降很快，且波形不断拉宽。

如图 8-9 所示，装药在水中爆炸产生的冲击波的传播情况体现出以下特点。

（1）在离爆炸中心处较近处（$(1~1.5)r_0$），压力下降非常快；在离爆炸中心距离较远处，压力下降较为缓慢。

（2）水中冲击波的正压作用时间随着距离加大而逐渐增加，但比同距离用药量的空气冲击波的正压作用时间却要小许多，前者约为后者的 1/100。

（3）随着水中冲击波的传播，其波阵面的压力和速度下降很快，且波形不断变宽。

（4）装药在有限水域中爆炸（有自由面和水底存在），冲击波在自由表面和水底产生反射。

①自由表面存在时，水中冲击波在自由表面形成迅速扩大的暗灰色的水圈，在自由面发生反射，形成飞溅水柱。此后，爆炸产物形成的水泡到达水面，出现与爆炸产物混在一起的飞溅水柱。如果气泡到达水面的状态不同，水柱的形状也不同。

水很深时，不出现上述现象，对普通炸药，深度 h 为

$$h \geq 9.0 \sqrt[3]{W} \qquad (8-15)$$

②水底存在时，水中冲击波的压力增高。对于绝对刚性的水底，相当于两

倍装药量的爆炸作用。试验表明，对于砂质黏土的水底，冲击波压力增加约10%，冲量增加约23%。

（二）气泡脉动现象

水中爆炸的爆炸产物在和冲击波分离以后，它在水中以气泡的形式做不停的膨胀和压缩，该过程称为气泡的胀缩脉动或气泡的脉动。由于水的密度大、惯性大，这种气泡脉动次数要比空气中爆炸的多，有时可以达10次以上。

用高速摄影机对TNT在水中爆炸拍摄的全过程中的一个镜头如图8-10所示，从中可以清楚地看到气泡的形成过程。

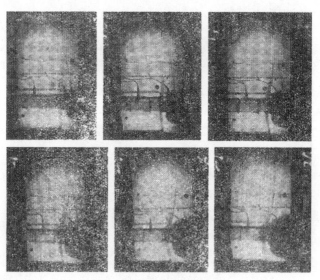

图8-10 气泡的脉动过程

根据科乌尔的数据，当质量为250 g的特屈儿装药在91.5 m的深度爆炸时，用高速摄影机拍摄到的气泡半径随时间的变化关系如图8-11所示。

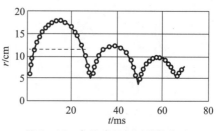

图8-11 气泡半径与时间的关系

由图中可知以下几点。

（1）开始时气泡膨胀速度很大，经过14 ms后，速度下降为零，然后气泡很快被压缩，到28 ms后，达到最大的压缩。往后开始第二次膨胀和压缩过程。

（2）图中虚线表示气泡的平衡半径，即气泡内压力与周围介质静水压力相同时的半径。不难看出，第一次脉动的 80% 时间内气泡内的压力低于周围介质的静水压力。

（3）在脉动过程中，由于爆炸气体的浮力作用，气泡逐渐上升。爆炸产物所形成的气泡一般均接近于球形。若装药非球状，长与宽之比在 1~6 范围内，在离装药 $25r_0$（r_0 为装药半径）的距离处形成的气泡就接近于球形。

（4）自由表面反射的稀疏波使气泡变形，所以实际的气泡并不完全是球形的。

障碍物对气泡脉动的影响如下。

（1）气泡膨胀时，近障碍物处水的径向运动受到阻碍，气泡有离开障碍物的现象。

（2）当气泡受压缩时，近障碍物处水的流动受阻，而其他方向的水径向聚合流动速度很大，因此使气泡朝着障碍物方向运动，即气泡好像被引向障碍物。

水中爆炸所形成的气泡脉动现象，是由爆炸产物形成的气泡在水中多次膨胀和收缩所形成的脉动。每次脉动消耗一部分能量，其能量分配情况见表 8-1。

表 8-1 水中爆炸的能量分配

能量分配	爆炸能量的消耗/%	留给下次脉动的能量/%
用于冲击波的形成	59*	41
用于第一次气泡脉动	27	14
用于第二次气泡脉动	6.4	7.6

（三）二次压力（缩）波

气泡脉动时，水中将形成稀疏波和压力（缩）波。稀疏波的产生对应于每次气泡半径最大的情况，压力波则与每次气泡半径最小时相对应。通常气泡第一次脉动时所形成的压力波（又称二次压力波）才有实际意义。

例如，137 kg 的 TNT 装药在水中 15 m 深处爆炸时，在离爆炸中心 18 m 的地方测得水中冲击波的压力与时间的关系如图 8-12 所示。

气泡脉动所形成的二次压力波的计算如下。

（1）二次压力波的峰值压力 p_m 的计

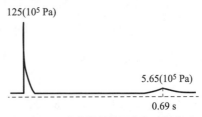

图 8-12 水中爆炸的压力与时间关系

算式：

$$p_m - p_0 = 71.02 \sqrt[3]{W}/R \ (10^5 \text{ Pa}) \tag{8-16}$$

（2）二次压力波的比冲量 i_m 的计算式：

$$i_m = 5.925 \times 10^{-2} (\eta_n Q_n)^{\frac{2}{3}} W^{\frac{2}{3}} / (Z_n^{\frac{1}{6}} R) \ (10^4 \text{ Pa} \cdot \text{s}) \tag{8-17}$$

如果气泡脉动时留在爆炸产物中的能量为 $\eta_n Q_V = 1\,848$ kJ/kg，装药在水深 12 m 处爆炸时，式（8-17）可以化简为

$$i_m = 0.22 \sqrt[3]{W}/R \tag{8-18}$$

（3）气泡最大半径 r_m 的经验公式：

$$\frac{4}{3}\pi r_m^3 = W V_m = \frac{W Q_w}{p_0} \rightarrow r_m = \sqrt[3]{\frac{3 W Q_w}{4\pi p_0}}$$

$$r_m = k \sqrt[3]{W/p_0} \text{ (m)} \tag{8-19}$$

对于 TNT 炸药，可取 $k = 1.63$。

（4）气泡达到最大半径所需的时间 t_m：

$$t_m = \int_0^{r_m} \sqrt{\frac{3\rho r_0^3}{2 \cdot 4 \cdot p_0 r_m r_0 (r_m - r_0)}} \mathrm{d}r = r_m \sqrt{\frac{2\rho}{3 p_0}}$$

$$t_m = 0.154 W^{\frac{1}{3}} / p_0^{\frac{5}{6}} \text{ (s)} \tag{8-20}$$

二、水中冲击波的基本方程式和初始参数计算

（一）水中冲击波的基本方程式

通过质量守恒、动量守恒和能量守恒定律导出水中冲击波的基本方程为

$$v_1 - v_0 = \sqrt{(p_1 - p_0) - (1/\rho_0 - 1/\rho_1)} \tag{8-21}$$

$$D - v_0 = (1/\rho_0)\sqrt{(p_1 - p_0)(1/\rho_0 - 1/\rho_1)} \tag{8-22}$$

$$E_1 - E_0 = \frac{1}{2}(p_1 - p_0)(1/\rho_0 - 1/\rho_1) \tag{8-23}$$

水的状态方程可采用如下形式：

$$V(T,p) = V(T,0)\left[1 - \frac{1}{n}\ln\left(1 + \frac{p}{B}\right)\right] \quad (\text{Taif}) \tag{8-24}$$

$$p = (109 - 93.7V)(T - 348) + 5\,010 V^{-5.58} - 4\,310 \quad (\text{Bridgman}) \tag{8-25}$$

在式（8-24）、式（8-25）中引进了一个温度量，计算不方便。对水的状态方程进行了热力学变换，得到水的泊松绝热方程为

$$(p + \alpha)/p^* = (\rho/\rho^*)^{\chi(s)} \tag{8-26}$$

式中，α、ρ^*、p^* 均为常数，其中 $\alpha = 5.4 \times 10^8$ Pa，$\rho^* = 2.53$ g/cm³，$p^* = 9.12 \times 10^9$ Pa。函数 $\chi(s)$ 在 $p < 3.0 \times 10^9$ Pa 时保持为一个常数，即 $\chi(s) \approx 5.5$。χ 与压力的关系如图 8 – 13 所示。

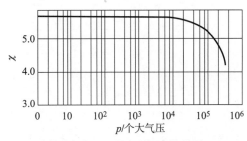

图 8 – 13　系数 χ 与压力的关系

压力增加到 2.5×10^5 个大气压时，$\chi = 4.6$，熵的变化大。压力再增大时，冲击波就不是等熵的。冲击波通过水和空气时的熵值的增量 ΔS 与压力的关系见表 8 – 2。

表 8 – 2　冲击波通过水和空气时 ΔS 与压力的关系（计算值）

冲击波强度	水中冲击波压力/MPa	与压力相应的 $\Delta S/(\text{J} \cdot \text{g}^{-1} \cdot \text{K}^{-1})$	当 ΔS 相同时空气冲击波压力/Pa
强冲击波区	10 000	2.050	32×10^5
	5 000	0.865	
中等强度冲击波区	2 500	0.336	10×10^5
	1 000	0.080	6×10^5
	500	0.018 9	0.7×10^5
弱冲击波区	100	0.000 647	0.37×10^5

水中冲击波可以分为强冲击波、中等冲击波及弱冲击波三类。强冲击波的 $\Delta S > 0$，中等及弱冲击波的 $\Delta S = 0$。

对水中冲击波也应分为三个区域进行计算。

1. 强冲击波（$p \geqslant 2.5 \times 10^4$ 个大气压）

当 $p_1 \geqslant 2\,943$ MPa 时，

$$p_1 - p_0 = d_2(\rho_1^\chi - \rho_0^\chi) \tag{8-27}$$

当 $p_1 \leqslant 2\,943$ MPa 时，

$$\frac{p_1 + B}{\rho_1^{\bar{\chi}}} = \frac{p_0 + B}{\rho_0^{\bar{\chi}}} \tag{8-28}$$

式中，$d_2 = 4250$；$\chi = 6.29$；$B = 2987.15 \times 10^5$ Pa；$\bar{\chi} \approx 7.15$。

所以，

$$p_1 - p_0 = 4250(\rho_1^{6.29} - \rho_0^{6.29})(9.81 \times 10^4 \text{ Pa}) \tag{8-29}$$

将式（8-29）代入式（8-22），当 $v_0 = 0$ 时，得

$$D^2 = \frac{1}{\rho_0^2} \cdot \frac{p_1 - p_0}{\frac{1}{\rho_0} - \frac{1}{\rho_1}} = \frac{4250(\rho_1^{6.29} - \rho_0^{6.29})}{\rho_0\left(1 - \frac{\rho_0}{\rho_1}\right)} \tag{8-30}$$

$$v_1^2 = \frac{4250(\rho_1^{6.29} - \rho_0^{6.29})}{\rho_0}\left(1 - \frac{\rho_0}{\rho_1}\right) \tag{8-31}$$

2. 中等强度冲击波（0.1×10^4 个大气压 $< p < 2.5 \times 10^4$ 个大气压）

$$\frac{p_1 + B}{\rho_1^{\bar{\chi}}} = \frac{p_0 + B}{\rho_0^{\bar{\chi}}} \tag{8-32}$$

式中，$p_0 = 0.981 \times 10^5$ Pa；$\rho_0 = 1020$ g/cm³；$B = 2987.15 \times 10^5$ Pa；$\bar{\chi} \approx 7.15$。

水的声速为

$$C^2 = \left(\frac{\mathrm{d}p}{\mathrm{d}\rho}\right)_s = \frac{\bar{\chi}(p + B)}{\rho} \tag{8-33}$$

因为 $p_0 \ll B$，所以式（8-32）可以改写为

$$p_1 = B\left[\left(\frac{\rho_1}{\rho_2}\right)^{\bar{\chi}} - 1\right] \tag{8-34}$$

其他参数可按强冲击波的方法计算。

3. 弱冲击波（$p \leqslant 0.1 \times 10^4$ 个大气压）

式（8-34）同样可以使用，但水的声速

$$C_1^2 = \left(\frac{\mathrm{d}p}{\mathrm{d}\rho}\right)_s = \frac{B\bar{\chi}}{\rho_0}\left(\frac{\rho_1}{\rho_0}\right)^{\bar{\chi}-1} \tag{8-35}$$

对未经扰动的介质，将 0.981×10^5 Pa、$\rho = \rho_0$ 代入上式，得

$$C_0^2 = \frac{B\bar{\chi}}{\rho_0} \rightarrow \frac{C_1}{C_0} = \left(\frac{\rho_1}{\rho_0}\right)^{(\bar{\chi}-1)/2} \tag{8-36}$$

将式（8-36）代入式（8-34），可得

$$\frac{C_1}{C_0} = \left(1 + \frac{p_1}{B}\right)^{(\bar{\chi}-1)/(2\bar{\chi})} \rightarrow \frac{C_1}{C_0} = 1 + \frac{\bar{\chi} - 1}{2\bar{\chi}} \cdot \frac{p_1}{B} \tag{8-37}$$

由式（8-21），忽略 p_0，且 $v_0 = 0$，则

$$v_1^2 = \frac{p_1}{\rho_0}\left(1 - \frac{\rho_0}{\rho_1}\right) \qquad (8-38)$$

代入式（8-34），可得

$$v_1^2 = \frac{p_1}{\rho_0}\left[1 - \left(1 + \frac{p_1}{B}\right)^{-\frac{1}{\bar{\chi}}}\right] \qquad (8-39)$$

同样，近似取级数第一项得

$$v_1^2 = \frac{p_1}{\rho_0}\left[1 - \left(1 - \frac{1}{\bar{\chi}}\cdot\frac{p_1}{B}\right)\right] = \frac{p_1}{\rho_0}\cdot\frac{p_1}{\bar{\chi}B} = \frac{C_0^2}{B^2\bar{\chi}^2}p_1^2 \qquad (8-40)$$

或

$$v_1 = \frac{C_0 p_1}{B\bar{\chi}} \qquad (8-41)$$

由式（8-22），忽略 p_0，且当 $v_0 = 0$，则

$$D^2 = \frac{p_1}{\rho_0\left(1 - \frac{\rho_0}{\rho_1}\right)} \qquad (8-42)$$

代入式（8-34），可得

$$D^2 = \frac{p_1}{\rho_0\left[1 - \left(1 + \frac{p_1}{B}\right)^{-\frac{1}{\bar{\chi}}}\right]} \qquad (8-43)$$

进行类似的变换，展开后，取两项，则得

$$D^2 = \frac{\bar{\chi}\cdot B}{\rho_0}\cdot\frac{1}{1 - \frac{\bar{\chi}+1}{2\bar{\chi}}\cdot\frac{p_1}{B}} = C_0^2\left(1 + \frac{\bar{\chi}+1}{2\bar{\chi}}\cdot\frac{p_1}{B}\right) \qquad (8-44)$$

$$D = C_0\left(1 + \frac{\bar{\chi}+1}{2\bar{\chi}}\cdot\frac{p_1}{B}\right)^{\frac{1}{2}} \qquad (8-45)$$

从式（8-37）、式（8-41）和式（8-45）三式可以看到，弱冲击波波阵面参数 C_1、v_1、D 与压力 p_1 呈线性关系。由此，水中冲击波波阵面参数应根据压力选择相应的计算式。

（二）水中冲击波的初始参数

装药在水中爆炸时形成初始冲击波，并向爆炸产物中反射稀疏波，如图 8-14 所示。由于水的可压缩性很小，冲击波的初始压力很大，一般超过 10^5 个大气压。

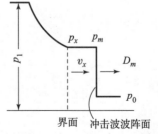

图 8-14　水中冲击波的初始参数

假设爆炸产物按 $pV^\gamma = \text{const}$ 的规律膨胀。

对于一维流动,界面处爆炸产物的点速度为

$$v_x = \frac{D}{\gamma+1}\left\{1 + \frac{2\gamma}{\gamma-1}\left[1 - \left(\frac{p_x}{p_1}\right)^{(\gamma-1)/(2\gamma)}\right]\right\} \qquad (8-46)$$

当水中冲击波波阵面上的质点速度 $v_0 = 0$ 时,式(8-21)可以改写为

$$v_m = \sqrt{(p_m - p_0)\left(\frac{1}{\rho_0} - \frac{1}{\rho_m}\right)} \qquad (8-47)$$

将强冲击波关系式(8-29)与式(8-46)和式(8-47)联立可求解,但误差较大。

由动力学的试验测定,当压力 p 在 $0 \sim 4\,500$ MPa 时,水的冲击绝热方程为

$$D_m = 1.483 + 25.306\lg\left(1 + \frac{v_m}{5.190}\right) \qquad (8-48)$$

水中冲击波的动量方程为

$$p = \rho_0 D v \qquad (8-49)$$

$$p_m = \rho_0\left[1.483 + 25.306\lg\left(1 + \frac{v_m}{5.190}\right)\right]v_m \qquad (8-50)$$

将式(8-48)和式(8-50)联立求解,可算出水中冲击波的初始参数 p_x 和 v_x。

鲍姆根据试验确定式(8-34)中的两个常数分别为 $B = 3.94 \times 10^8$ Pa,$\bar{\chi} = 8$,于是式(8-34)可以写为

$$p_x = 3\,940\left[\left(\frac{\rho_x}{\rho}\right)^s - 1\right] \qquad (8-51)$$

还可得

$$v_x = \sqrt{(p_x - p_0)\left(\frac{1}{\rho_0} - \frac{1}{\rho_x}\right)} \qquad (8-52)$$

$$D = \frac{v_x}{1 - \rho_0/\rho_x} \qquad (8-53)$$

$$\Delta E = E_x - E_0 \qquad (8-54)$$

联立式(8-46)及以上 4 式,计算的结果见表 8-3。

表 8-3 水中冲击波的初始参数

炸药	ρ_0/ (g·cm^{-3})	D/ (m·s^{-1})	v_x/ (m·s^{-1})	ρ_x/ρ_0	p_x/ MPa	D/D_m /%	ΔE/ (J·g^{-1})
梯恩梯	1.60	6 100	2 185	1.560	13 600	87.2	570
太安	1.69	7 020	2 725	1.635	19 500	83.5	800

由表可知，水中冲击波的初始压力和速度小于相应装药的爆轰压力和爆轰速度；此外，随着 D 和 p_m 的增大，p_x/p_m 和 D/D_m 有减小的趋势，这是由高压下水的压缩性增大造成的。

用图表形式也可以解得 p_x 和 v_x：

（1）利用式（8-46）可以绘制出如图 8-15 所示的曲线。

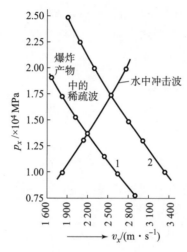

图 8-15　水中冲击波的初始参数

1—TNT 装药，$\rho_0 = 1.61 \text{ g/cm}^3$；2—纯化黑索今，$\rho_0 = 1.60 \text{ g/cm}^3$

（2）根据爆炸产物稀疏波曲线和水中冲击波曲线的交点，就可以决定冲击波波阵面上的流速 v_x 和压力 p_x 的大小。

三、水中冲击波的传播

（一）水中冲击波的传播规律

装药在无限水介质中爆炸时，所形成的水中冲击波的传播，满足以下规律。

质量守恒定律：

$$\frac{\partial \rho}{\partial t} + \rho \frac{\partial v}{\partial R} + (r-1)\frac{\rho v}{R} = 0 \tag{8-55}$$

动量守恒定律：

$$\rho \frac{\mathrm{d}v}{\mathrm{d}t} + \frac{\partial P}{\partial R} = 0 \tag{8-56}$$

能量守恒定律：

$$\frac{ds}{st} = \frac{\partial s}{\partial t} + v\frac{\partial s}{\partial R} = 0 \qquad (8-57)$$

$$\frac{\partial E}{\partial t} + v\frac{\partial E}{\partial t} - \frac{p}{\rho^2}\left(\frac{\partial \rho}{\partial t} + v\frac{\partial \rho}{\partial R}\right) = 0 \qquad (8-58)$$

介质的状态方程：

$$S = S(p,\rho) \text{ 或 } E = E(p,\rho) \qquad (8-59)$$

若初始条件和边界条件已知，便可以进行求解，但是边界条件很难确定，并且求解的过程也十分复杂。

（二）水中冲击波的计算

1. 水中爆炸相似律

影响水中爆炸的物理量主要有炸药的爆热 Q_w、装药密度 ρ_0、装药半径 r_0、未经扰动水的压力 p_0、未经扰动水的密度 ρ_{w0}、未经扰动水的声速 C_{w0}、水的状态指数 n、距离 R 和时间 t。所以，

$$p = f(Q_V, \rho_0, p_0, r_0, \rho_{w0}, C_{w0}, n, R, t)$$

可得

$$\frac{M}{LT^2}p = f\left(\frac{L^2}{T^2}Q_V, \frac{M}{L^3}\rho_0, \frac{M}{LT^2}p_0, Lr_0, \frac{M}{L^3}\rho_{w0}, \frac{L}{T}C_{w0}, n, LR, Tt\right)$$

令 $Lr_0 = (M/L^3)\rho_{w0} = (L/T)C_{w0} = 1$，且根据 π 定理可得

$$\frac{p}{\rho_{w0}C_{w0}^2} = f\left(\frac{Q_w}{C_{w0}^2}, \frac{\rho_0}{\rho_{w0}}, \frac{p_0}{\rho_{w0}C_{w0}^2}, n, \frac{R}{r_0}, \frac{tC_{w0}}{r_0}\right)$$

故得

$$\frac{p}{\rho_{w0}C_{w0}^2} = f\left(\frac{R}{r_0}, \frac{tC_{w0}}{r_0}\right) \qquad (8-60)$$

两点说明：

（1）当炸药装药半径 r_0 增大 λ 倍时，若在距离 λR 处，时间相应也放大 λ 倍，则压力变化规律相同。

（2）对于不同距离 R，由式（8-60）根据实际测定可得在 $t=0$ 时冲击波的峰值压力，经验公式为

$$p_m = A\left(\frac{R}{r_0}\right)^\alpha \qquad (8-61)$$

式中，A、α 为试验确定的系数，一些球形和柱形装药的 A 和 α 见表 8-4。使用其他炸药时，可根据能量相似原理换算，即

$$A_i = A_r \left(\frac{Q_{wi}}{Q_{wT}} \right)^{\frac{\alpha}{N+1}} \qquad (8-62)$$

表 8-4 球形和柱形装药的 A 和 α 值

炸药	球形装药			柱形装药		
	A/MPa	α	适用范围	A/MPa	α	适用范围
TNT	3 700 1 470	1.15 1.13	$6 < R/r_0 < 12$ $12 < R/r_0 < 240$	1 545	0.72	$35 < R/r_0 < 3\,500$
PETN	14 750 7 480 2 190	3 2 1.2	$1 < R/r_0 < 2.1$ $2.1 < R/r_0 < 5.7$ $5.7 < R/r_0 < 283$	4 800 1 770	1.08 0.71	$1.3 < R/r_0 < 17.8$ $17.8 < R/r_0 < 24$

2. 水中超压的计算

对于球形装药，Henrych 所做的试验得出的超压公式为

$$\Delta p_{wf} = \frac{348.3}{\bar{R}} + \frac{112.8}{\bar{R}^2} - \frac{2.39}{\bar{R}^3} \; (\times 10^5 \text{ Pa}), \qquad (8-63)$$

$$0.05 \leqslant \bar{R} = \frac{R}{\sqrt[3]{W}} \leqslant 10$$

$$\Delta p_{wf} = \frac{288.4}{\bar{R}} + \frac{1\,360.7}{\bar{R}^2} - \frac{1\,749.1}{\bar{R}^3}, \qquad (8-64)$$

$$10 \leqslant \bar{R} \leqslant 50$$

对于圆柱形装药

$$\Delta p_{wf} = 706.3 \bar{R}^{0.72} \; (\times 10^5 \text{ Pa}), \qquad (8-65)$$

$$\bar{R} = R / \sqrt{W_c}$$

根据"爆炸相似律的分析"，对于集中装药水下爆炸的冲击波峰值压力 p_m、比冲量 i 和水流能量密度 E 的经验计算公式分别为

$$\begin{cases} p_m = k \left(\dfrac{\sqrt[3]{W}}{R} \right)^{\alpha} \\ i = l \sqrt[3]{W} \left(\dfrac{\sqrt[3]{W}}{R} \right)^{\beta} \\ E = m \sqrt[3]{W} \left(\dfrac{\sqrt[3]{W}}{R} \right)^{\gamma} \end{cases} \qquad (8-66)$$

式中，k、α、l、m 和 γ 等系数由试验确定，某些炸药在无限水介质中爆炸时的系数见表 8-5。

表 8-5　式（8-66）中的常数值

炸药	$p_m/(9.81 \times 10^4 \text{ Pa})$		$i/(9.81 \times 10^4 \text{ Pa} \cdot \text{s})$		$E/(0.981 \text{ kJ} \cdot \text{m}^{-2})$	
	k	α	l	β	m	γ
梯恩梯（TNT） $\rho_0 > 1.52$ g/cm³	533	1.13	0.058 8	0.89	83	2.05
	$0.078 < \sqrt[3]{W}/R < 1.57$		$0.078 < \sqrt[3]{W}/R < 0.95$		$0.078 < \sqrt[3]{W}/R < 0.95$	
黑索今（PETN） $\rho_0 > 1.6$ g/cm³	645	1.2	0.077 2	0.92	171	2.16
	$0.067 < \sqrt[3]{W}/R < 3.3$		$0.1 < \sqrt[3]{W}/R < 1$		$0.1 < \sqrt[3]{W}/R < 1$	
TNT/PETN（50/50） $\rho_0 = 1.6$ g/cm³	555	1.13	0.092 6	1.05	106	2.12
	$0.082 < \sqrt[3]{W}/R < 1.5$		$0.088 < \sqrt[3]{W}/R < 1$		$0.088 < \sqrt[3]{W}/R < 1$	

对于其他炸药，可根据相似原理进行换算，例如 $k_i = k_T(Q_{wi}/Q_{wT})^{1.13/3} = k_T(Q_{wi}/Q_{wT})^{0.376}$。

3. 水中冲击波压力随时间衰减的规律

137 kg 的 TNT 装药在水中爆炸时，在离爆炸中心 6 m 处得到的 $p(t)$ 曲线如图 8-16 所示。

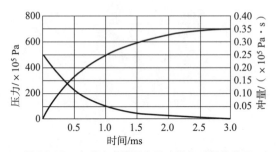

图 8-16　水中冲击波压力及冲量与时间的关系

水中冲击波超压随时间衰减的规律为

$$\Delta p(t) = \Delta p_m \exp\left[-\frac{1}{\theta}\left(t - \frac{R}{C_{w0}}\right)\right]\sigma_0\left(t - \frac{R}{C_{w0}}\right) \qquad (8-67)$$

式中，θ 为时间常数，由下面的经验公式决定：

$$\theta = 10^{-4} \sqrt[3]{W}\left(\frac{\sqrt[3]{W}}{R}\right)^{-0.24}$$

$$t < R/C_{w0}, \sigma_0\left(1 - \frac{R}{C_{w0}}\right) = 0$$

$$t > R/C_{w0}, \sigma_0\left(1 - \frac{R}{C_{w0}}\right) = 1$$

如果装药为圆柱形，时间常数为

$$\theta^* = 10^{-4}\sqrt{W_c}\bar{R}^{0.45} \tag{8-68}$$

4. 水中冲击波作用的比冲量

$$i = \int_{\frac{R}{C_{w0}}}^{t} \Delta p(t)\,\mathrm{d}t = \int_{\frac{R}{C_{w0}}}^{t} \Delta p_m \mathrm{e}^{-\frac{1}{\theta}(t-\frac{R}{C_{w0}})}\mathrm{d}t$$

$$= \Delta p_m \theta\left[1 - \mathrm{e}^{-\frac{1}{\theta}(t-\frac{R}{C_{w0}})}\right] \quad (9.81 \times 10^4\ \mathrm{Pa \cdot s})$$

此式适用于圆柱形装药。

$$i = l\sqrt[3]{W}\left(\frac{\sqrt[3]{W}}{R}\right)^{\beta} \quad (9.81 \times 10^4\ \mathrm{Pa \cdot s}) \tag{8-69}$$

此式适用于球形装药。

5. 水中冲击波正压作用时间 t_+

水中冲击波的超压持续时间远小于空气冲击波的持续时间。

对于球形装药

$$t_+ = 2 \times 10^{-4}\sqrt[4]{WR}\ (\mathrm{s}) \tag{8-70}$$

冲击波的波长

$$\lambda = 1\,460 t_+\ (\mathrm{m})$$

对于圆柱形装药

$$t_+ = 7\theta^*\ (\mathrm{s}) \tag{8-71}$$

冲击波的波长

$$\lambda = 7\theta^* C_{w0} = 1.02 \times 10^4 \theta^*\ (\mathrm{m})$$

$$\theta^* = 10^{-4}\sqrt{W_c}\bar{R}^{0.45}$$

6. 水流的能量密度

$$E = m\sqrt[3]{W}\left(\frac{\sqrt[3]{W}}{R}\right)^{\gamma} \tag{8-72}$$

四、水中冲击波的作用与防护

（一）水中冲击波的作用

炸药在水中爆炸时，对水中建筑物和舰船的破坏作用，主要是由爆炸后形成的冲击波、气泡脉动和二次压力波的作用造成的。各种猛炸药在水中爆炸时，大约有一半以上的能量转化为水中冲击波。

（1）接触爆炸。水中接触爆炸，直接受爆炸产物和水中冲击波作用，两者的联合使水下目标遭到严重的破坏。

（2）非接触爆炸。水中非接触爆炸，可以分为两种情况：近距离（即装药与目标物的距离小于气泡的最大半径）时；远距离爆炸目标物主要受到水中冲击波的破坏作用。

水中爆炸的破坏作用与装药质量及目标离爆炸中心的距离有关。各种爆破弹的冲击波压力与距离的关系如图 8-17 所示。

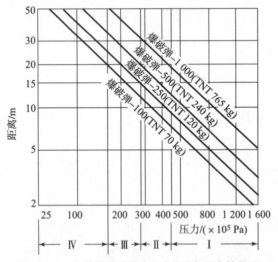

图 8-17　各种爆破弹的冲击波压力与距离的关系

水中爆炸时，不同药量和不同距离时，对人体的冲击伤列于表 8-6。经验表明，水中爆炸时，冲击波的杀伤极限距离比空气中大 4 倍左右。

表 8-6　水中爆炸不同药量和不同距离时对人体的损伤

装药质量/kg	1	3	5	50	250	500
对人体致死极限距离/m	8	10	25	75	100	250
引起轻度脑震荡，同时使胃、肠壁损伤的距离/m	8~20	10~25	25~100	75~150	100~200	250~350
引起微弱脑震荡，而脑腔、内脏不受损伤的距离/m	20~100	50~300	100~350	—	—	—

（二）水中冲击波的防护

水中爆炸对水中生物及周围构筑物具有极强的破坏作用，产生的爆破飞石、冲击波、地震波、浪涌都会对周围环境造成影响。

水中爆炸主要考虑水中冲击波和地震波。

控制地震波主要是考虑微差爆破技术。

控制水中冲击波效应，有效的方法是气泡帷幕技术。气泡帷幕技术就是在建筑物周围水底设置喷气管或产生大量气泡的化学药物。具体的实现方法如下：

在建筑物和爆破区的水底敷设 2~3 排横过建筑物长度，直径 25~50 mm 的软管和钢管作为喷气管。在管上钻孔径为 1.5~2.0 mm、间距 25~50 mm 的喷气孔。两排喷气孔有一定的夹角，喷出的气泡互相碰撞，既搅动水流，又增加帷幕厚度。

第九章
炸药爆炸的军事应用

由于具有反应迅速、反应过程可以控制、质量轻、体积小、生产简单等特点,炸药在军事上得到了广泛的应用。它是武器装备的主要能源,用来装填各种炮弹、火箭弹、导弹、航空炸弹、水雷、鱼雷、地雷等,以及用于传爆、扩爆装药、特种弹装填物的抛撒以及核武器的引爆、传爆装置等。炸药用于战斗部装药的作用方式大致可分为如下几类:

1. 杀爆效应

当战斗部爆炸时，在几微秒内产生的高压爆轰产物对战斗部金属外壳施加数十万大气压的压力，该压力远远超过战斗部壳体的材料强度，使壳体破裂，产生具有一定质量和速度的破片，对有生目标、技术装备、轻型装甲等进行杀伤破坏；炸药爆炸时，除了产生高温高压的爆轰产物外，还形成强大的冲击波向四周运动，以很高的压力作用在目标上，给目标很大的冲量和超压，使其遭受不同程度的破坏。炮兵使用的杀伤爆破弹、步兵使用的手榴弹、空军使用的航空炸弹等都属于采用该作用原理的弹药。

2. 聚能效应

炸药爆炸后，爆炸产物通常沿炸药表面法线方向向外飞散。带凹槽的炸药在引爆后，在凹槽轴线上会形成一股汇聚的、速度和压强都很高的爆炸产物流，在一定范围内使炸药爆炸释放的化学能集中起来，这种效应称为聚能效应。当凹槽内衬金属药型罩的装药爆炸时，汇聚的爆轰产物驱动金属药型罩，使药型罩在轴线上闭合并形成能量密度更高的金属流，使侵彻加深。破甲弹、EFP战斗部、单兵反坦克火箭弹等弹药都基于该作用原理产生毁伤效应。

3. 云雾爆轰

燃料空气炸药是一种新型爆炸能源，其爆炸作用过程与常规弹药不同，爆轰过程所需要的氧气取自爆炸现场的空气中，并以大体积的云雾爆轰为特征，具有比常规弹药更大的超压作用范围和比冲量，可适用于多种作战行动。云爆弹、温压弹等弹药都基于该毁伤作用机理。

下面主要就利用杀爆效应的杀伤爆破弹、利用聚能效应的聚能战斗部、利用云雾爆轰效应的燃料空气弹药的结构原理、作用特点进行分析，并对炸药的应用与发展进行展望。

第一节 杀伤爆破弹

杀伤爆破弹是指弹丸内装有猛炸药，主要利用爆炸时产生的破片和炸药爆炸的能量，以形成杀伤和爆破作用的弹药的总称，通常简称杀爆弹。

杀爆弹，属于战术进攻型压制武器。发射后，弹上引信适时控制弹丸爆炸，用以压制、毁伤敌方的集群有生力量、坦克装甲车辆、炮兵阵地、机场设施、指挥通信系统、雷达阵地、地下防御工事、水面舰艇群等目标。通过对这些面积较大的目标实施中、远程打击，使其永久或暂时丧失作战功能，达到消灭敌人或延缓敌方作战行动的目的。

一、杀爆弹的发展

杀爆弹经历了十几种口径系列的发展与演变，发射平台遍及地面火炮（榴弹炮、加农炮、加榴炮、迫击炮、高射炮、无后坐力炮、加农反坦克炮）、机载火炮、舰载火炮等。

杀爆弹的发展与火炮和能源的发展密切相关。早在 18 世纪初就出现了用滑膛炮发射的、装填黑火药的球形杀伤弹，爆炸威力小，飞行阻力大，射程近。1846 年线膛炮出现后，诞生了装有弹带的旋转稳定弹，使射击精度大大提高，成为炮弹发展的一个里程碑。19 世纪中叶以来，硝化棉、苦味酸、梯恩梯和黑索今等现代火炸药相继在炮弹中应用，使杀爆弹的射程与威力都有了大幅度提高。1945年，弹丸的长度由3倍口径增加到了4~5倍口径，弹尾部由圆柱形调整为船尾形，从而形成了现代杀爆弹的雏形。为追求"射程远、精度高、威力大"的弹药三大发展目标，杀爆弹经历了以下几个方面的发展与演变：

（一）弹形的演变

弹形的演变是以杀爆弹的射程提高为目标的。

早期的杀爆弹受到弹丸设计理论和火炮发射技术局限性的影响，其弹形设计为平底短粗型。全弹长多数不超过5倍弹径，头弧部长度远小于其圆柱部长度。短粗型弹形制约了射程的提高。

20世纪初，杀爆弹的弹形开始演变为平底远程型，其全弹长已超过5倍弹径，头弧部长度大于其圆柱部长度，射程有了一定程度的提高。这种弹形已成为中大口径杀爆弹的制式弹形。

20世纪60年代，杀爆弹出现了底凹远程型弹形，其外形与平底远程型相似。由于弹底部设有圆柱形底凹，较好地匹配了弹丸的阻心与质心位置，全弹长已超过5.5倍弹径，射程有了一定程度的提高。

20世纪70年代，杀爆弹出现了第二代底凹远程型弹形。在结构上除保留底凹结构外，其外形有几处较大变化：头弧部长度接近5倍弹径，圆弧母线半径大于30倍弹径，圆柱部长度不足1倍弹径，全弹长已超过6倍弹径。在尖锐的头弧部上通常固定安装有4片定心块，以解决枣核弹的膛内定心问题。该弹形通常与底排减阻增程技术或底排－火箭复合增程技术配合使用，可获得极佳的增程效果。

（二）增程方式的演变

增程方式的演变是以进一步提高杀爆弹的射程、扩大增程效果为目标的。

仅通过弹形的改变提高杀爆弹的射程，其增程效果是有限的。实际上弹形的演变是与相应的增程技术同步发展并成熟起来的。

20世纪70年代，底排减阻增程技术在杀爆弹的平底远程型弹形上获得成功应用，底排减阻增程效果达到30%以上。随后80年代底排减阻增程技术在杀爆弹的枣核弹形上获得成功应用。底排减阻增程技术使杀爆弹跻身于现代远程压制主用弹药之列。

20世纪90年代以来，将底排减阻增程技术和火箭助推增速增程技术集中应用在155 mm、130 mm口径杀爆弹的平底远程型弹形或枣核弹形上，充分利用底排增程技术和火箭增程技术的增程潜能，使155 mm底排－火箭复合增程弹的最大射程已突破 50 km，130 mm 底排 – 火箭复合增程弹的最大射程已突破 45 km。底排 – 火箭复合增程弹的研制成功将大幅度拓展炮兵作战的纵深，目前已成为大力发展的新型远程弹。

（三）破片形式的演变

破片形式的演变是以提高杀爆弹的杀伤威力为目标的。

早期的杀爆弹通过弹上引信适时控制弹丸爆炸产生自然破片，利用自然破片的动能（自然破片飞散速度可达到 900 ~ 1 200 m/s）实现侵彻性杀伤。由于自然破片形状与质量的无规律性，自然破片的速度衰减相当快，使杀爆弹的有效杀伤范围有限。

将形状与质量预先设计的钢珠、钢箭、钨球、钨柱等预制破片制作成预制破片套体，并安装在杀爆弹弹体的外表面或内表面，这些预制破片与杀爆弹弹体爆炸形成的自然破片共同构成破片杀伤场，由于预制破片飞行阻力特性的一致性，带预制破片的杀爆弹将在设定的范围内有较密集的杀伤效果，全弹的杀伤威力有较大程度的提高。

根据爆炸应力波的传播规律，在弹体的外表面或内表面上按照预先设计的参数进行机械加工刻槽，可以将弹体控制形成形状与质量一定的预控破片。采用激光束或等离子束等区域脆化法在弹体的适当部位形成区域脆化网络，也可以在爆炸载荷作用条件下，使弹体按照预定网络有规律的破碎，形成形状与质量一定的预控破片。

（四）炸药装药的演变

炸药装药的演变是以提高杀爆弹的杀伤威力和爆破威力为目标的。

炸药类型的改变直接影响着杀爆弹的威力和对目标的毁伤效果。对于同样的弹体，将 TNT 炸药改为 A – IX – II，则毁伤元素对目标的毁伤效能会有显著的提高。同样，B 炸药和改 B 炸药应用到杀爆弹中，杀爆弹杀伤威力和爆破威力均会有很大程度的提高。

（五）弹体材料的演变

弹体材料的演变是以提高杀爆弹的杀伤威力为目标的。

杀爆弹早期采用的 D50 或 D60 炮弹钢材料目前基本被 58SiMn、50SiMnVB 等高强度、高破片率钢所取代。这些新型炮弹钢与高能炸药匹配使用，使杀爆弹的综合威力得到显著提高。

二、杀爆弹的作用

杀爆弹对目标的毁伤是杀伤作用（利用破片的动能）、侵彻作用（利用弹丸的动能）、爆破作用（利用爆炸冲击波的能量）、燃烧作用（根据目标的易燃程度以及炸药的成分而定）等多种效应综合而致，其中以杀伤作用和爆破作用为主。下面主要介绍杀伤作用和爆破作用。

（一）杀伤作用

杀伤作用是利用弹丸爆炸后形成的具有一定动能的破片实现的，其杀伤效果由目标处破片的动能、形状、姿态和密度来决定，而这些又与弹体的结构与材料、炸药装药类型与药量、弹丸爆炸时的姿态与存速等密切相关。

1. 静爆的破片分布

由于弹丸是轴对称体，杀爆弹在静止爆炸后其破片在圆周上的分布基本上是均匀的，但从弹头到弹尾的破片纵向分布是不均匀的，70%~80%的破片由圆柱部贡献。在轴向上破片呈正态分布，弹丸中部破片较密，头部和尾部破片较少且以大质量破片为主，破片沿轴向分布如图9-1所示。

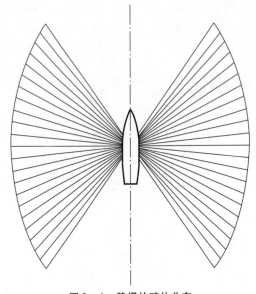

图9-1 静爆的破片分布

2. 空爆的破片分布

弹丸落速越大,杀爆弹在空中爆炸后的破片就越向弹头方向倾斜飞散。弹丸的落角不同,破片在空中的分布也不同。当弹丸以垂直地面姿态爆炸时,破片分布近似为一个圆形,具有较大的杀伤面积,如图 9-2 (a) 所示;而弹丸以倾斜地面姿态爆炸时,只有两侧的破片起杀伤作用,其杀伤区域大致是个矩形,如图 9-2 (b) 所示。

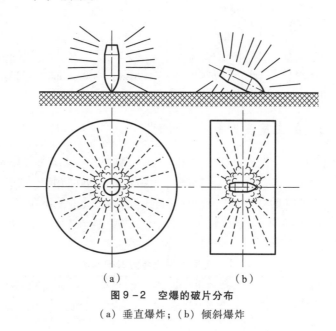

图 9-2 空爆的破片分布
(a) 垂直爆炸;(b) 倾斜爆炸

3. 杀伤破片及杀伤标准

为了判断破片的杀伤能力,进而评价弹丸的杀伤威力,须有一个定量的杀伤标准。目前世界各国普遍采用破片的动能作为衡量标准。美国规定动能大于 78 J 的破片为杀伤破片,低于 78 J 的破片则被认为不具备杀伤能力。哥耐曾提出以 $m_f v_f^3$ 作为破片的杀伤标准;麦克米伦和格雷提出以 75 m/s 的侵彻速度作为标准;除此之外,还有人提出穿过防护层后的破片应具有 2.5 J 的动能等。

国外杀伤破片的标准只考虑动能,未提出破片质量要求。我国杀伤破片除规定动能不小于 98 J 外,还提出破片质量 ≥1 g 的要求。提出质量要求,除了保证杀伤距离外,还考虑了杀伤效果,也就是致伤标准问题。各种杀伤弹药的战术技术指标中往往对弹丸质量、杀伤威力(杀伤面积、杀伤半径等)都有一定要求，这实际上将破片质量限定在一定范围之内。

目前国内外试验评定破片杀伤能力时，都采用 25 mm 松木板，也可采用 1.5 mm 低碳钢板或 4 mm 铝合金板。破片能击穿靶板，则认为具备杀伤能力，这样的破片能击穿动物的胸、腹腔。

评定杀爆弹对地面有生目标的杀伤威力，以及对已知目标射击预估弹药消耗量，都需要一个能符合实战条件的、能评定弹药杀伤效果的标准。目前国内外都采用杀伤面积或杀伤半径做评定标准。

4. 密集杀伤半径

密集杀伤半径是由扇形靶试验测得的，其定义是：在该半径的周界上密集排列着（暴露地面上）由松木板制成的高 1.5 m、宽 0.5 m、厚 25 mm 的人像靶，弹丸爆炸后，平均每个靶上有一个破片穿透。

5. 破片致伤的人员丧失战斗力时间

破片致伤的人员丧失战斗力时间是评定杀爆弹对地面有生目标杀伤威力的重要依据。这里的"人员"，主要指现代战场上，敌军使用步兵武器执行地面进攻或防御任务的单兵，且致伤后未进行任何救治处理。GJB 3642—1999《破片致伤的人员丧失战斗力时间》规定的人员丧失战斗力时间标准如表 9 – 1 所示。

表 9 – 1　人员丧失战斗力时间标准

序号	战术任务	丧失战斗力时间 s	丧失战斗力时间标准的语言描述	丧失战斗力时间标准的适用范围
1	防御	30	我军进攻，敌军防御时，敌军人员的丧失战斗力时间为 30 s	现代战争中，在任何条件下使用
2	进攻	30	我军防御，敌军进攻时，敌军人员的丧失战斗力时间为 30 s	现代战争中，在敌军占有较大火力优势的条件下使用
3	进攻	120	我军防御，敌军进攻时，敌军人员的丧失战斗力时间为 120 s	现代战争中，以我军伤亡率的百分比为胜负准则时使用
4	进攻	300	我军防御，敌军进攻时，敌军人员的丧失战斗力时间为 300 s	现代战争中，以我军防御前沿是否被突破为胜负准则时使用

国外规定了三种丧失战斗力的类型：K 型—5 s 内失去战斗力；A 型—5 min 内失去战斗力；B 型—在一个不限定的时间内致死或严重致伤。而失去战斗力的标准是：可以阻止对方射击或者足以阻止对方做任何抵抗。

6. 杀伤面积

杀伤面积可用数学方法表示。假设地面上围绕 (x, y) 点的某一微元面积

$\mathrm{d}x$、$\mathrm{d}y$ 内目标密度为 $\sigma(x,y)$，则该面积内的目标数为 $\sigma(x,y)\mathrm{d}x\mathrm{d}y$。设该微元面积内目标的杀伤概率为 $P_k(x,y)$，则预期杀伤数 E_c 可表示为

$$E_c = \int_{-\infty}^{+\infty}\int_{-\infty}^{+\infty}\sigma(x,y) \cdot P_k(x,y)\mathrm{d}x\mathrm{d}y \tag{9-1}$$

进一步假定目标在地面均匀分布，$\sigma(x,y)$ 可简单地表示为一个常数 σ，则上式可写成

$$A_L = \frac{E_c}{\sigma} = \int_{-\infty}^{+\infty}\int_{-\infty}^{+\infty}P_k(x,y)\mathrm{d}x\mathrm{d}y \tag{9-2}$$

式中，E_c/σ 具有面积量纲，因而被称为杀伤面积，在国外也称为平均效率面积。

由此可见，杀伤面积 A_L 与目标密度 σ 相乘可以得到预期的人员杀伤数。必须指出的是，杀伤面积不是炸点附近地面上一块真实的面积，它是一个加权面积，杀伤概率是它的权系数。

（二）爆破作用

杀爆弹的爆破作用是指弹丸利用炸药爆炸时产生的爆轰产物和冲击波对目标的摧毁作用。弹丸壳体内炸药引爆后，产生的高温、高压爆轰产物迅速向四周膨胀，一方面使弹丸壳体变形、破裂，形成破片，并赋予破片以一定的速度向外飞散；另一方面，高温、高压的爆轰产物作用于周围介质或目标本身，使目标遭受破坏。

对土木工事等目标攻击时，先将引信装定为"延期"，杀爆弹击中土木工事后不会立即爆炸，而是凭借其动能迅速侵入土石介质中，在弹丸侵彻至适当深度时爆炸，从而获得最有利的爆破和杀伤效果。炸药爆炸时形成的高温、高压气体猛烈压缩并冲击周围的土石介质，将部分土石介质和工事抛出，会形成漏斗状的弹坑，称为"漏斗坑"。

若引信装定为"瞬发"，弹丸将在地面爆炸，大部分炸药能量消耗在空中，炸出的弹坑很浅。相反，如果弹丸侵彻过深，不足以将上面的土石介质抛出地面，而造成地下坑，也不能有效的摧毁目标。

弹丸在空气中爆炸时，爆轰产物猛烈膨胀，压缩周围的空气，产生空气冲击波。空气冲击波在传播过程中将逐渐衰减，最后变为声波。

空气冲击波的强度，通常用空气冲击波峰值超压（即空气冲击波峰值压强与大气压强之差）Δp_m 来表征。空气冲击波峰值超压愈大，其破坏作用也愈大。

当冲击波超压 Δp_m 在 0.02~0.05 MPa 范围内时可伤及人员；在 0.05~0.1 MPa 范围内时可致人重伤或死亡；当冲击波超压 Δp_m 在 0.02~0.05 MPa

范围内时可使各种飞机轻微损伤；在 0.05～0.1 MPa 范围内可使活塞式飞机完全破坏，可使喷气式飞机严重破坏，大于 0.1 MPa 时可使各种飞机完全破坏。

三、杀爆弹的发展趋势

对于杀爆弹的发展趋势，以杀爆弹为例来分析。高新技术下的现代杀爆弹，已脱离了"钢铁＋炸药"的简单配置，正沿着现代弹药"远、准、狠"的方向发展。根据弹药的发展趋势和未来战争的需要，远程压制杀爆弹的发展趋势是口径射程系列化、弹药品种多样化、无控弹药与精确弹药并存。

在提高射程方面，从中、近程（20 km 左右）发展到超远程（大于 200 km）。中、近程弹药采用减阻及装药改进技术，远程弹药采用火箭、底排－火箭、冲压发动机增程技术，超远程弹药采用火箭－滑翔、冲压发动机－滑翔、涡喷发动机－滑翔等复合增程技术。

在提高精度方面，中、近程弹药采用常规技术，远程弹药采用弹道修正、简易控制、末段制导等单项技术，超远程弹药采用简易控制、卫星定位＋惯导、末段制导等多项复合技术。

在提高战斗部威力方面，针对不同的目标采用高效毁伤破片技术。

1. 先进增程技术

从发展现状、今后需求以及技术走向来分析，冲压发动机增程、滑翔增程、复合增程是远程压制杀爆弹药的主要增程技术。

采用冲压发动机增程技术后，中、大口径弹药的射程可以达到 70 km 以上，增程率达到 100%。可以说，冲压发动机增程炮弹是未来陆军低成本、远程压制杀爆弹药的主要弹种。

滑翔增程是受滑翔飞机及飞航式导弹飞行原理的启发而提出的一种弹药增程技术。目前正在研究火箭推动与滑翔飞行相结合、射程大于 100 km 的火箭－滑翔复合增程杀爆弹药。其飞行阶段为弹道式飞行＋无动力滑翔飞行：首先利用固体火箭发动机将弹丸送入顶点高度 20 km 以上的飞行弹道，弹丸到达弹道顶点后启动滑翔飞行控制系统，使弹丸进入无动力滑翔飞行。弹丸射程一般可达到 150 km 左右。

炮射巡航飞行式先进超远程弹药，与上面提及的火箭－滑翔复合增程弹药在工作原理上截然不同。其飞行阶段为弹道式飞行＋高空巡航飞行＋无动力滑翔飞行：首先用火炮将弹丸发射到 10 km 高空，然后启动动力装置，使弹丸进入高空巡航飞行阶段。该阶段的飞行距离将在 200 km 以上。动力装置工作结束后，弹丸进入无动力滑翔飞行阶段。该技术可使弹丸射程大于 300 km。

根据动力装置的不同，上述先进超远程弹药又分为采用小型涡喷发动机的亚音速巡航飞行，以及采用冲压发动机的超音速巡航飞行两种巡航飞行模式。前者动力系统复杂，控制系统相对简单，可以采用火箭-滑翔复合增程弹的一些成熟技术，但是弹丸的突防能力低于后者；后者动力系统简单，控制系统相对复杂，突防能力强，是未来技术发展的主要方向。

2. 精确打击技术

随着杀爆弹射程的增大，弹丸落点散布随之增大，从而使得毁伤效率下降。为了提高远程压制杀爆弹的射击精度，各国借助电子、信息、探测及控制技术，大力开展卫星定位、捷联惯导、末制导、微机电等技术的应用研究，以提高远程压制杀爆弹药的精确打击能力。

与导弹相比，炮射压制弹药的特点是体积小、过载大，而且要求生产成本低，因此炮射压制弹药的研制必须突破探测、制导及控制等元器件的小型化、低成本、抗高过载等关键技术。微机电系统具有低成本、抗高过载、高可靠、通用化和微型化的优势，是弹药逐步向制导化、灵巧化发展迫切需要的。正是它的出现使得常规弹药与导弹的界线越来越模糊。

比如，微惯性器件和微惯性测量组合技术的发展，催生了新一代陀螺仪和加速度计，包括硅微机械加速度计、硅微机械陀螺、石英晶体微惯性仪表、微型光纤陀螺等。与传统的惯性仪表相比，微机械惯性仪表具有体积小、重量轻、成本低、能耗少、可靠性好、测量范围大、易于数字化和智能化等优点。

随着弹药射程的提高，对弹药命中精度的要求愈来愈高，单靠一种技术措施已不能满足要求，需要开展多模式复合制导和修正技术的研究，并不断探索提高射击精度的新原理、新技术。

3. 高效毁伤技术

远射程、高精度的作战要求，必然导致战斗部有效载荷降低。为提高远程杀爆弹药的威力，必须加强战斗部总体技术和破片控制技术的研究，采用各种技术措施提高对目标的毁伤能力。归纳起来，有提高破片侵彻能力，采用定向技术提高破片密度，以及采用含能新型破片等方法。

含能破片是一种新型破片，具有很强的引燃、引爆战斗部的能力，能够高效毁伤导弹目标，因此受到高度重视。目前主要有三种类型的含能破片：本身采用活性材料，当战斗部爆炸或撞击目标时，材料被激活并释放内能，引燃、引爆战斗部；在破片内装填金属氧化物，战斗部爆炸时引燃金属氧化物，通过延时控制技术使其侵入战斗部内部并引爆炸药；在破片内装填炸药，并放置延时控制装置，破片在侵入目标战斗部后爆炸，并引爆目标战斗部。

第二节　聚能战斗部

一、聚能效应

炸药爆炸后，爆炸产物通常沿炸药表面法线方向向外飞散。带凹槽炸药在引爆后，在凹槽轴线上会形成一股汇聚的、速度和压强都很高的爆炸产物流，在一定范围内使炸药爆炸释放的化学能集中起来，这种效应称为聚能效应。

下面通过比较几种装药结构爆炸后对钢甲的作用，说明聚能效应，如图9-3所示。

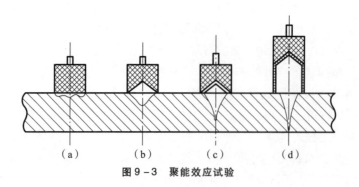

图9-3　聚能效应试验

（一）圆柱形装药

图9-3（a）为圆柱状炸药直接在靶板表面爆炸。由于柱状炸药爆炸时，高温、高压的爆轰产物近似沿装药表面法线方向飞散，不同方向飞散的爆轰产物的质量可在装药上按照爆炸后各方向稀疏波传播的交界（即角平分线）来划分，如图9-4所示，因此，柱状炸药向靶板方向飞散的药量（常称为有效装药量）不多，能量密

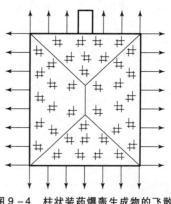

图9-4　柱状装药爆轰生成物的飞散

度小，在靶板上只能炸出很浅的凹坑。

（二）装药带有锥形凹槽

图 9-3（b）为带有锥形凹槽装药在靶板表面爆炸。由于凹槽附近的爆轰产物向外飞散时在装药轴线处汇聚，形成一股高速、高温、高密度的气流（图 9-5），该气流作用在靶板较小的区域内，形成较高的能量密度，致使炸坑较深。这种利用装药一端的空穴来提高爆炸后的局部破坏作用的效应，即为聚能效应。

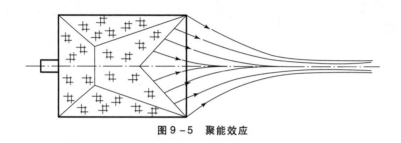

图 9-5 聚能效应

（三）装药凹槽内衬金属药型罩

凹槽内衬金属药型罩的装药爆炸时，汇聚的爆轰产物驱动金属药型罩，使药型罩在轴线上闭合并形成能量密度更高的金属流，使侵彻加深，如图 9-3（c）所示。如果使此装药离靶板一定距离爆炸，金属流在冲击靶板前将进一步拉长，靶板上形成的穿孔更深，如图 9-3（d）所示。破甲弹即利用内衬金属药型罩的聚能装药在一定炸高处起爆，形成金属射流侵彻装甲目标。

二、破甲弹

破甲弹是指利用弹丸内成型装药的聚能效应击穿装甲的弹药，主要用于毁伤装甲目标，也可用于破坏坚固工事。与穿甲弹依靠弹丸的高动能来击穿装甲不同，破甲弹是靠成型装药的聚能效应压垮药型罩，形成高速金属射流来击穿装甲的，因而不要求弹丸具有很高的着速。这为破甲弹的广泛应用创造了条件。

（一）破甲弹作用原理

装药从底部引爆后，爆轰波不断向前传播，爆轰的压力冲量使药型罩近似地沿其法线方向依次向轴线塑性流动，其速度可达 1 000～3 000 m/s，称为压垮速度。药型罩随之依次在轴线上闭合。从 X 光照片可以看到，闭合后前面一部分金属具有很高的轴向速度（高达 8 000 ~ 10 000 m/s），成细长杆状，称为金属流或射流；在其后边的另一部分金属，直径较粗，速度较低，一般不到 1 000 m/s，称为杵体，如图 9 - 6 所示。射流直径一般只有几毫米，其温度在 900 ~ 1 000 ℃，但尚未达到药型罩材料的熔点（如铜的熔点为 1 083 ℃）。因此，射流并不是熔化状态的流体。

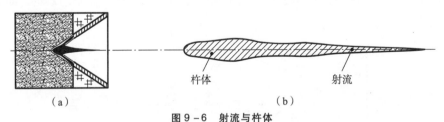

图 9 - 6 射流与杵体
(a) 装药爆轰后某一瞬间；(b) 射流形成

锥形药型罩，由顶部到口部金属质量是逐渐增大的，而与其对应的有效药量则是逐渐减少的。因此，药型罩在闭合过程中，其压垮速度是顶部大、口部小，形成的金属射流也是头部速度高，尾部速度低。所以，当装药距离靶板一定距离时，射流在向前运动的过程中，不断被拉长，致使侵彻深度加大。但当药型罩口部与靶板的距离（简称炸高）过远时，射流冲击靶板前因不断拉伸，会断裂成颗粒而离散，影响穿孔的深度。所以，装药有一个最佳炸高（或称有利炸高）。

（二）影响破甲作用的因素

为了有效地摧毁敌方的坦克，要求破甲弹具有良好的破甲作用，其中包括破甲深度、后效作用及破甲的稳定性等。后效作用是指金属射流穿透坦克装甲后，杀伤坦克内部人员及破坏器材装置的能力；稳定性主要指穿深的跳动范围，通常穿深的跳动量（即最大侵彻深度与最小侵彻深度之差）越小越好。

影响破甲作用的因素很多，如药型罩、装药、弹丸或战斗部的结构以及靶板等，而且这些因素又能相互影响，因而，这是一个比较复杂的问题。为了对影响破甲作用的因素有一初步了解，下面介绍一些主要的影响因素：

1. 药型罩

药型罩是形成射流的主要零件，罩的结构及质量好坏直接影响射流的质量优劣，从而影响破甲威力。

目前常用的药型罩有锥形、喇叭形、半球形三种，如图9－7所示。喇叭形药型罩形成射流的头部速度最高，破甲深度最大；锥形罩次之；半球形罩最小。此外，根据性能需要，可由这三种形状任意组合而成，如双锥罩、曲线组合罩等。目前装备的成型装药弹药中，大多采用锥形罩，因为它的威力和破甲稳定性都较好，生产工艺也比较简单。

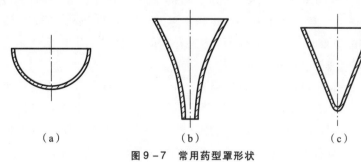

图9－7 常用药型罩形状
(a) 半球形罩；(b) 喇叭形罩；(c) 锥形罩

锥形药型罩常用锥角 $2\alpha = 30° \sim 70°$，一般采用 $40° \sim 60°$，锥角过小时虽然射流速度可提高，破甲深度增加，但是破甲稳定性较差；锥角过大则破甲深度下降。目前常用的药型罩材料是紫铜，这是因为铜的密度较大，并具有一定的强度，超动载下塑性较好。但紫铜价格昂贵，从经济性方面考虑，应寻求其他代用材料。

当爆轰产生的压力冲量足够大时，药型罩的壁厚增加对提高破甲威力有利，但壁厚过厚会使压垮速度减小，甚至药型罩被炸成碎块而不能形成正常射流，从而影响破甲效果。

目前破甲弹药中常用的药型罩壁厚 $\delta = (2\% \sim 3\%)$ 药型罩口部直径。中口径破甲弹铜质药型罩壁厚一般在 2 mm 左右。

为了提高射流的速度梯度，现在大多采用变壁厚药型罩，罩顶部壁厚小一些，罩口部壁厚大一些。这样对射流的拉长有利，可提高破甲深度。

壁厚差对破甲性能有影响，壁厚差太大时形成的射流容易发生弯曲，所以生产中要控制药型罩的壁厚差，一般应小于 0.05 mm。

2. 装药及结构

炸药装药是压缩药型罩使之闭合形成射流的能源，装药性质和结构对破甲弹的影响很大。

聚能效应属于炸药的直接接触爆炸作用范围，故其威力取决于炸药的猛度。在结构合理的条件下，炸药的猛度越高，破甲效应越好。炸药的猛度是由它的密度及爆速决定的。

为了提高破甲威力，希望装药的密度和爆速高，作用于药型罩上的压力冲量大一些，以提高压垮速度与射流速度。

目前在破甲弹中大量使用的是以黑索今为主体的混合炸药，如铸装梯黑50/50、黑梯60/40炸药，密度为 1.65 g/cm³ 左右，爆速为 7 600 m/s 左右；压装的钝化黑索今，密度为 1.65 g/cm³ 时，爆速可达 8 300 m/s；8321 及 8701 炸药，密度在 1.7 g/cm³ 左右，爆速可达 8 350 m/s；压装的奥克托今炸药，密度在 1.8 g/cm³，爆速达 9 000 m/s。

在装药中加入隔板，可以改变爆轰波形，从而改变药型罩的受载情况，提高破甲威力。如图 9-8 所示，下半部为无隔板情况，O 为起爆波源，爆轰波以球面波的形式传播，经过 Δt 时间到达药型罩上的 A 点，爆轰产物对罩 A 微元的压力冲量方向即为矢径 OA，与罩表面成 φ 角。根据研究，爆轰产物的压力与 φ 有关，φ 角越大（当 $\varphi \leq \pi/2$ 时）则爆轰产物对罩的压力越大。上半部为有隔板情况，经过 $\Delta t'$ 时间到达同一截面 B 处的爆轰波所经过的路径是 $ODCB$，而爆轰波通过隔板内部的速度大大减慢，所以爆轰产物对罩 B 微元的压力冲量方向为其矢径 CB，与罩表面成 φ' 角。显然 $\varphi < \varphi'$，故有隔板时爆轰产物对罩的压力大于无隔板时的情况，因而有利于提高射流速度与射流质量。

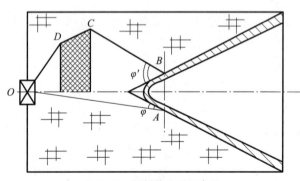

图 9-8 隔板的作用示意图

需要指出的是，当药型罩锥度较小时，采用隔板结构效果不明显，而且采用隔板也使装药结构复杂，破甲不稳定。所以某些口径较大的破甲弹，当威力能满足战术技术要求时，不一定再采用隔板结构。

对装药来说，装药结构形状、高度、罩顶药厚及起爆方式等都直接影响有效装药，故对破甲也有影响。另外，在弹丸口径确定后，装药口径尽可能大一些，对破甲威力有利。在生产过程中，药柱的质量，与罩的结合以及药柱的装配等都容易引起破甲深度的跳动。

3. 弹丸结构

弹丸结构中影响破甲作用的因素主要包括弹丸的旋转因素、弹头部结构及起爆条件等。

旋转对破甲的影响：旋转稳定式弹丸为了达到飞行稳定，在弹道上始终保持高速旋转；即使是尾翼稳定的破甲弹，为了减少气动力偏心和火箭推力偏心（火箭增程弹）的影响，以保证射击精度，飞行中一般也要求低速旋转。因此必须研究旋转对破甲的影响。

根据目前的理论与试验研究，有如下规律：
（1）弹丸的旋转对破甲有不利影响，转速越高破甲深度下降越大；
（2）弹丸的口径（或装药直径）越大，旋转对破甲的影响也越大；
（3）药型罩的锥角越小，旋转对破甲的影响越大；
（4）炸高越高，旋转的影响也越大。

对于中口径破甲弹，当弹丸转速较高时（如旋转稳定弹丸），小锥角（$2\alpha < 30°$）破甲深度下降 60%，大锥角（$2\alpha > 60°$）破甲深度下降 30% 左右；当弹丸低速旋转时（$n < 3\,000$ r/min），小锥角破甲深度下降约 20%，大锥角破甲深度下降 10% 左右；当弹丸转速小于 2 000 r/min 时，对中、大锥角的罩来说，破甲深度下降 5% 左右，一般可不考虑其影响。

由于弹丸的旋转，装药与药型罩也获得一定转速，当药型罩闭合时，射流将获得更高的转速。在运动过程中，射流不断被拉长变细，转速还将增大。在旋转离心力的作用下，射流可能发生径向离散，也可能使初始射流的扭曲现象变得更加严重，从而使射流分散、紊乱，造成破甲深度的下降。

弹头部风帽结构的影响：弹头部的形状、强度、刚度和高度以及是否采用防滑帽，都将影响到大着角情况下弹丸是否跳弹及作用是否可靠，从而影响破甲性能。

起爆系统的影响：对弹丸来说，起爆系统对破甲的影响即引信对破甲的影响。引信的作用时间对炸高有影响，引信雷管的起爆能量、导爆药、传爆药等也直接影响到破甲威力和破甲的稳定性。研制破甲弹时，应根据具体装药结构选择合适的引信，以保证破甲威力。

4. 炸高

炸高就是弹丸爆炸瞬间，药型罩口部到靶板表面的距离。对于一定结构的弹丸，有一最有利炸高，此时对应破甲深度最大。炸高过小，金属射流没有充分拉长，破甲性能不佳；炸高过大则引起射流离散，使破甲威力下降。

最有利炸高一般通过实验方法来确定，例如可用优选法确定。目前最有利炸高为药型罩口部直径的 6 倍左右，但在设计中实际所取的炸高为 1～3 倍药型罩口部直径，此时破甲深度为最佳炸高时的 80%～90%。应当注意，用静止试验确定的炸高一般称为静止炸高，而设计弹丸时还应考虑到弹丸着速和引信作用时间的影响，通常由于破甲弹风帽的强度较低，其变形对弹丸速度影响较小，故弹丸顶面至药型罩口部的距离 H 可由下式近似表示：

$$H = L + v_0 t$$

式中，L 为静炸高；v_0 为弹丸碰击目标时的速度；t 为引信起爆时间。

5. 靶板

靶板对破甲作用的影响主要是靶板材料性能和靶板结构形式的影响。靶板材料性能方面的影响，包括材料的强度和密度。侵彻强度高、密度大的靶板时，射流的破甲深度较浅。靶板的结构形式，如靶板倾斜角的大小、多层间隔靶板、钢与非金属材料的复合靶板等，对破甲作用的影响目前还在研究。总的来说，倾斜角大，易产生跳弹；多层间隔靶板、钢与非金属材料组合而成的复合靶板的抗射流侵彻能力高于单层钢质靶板。

总之，破甲过程是一个比较复杂的过程，除了上面介绍的这些因素对破甲有影响外，其他诸如弹丸碰击目标时的状态（着角、着速、着靶姿态）等，也对破甲有影响。对于破甲机理的研究，至今仍不很完善，有待今后进一步研究。

还应指出，上面这些影响因素是分别介绍的，而实际上它们是相互联系的。从本质上讲，这些因素影响了射流速度、质量、密度、有效长度和稳定性，从而造成破甲深度的变化。

三、爆炸成型弹丸

末敏弹采用子母弹结构，敏感子弹采用 EFP 战斗部。EFP（Explosively Formed Penetrator），即爆炸成型弹丸，又称自锻破片，是聚能装药技术的一个新分支。采用大锥角罩（120°～160°）、球缺罩及双曲形药型罩等的聚能装药爆炸后，药型罩被爆炸载荷压垮、翻转和闭合所形成的高速弹丸被称为爆炸成型弹丸。EFP 战斗部主要由药型罩、壳体、炸药、起爆装置等组成。典型 EFP 战斗部结构、数值模拟和试验结果如图 9-9 所示。

图 9-9 典型 EFP 战斗部结构、数值模拟和试验结果

一般的成型装药破甲弹在炸药爆炸后将形成高速射流和杵体。由于射流速度梯度很大，从而容易被拉长甚至断裂，存在有利炸高问题，炸高大小直接影响了射流的侵彻性能。由大锥角、球缺形等药型罩在爆轰波作用下形成的爆炸成型弹丸，无射流与杵体的区别，整个质量全部用于侵彻目标，后效大；对炸高不敏感，从而大大提高了弹药的毁伤效能。

（一）EFP 战斗部的特点

EFP 战斗部的基本原理是利用聚能效应，通过高温高压作用，将高能炸药在爆轰时释放出来的化学能转化为药型罩的动能和塑性变形能，将金属药型罩锻造成所需形状的高速 EFP，利用其动能侵彻装甲目标。其速度通常在 1 500 ~ 3 000 m/s。与普通破甲弹相比，EFP 战斗部具有以下特点：

1. 对炸高不敏感

普通破甲弹对炸高敏感，在 2 ~ 5 倍弹径炸高时破甲效果较好；而在大于 10 倍弹径的大炸高条件下，由于射流拉长断裂，破甲效果明显降低。EFP 战斗部可以在 800 ~ 1 000 倍弹径的炸高范围内有效侵彻装甲目标，击穿装甲目标的最大厚度可达 1 倍装药直径，为远距离攻击装甲车辆的顶装甲提供了技术途径。

2. 受反应装甲干扰小

反应装甲对普通破甲弹有致命威胁，反应盒爆炸后能切割掉大部分射流或使射流变向，从而使破甲效果大大降低。由于 EFP 长度较短，弹径较粗，长径比一般在 3~5 范围内，在其撞击反应装甲时反应盒不易被引爆，即便被引爆，弹起的反应盒后板也不易撞到 EFP，因而对其侵彻效果干扰较小。

3. 侵彻后效作用大

破甲射流穿甲产生的侵彻孔径很小，只有少量金属射流进入装甲内部，因而毁伤后效作用有限；而 EFP 侵彻装甲时，70% 以上的弹丸进入装甲目标内部，而且在侵彻的同时还会引起装甲背面大面积崩落，产生大量具有杀伤破坏作用的二次破片，增大后效。

4. 受弹体转速影响小

旋转飞行的弹体会使聚能射流产生径向发散，从而影响其侵彻能力；而 EFP 近似于高强度的高速动能弹丸，其质量很大，约占药型罩质量的 90%，旋转运动会在一定程度上影响 EFP 成型，但会使其飞行更稳定，对其侵彻能力影响较小。

（二）EFP 成型模式

普通成型装药破甲弹的药型罩在爆炸载荷作用下，在形成高速运动并不断延伸的金属流的同时，还将形成低速运动的杵体；而爆炸成型弹丸的药型罩在爆炸载荷作用下，形成单一的特殊破片，即 EFP。

成型模式是影响 EFP 性能的最基本因素之一。设计不同的 EFP 装药结构，其药型罩将以不同的模式被锻造成爆炸成型弹丸。根据 EFP 形成过程的不同，EFP 成型模式可以分为 3 种类型：向后翻转型、向前压拢型和介于这两者之间的压垮型。在设计 EFP 战斗部时，要根据毁伤目标的特性和武器系统的主要任务选择适当的成型模式。

EFP 最终以何种模式成型，主要取决于药型罩微元与爆轰产物相互作用过程中获得的速度及其沿药型罩的分布特点。

1. 向后翻转型

当药型罩同爆轰产物的相互作用结束时，如果药型罩顶部微元的轴向速度明显大于底部微元的轴向速度，将出现向后翻转的成型模式。此时，罩壳中部超前，边部滞后，并向对称轴收拢，成为弹的尾部，最终形成带尾裙或带尾翼的弹丸。这种弹丸前部光滑，气动性能好，适合攻击远距离目标，如图 9-10 所示。

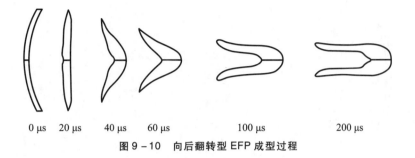

0 μs   20 μs   40 μs   60 μs   100 μs   200 μs

图 9-10　向后翻转型 EFP 成型过程

2. 向前压拢型

当药型罩同爆轰产物的相互作用结束时，如果药型罩顶部微元的轴向速度明显小于底部微元的轴向速度，将出现向前压拢的成型模式。此时，罩壳中部滞后，边部速度较高，并向对称轴收拢，成为射弹的头部，最终形成球形或杆形弹丸。这种弹丸比较密实，但飞行稳定性差，如图 9-11 所示。对于药型罩的设计，进一步减小药型罩底部厚度，从而继续增大底部微元的轴向速度，就会出现这种成型模式。

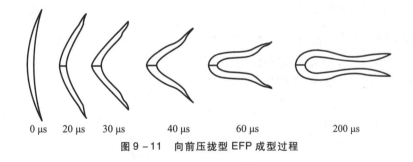

0 μs   20 μs   30 μs   40 μs   60 μs   200 μs

图 9-11　向前压拢型 EFP 成型过程

3. 压垮型

当药型罩同爆轰产物的相互作用结束时，如果药型罩微元的轴向速度相差不大，药型罩在成型过程中的主要运动形式不是拉伸，而是压垮，即微元向对称轴径向运动，如图 9-12 所示。

成型模式直接决定 EFP 的基本形状。EFP 有 3 种基本外形，即球形、一般杆状和带扩展尾部的杆状。早期设计的 EFP 大部分是球状的，以压垮的模式成型。球状 EFP 对付轻型装甲目标时是相当有效的。对付重型装甲时，此时球形 EFP 侵彻性能不佳，因为弹丸对目标的高速侵彻能力是弹丸长度和密度的函数，EFP 结构应当是长杆状的，并且具有良好的密实性。当需要攻击的目

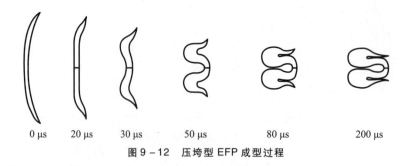

图 9-12 压垮型 EFP 成型过程

标距离较远时，则要求 EFP 的尾部扩展，以提供远距离飞行所需要的稳定性。向后翻转的模式可以形成一般杆状及带扩展尾部的杆状 EFP，以这种模式成型的尾部扩展的 EFP，头部一般具有良好的对称性，扩展的尾部使得这种 EFP 具有较好的飞行稳定性。由于药型罩在成型过程中的压垮速度相对较小，沿轴向的拉伸较弱，故容易保持 EFP 的完整性。

（三）EFP 成型影响因素

1. 药型罩形状

药型罩形状对 EFP 的成型类型和速度有着直接影响。图 9-13 所示为采用不同药型罩结构形成的不同类型 EFP。

通常，球缺形药型罩在爆炸载荷作用下形成翻转式 EFP，此时球缺罩的曲率半径和壁厚是影响其成型性能的重要因素。对于锥形药型罩来说，其形成 EFP 的类型随着锥角的变化而有所不同。试验表明，锥角为 150°的变壁厚双曲线型紫铜药型罩在爆轰压力作用下形成杵体式 EFP，而当锥角达到 160°时可以形成翻转式 EFP。此外，封顶药型罩形成的 EFP，径向收缩性好，但前端出现严重破碎，使空气阻力加大；变壁厚药型罩在翻转后径向收缩极差，形成的 EFP 如圆盘状，飞行时空气阻力大；中心带孔的等壁厚药型罩所形成的 EFP，不仅径向收缩性好，有良好的外形，

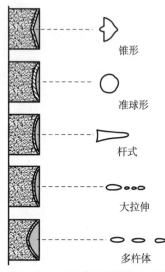

图 9-13 不同药型罩结构形成的不同类型 EFP

而且金属损失也少，是一种成型较好的结构形状。

2. 药型罩材料

EFP 的成型过程是在高温、高压、高应变率的条件下发生的，因此对药型罩材料的动态特性有较高的要求。理想的药型罩材料应具有较高的熔化温度、密度、延展性以及动态强度特性。其性能的好坏直接影响着 EFP 成型、飞行稳定性和侵彻威力。常用于制造 EFP 战斗部药型罩的材料有工业纯铁、紫铜、钽、银等单一金属材料和合金材料。表 9-2 列出了 4 种材料的主要性能参数和形成的 EFP 性能参数。

表 9-2　药型罩材料性能参数和形成的 EFP 性能参数

材料	密度 /(g·cm^{-3})	屈服强度 /MPa	延伸率 /%	形成的 EFP 长度（装药直径的倍数）	EFP 速度 /(m·s^{-1})
铜	8.96	152	30	0.9~1.3	2 600
铁	7.89	227.5	25	0.70~1.61	2 400
银	10.9	82.76	65	0.72~1.68	2 300
钽	16.65	137.8	45	1.5	1 900

对于采用相同药型罩结构、不同药型罩材质的爆炸成型装药，形成的钽 EFP 最长，铁 EFP 最短，铜 EFP 居中。这与 3 种材料的延展性相对应，说明延展性好，有利于 EFP 的拉伸，从而形成大长径比的 EFP，可以获得更高的穿甲威力。图 9-14 展示了 EFP 发展史上，采用不同药型罩材料所形成的 EFP 与长径比的关系。

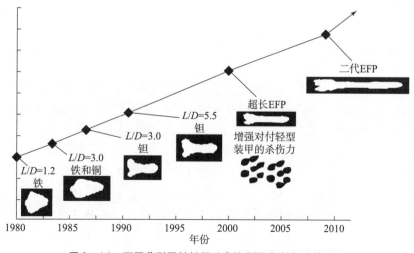

图 9-14　不同药型罩材料所形成的 EFP 与长径比的关系

由上图可以看出，铜和铁材料的药型罩只能使 EFP 的长径比达到 3，而钽可达到 5.5，甚至更大。因此，3 种材料对比，钽由于密度高、延展性好，形成的 EFP 侵彻性能比铁、铜罩高 30% 以上，是理想的药型罩材料。但由于钽材价格昂贵，目前主要用在末敏弹和导弹战斗部等高价值弹药上。紫铜的延展性比工业纯铁好，对于要求形成大炸高、大长径比的 EFP 战斗部，紫铜是最合适的经济型药型罩材料。铁和钢主要用在大型反舰战斗部上，或用于集束及多 P 型战斗部上，以增加杀伤威力。

对于合金材料药型罩，钽合金具有良好的延性、高密度和高声速。用钽合金制作的药型罩可使破甲深度有较大幅度提高。日本研制了 Ta – Cu 或 Re – Cu 合金药型罩，其破甲深度比常用的纯铜提高 36% ~ 54%。近几年，国外对 Ta – W 合金罩材也做了部分研究工作，主要集中于钨含量对 Ta – W 合金力学性能、晶粒结构及射流性能的影响等方面。

3. 药型罩厚度

对一定形状的药型罩，壁厚对 EFP 的形状和速度分布具有决定性的影响。由试验结果可知：翻转弹一般采用等壁厚；杵体弹一般采用变壁厚，但壁厚的变化规律与小锥角时不同，即从罩顶至底部厚度愈来愈薄。对杵体弹来说，罩底厚与顶部厚之比是一重要设计参数。

另外，可以通过改变药型罩的厚度来改变翻转弹的外形。药型罩各处的厚度将影响 EFP 的外形、尺寸和速度。当药型罩外边的厚度比中间的厚度大时，药型罩将向后翻转，形成翻转型 EFP；当药型罩外边的厚度比中间的厚度小时，药型罩将向前压合形成压拢型 EFP。图 9 – 15 所示为药型罩壁厚对 EFP 成型的影响。

4. 装药长径比

装药长径比对 EFP 的速度有较大的影响。试验表明，装药长径比增大时，EFP 长径比和速度亦相应增大，但其速度增大幅度随装药长径比的增加而逐渐减小。图 9 – 16 所示为随着装药长径比的增加，钢质大锥角药型罩形成 EFP 的外形变化情况。

事实上，装药长径比增大，装药长度增加，装药量增大，炸药的总能量变大，从而使 EFP 的速度增大，也使 EFP 拉伸的时间增长，拉伸的程度增大，从而形成了较大长径比的 EFP。计算和实验研究表明，当装药长径比超过 1.5 以后，随装药长度增加，EFP 的速度和长度增加不明显。实际上，对于 EFP 战斗部长径比的限制主要来自弹药总体对于长度、体积和质量的要求。因此，为

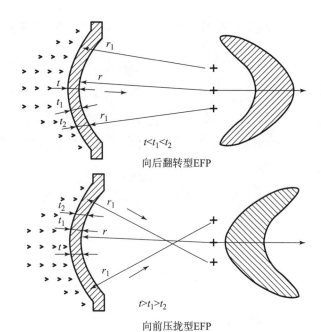

图 9-15 药型罩壁厚对 EFP 成型的影响

图 9-16 随着装药长径比的增加 EFP 长度的变化

保证 EFP 的性能，在可能的情况下，应尽可能选择大的 EFP 战斗部长径比。

5. 起爆方式

在影响 EFP 成型性能的诸多因素中，起爆方式是一个重要的因素。不同起爆方式下，装药的爆轰及药型罩压垮变形机理是不同的，而 EFP 是由药型罩在爆轰载荷作用下压垮变形形成的，所以起爆方式对 EFP 成型性能具有较大影响。即便在相同装药及药型罩结构下，不同起爆方式所得 EFP 也完全不同。

对于 EFP 战斗部，通过不同的起爆方式可以获得相应的起爆波形，与一定的药型罩结构相匹配，可以形成带有尾裙或尾翼的 EFP，使 EFP 飞行更稳定。目前，可选择的起爆方式主要有单点中心起爆、面起爆、环形起爆、多点起爆等方式，可以采用精密起爆耦合器、爆炸逻辑网络以及多个微秒级的飞片雷管等技术实现。图 9-17 所示为单点中心起爆与环形起爆结构。

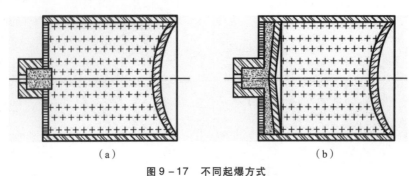

图9-17 不同起爆方式
(a) 单点中心起爆；(b) 环形起爆

采用单点中心起爆方式可以获得具有一定尾裙结构的 EFP，并具有足够的飞行稳定性，实现 EFP 大炸距下的毁伤作用。研究发现，采用面起爆和环形起爆比单点起爆更有利于激发炸药的潜能，有利于获得速度更高、长径比更大的 EFP。

实验研究表明：端面均布多点同时起爆可有效提高装药爆轰潜能，改善爆轰波结构及其载荷分布，对改善药型罩压垮变形机制和 EFP 成型结构有一定的积极作用。图9-18所示为分别采用3点、4点、6点起爆方式，相应形成的具有3片、4片、6片尾翼的 EFP。

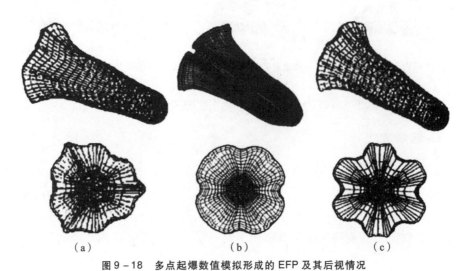

图9-18 多点起爆数值模拟形成的 EFP 及其后视情况
(a) 3点起爆；(b) 4点起爆；(c) 6点起爆

对称结构尾翼会大大改善 EFP 的气动力特性，但多点起爆出现不同步时，会导致尾翼的不对称。当尾翼的不对称达到一定程度时，就会影响 EFP 的飞行稳定,导致攻角增大或飞行方向偏斜,严重的会发生翻转,影响 EFP 的威力和命中精度。因此,采用多点起爆方式时,要求必须具有很高的起爆同步性,以确保作用于药型罩微元的爆轰冲量的对称,以形成尾翼对称的 EFP。另外,偏心起爆也可造成不对称波形和药型罩轴线偏斜,使得形成的 EFP 或多或少存在不对称性,而这些不对称性也将影响 EFP 的外弹道飞行稳定性、着靶精度和穿甲威力等。

(四) EFP 在末敏弹上的应用

基于上述优点,EFP 战斗部技术在近年得到了飞速发展并获得广泛应用。目前,EFP 战斗部在末敏弹上应用较多。为了远距离攻击集群装甲目标,常采用子母式战斗部。母弹内可装填若干枚末敏型子弹,子弹由 EFP 装药、目标敏感系统、引爆装置及降落伞等组成。炮弹、火箭弹或导弹飞至目标区域上空时,母弹引信作用,开舱抛撒子弹。当子弹敏感系统探测并识别目标后,立即引爆装药,形成高速 EFP,从顶部击穿坦克顶甲,实现对装甲目标毁伤,如图 9-19 所示。

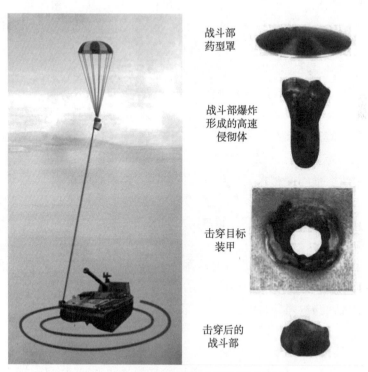

图 9-19　EFP 远距离攻击装甲目标顶装甲

第三节　燃料空气弹药

燃料空气弹药是指利用燃料空气炸药（Fuel Air Explosive，FAE）来毁伤目标的一种新型弹药。与常规弹药不同，燃料空气弹药的爆炸作用过程以大体积的云雾爆轰为特征，而其对目标的毁伤作用主要是通过云雾爆轰及由此引起的冲击波超压实现的。

燃料空气炸药是一种新型爆炸能源，其显著特征在于：爆轰过程所需的氧气来自爆炸现场的空气，因而可大大提高装药效率；实施分布爆炸，因而其云雾区爆轰压力较低，但超压作用范围和比冲量却较大。FAE 在弹药中的应用开创了常规武器提高威力的新途径。

燃料空气弹药独特的杀伤、爆破效能使它可适用于多种作战行动，如杀伤支撑点、炮兵阵地、集结地域等处的作战人员；摧毁坚固工事、指挥所；破坏机场、码头、车站、油库、弹药库等大型目标；攻击舰艇、雷达站、导弹发射系统等技术装备；在爆炸性障碍物中开辟通路（如排雷）等。它既可用歼击机、直升机、火箭炮、大口径火炮和近程导弹等投射，打击战役战术目标，又可以用中远程弹道导弹、巡航导弹和远程作战飞机投射，打击战略目标。

燃料空气弹药虽然有很强的杀伤作用，但存在如下不足：

（1）燃料空气弹药的使用对气象条件要求高，风、雨、雷、电等恶劣的气候条件都会使其作战效能大打折扣，在某些特定情况下，甚至不能使用。

（2）燃料空气弹药的使用对地形条件要求高，适于在大面积开阔地域使用，而在自然地形障碍和人工建筑密布的地区不适于使用。

（3）由于装药为易燃、易爆、易挥发的碳氢类化合物，所以燃料空气弹药对运输、储存都有较高要求，而在实战环境下使用则很难保证在各个环节上都万无一失。

（4）由于燃料空气弹药的杀伤范围大且准确性较差，所以它不适合在敌我双方短兵相接、犬牙交错的情况下使用，否则会伤及己方人员。

燃料空气弹药按照其装填物的不同而分为云爆弹和温压弹两类。

一、云爆弹

云爆弹是一种以汽化燃料在空气中爆炸产生的冲击波超压获得大面积杀伤和破坏效果的弹药。其战斗部由装填可燃物质的容器和定时起爆装置构成。通常云爆弹装填的可燃物质为环氧乙烷、环氧丙烷、甲基乙炔、丙二烯或其混合物、甲烷、丁烷、乙烯和乙炔、过氧化乙酸、二硼烷、硝基甲烷和硝酸丙酚等。由于这种弹药被投放到目标区后会先形成云雾，然后再次起爆，形成巨大气浪，爆炸过程中又会消耗大量氧气并造成局部空间缺氧而使人窒息。

（一）云爆弹的结构和作用

在 20 世纪 60 年代，美国和苏联就开始了云爆弹的研制工作。美军实际使用的 CBU 型云爆弹由 3 个子弹装在一起，组成所谓集束母弹，可用直升机在 1 000 m 高空准确投放。母弹外形如图 9-20 所示。

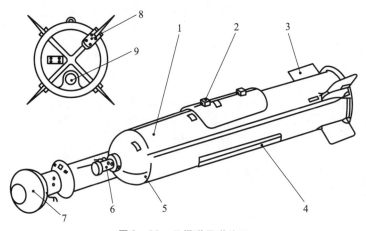

图 9-20　云爆弹母弹外形

1—母弹弹体；2—挂弹耳；3—稳定翼；4—加强防板；5—整流风帽；
6—机械定时引信；7—引信盖；8—压电晶体；9—观察窗

母弹的弹体用薄铝板制成圆筒形，且后端敞开，以便装入子弹。弹体中央焊有加强护板，其上有两个挂弹耳，用于飞机的吊装机载。弹体头部有两半合成的整流风帽，前端装有一个机械定时引信，亦称母弹引信。其作用是远距离解脱保险，控制子弹的抛出时间。弹尾有 1 个可折叠的稳定翼，在投弹时有稳定作用。弹体的后端盖用螺钉和弹体相连，其作用是配合母弹引信，投弹时后端盖中压电晶体起作用，通过导爆索与前端的母弹引信底火连接，根据母弹引信预先装定的时间弹出后端盖，解脱子弹的中间保险，抛出子弹。

云爆弹的致伤作用是通过云爆子弹实现的。它从母弹抛出后，由降落伞投放到空中，因其特殊的原理和结构，形成燃料空气云雾而爆炸。云爆弹子弹的结构如图 9-21 所示。

子弹的弹体为钢制薄壁圆筒，外表刻有几十条预制应力槽，以便在中心炸

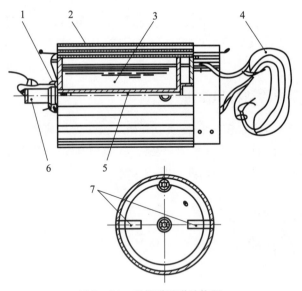

图 9-21 云爆弹子弹结构图
1—自毁装置；2—子弹弹体；3—燃料空气炸药；4—降落伞；
5—中心炸药；6—引信；7—云爆装置

药引爆后外壁均匀破碎，并将燃料径向外撒，形成基本上对称的燃料云雾。子弹引信被装在前端。它兼有触发、惯性和自毁作用或手动，或控制拉动引信盖拉绳，戳破引信盖，使引信自毁装置开始作用。当引信盖被戳破后引信内部自动弹出一根装有传感器的探杆，可触发引爆中心炸药。当中心炸药被引爆后，弹体破裂，燃料在大范围内被抛散成云雾状。这是第一次引爆。在第一次引爆的同时，将云爆装置的底端薄膜切碎，推动其中的击针使延期药发火。延时一定时间后引爆云爆装置中的药柱，使云雾爆炸。这是第二次引爆。

云爆弹中的燃料常采用液态的环氧乙烷。它的沸点很低（10.5 ℃），很容易挥发，为空气重量的 2.52 倍，抛散在空气中后能像水一样向低处流动，与空气混合后成为易燃易爆的混合物。空气混合物燃料要发生爆炸必须使较大的燃料液体碎裂成燃料云雾，而这一碎裂过程是图 9-19 所示中心炸药引爆后冲击波作用和燃料液滴的高速对流作用引发的。其持续时间几十毫秒。在有足够氧气的条件下，环氧乙烷和空气发生完全反应，释放大量热量，产生爆轰。此时爆速为 1 820 m/s，爆轰波阵面温度最高达 2 770 ℃，爆轰波阵面压力最大达 2 MPa 量级。除云爆炸弹以外，云爆弹也可以是火箭弹、导弹或单兵榴弹的形式，此时其结构特点与此类似。

（二）云爆弹的工作原理

云爆弹的爆炸与炸弹爆炸不同。炸弹在发生爆轰反应时靠自身来供氧，而云爆弹爆炸时则是充分利用爆炸区域内大气中的氧气。所以，等质量的云爆弹装药要比炸弹释放的能量高，而且由于吸取了爆炸区域内的氧气，还能形成一个大范围缺氧区域，起到使人窒息的作用。

云爆弹的作用原理实质上是将燃料气体与空气充分混合，然后被引爆而形成爆轰。当云爆弹被投放到目标上空一定高度，进行第一次起爆时，装有燃料和定时起爆装置的战斗部被抛撒开，进而将弹体内的化学燃料抛撒到空中。在抛撒过程中，燃料迅速弥散成雾状小液滴并与周围空气充分混合，形成由挥发性气体、液体或悬浮固体颗粒物组成的气溶胶状云团。当云团在距地面 1 m 高度时被引爆剂引爆激发爆轰。由于燃料散布到空中形成云雾状态，云雾爆轰后形成蘑菇状烟云，并产生高温、高压和大面积冲击波，形成大范围的强冲击波以及高温、缺氧，对目标造成毁伤、破坏，如图 9-22 所示。

图 9-22　云爆弹工作原理图

冲击波以 1 500~3 000 m/s 的速度传播，爆炸中心的压力可达 3 MPa，100 m 距离处的压力仍可达 100 kPa。生物实验结果表明，当冲击波超压值超过 0.5 MPa 时，对人员或有生力量可以造成严重的伤害，甚至死亡。由此可知，云爆弹对有生力量的杀伤威力是毁灭性的。

通过冲击波和超压的作用，云爆弹既能大面积杀伤有生力量，又能摧毁无防护或只有软防护的武器和电子设备。其威力相当于等量 TNT 爆炸威力的 5~10 倍。在杀伤有生力量时，云爆弹主要通过爆轰、燃烧和窒息效应毁伤目标，通过高压对人体肺部及软组织造成重大损伤来杀伤人员，头盔和保护服对这类毁伤几乎没有防护作用。

（三）典型云爆弹

1. 美国 BLU-73/B 云爆弹

图 9-23 所示为美国于 20 世纪 60 年代末开始试用并于 1971 年正式装备部队的 BLU-73/B 云爆弹的结构示意图。

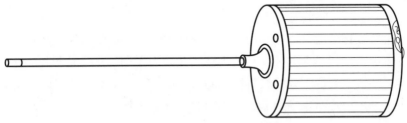

图 9-23　美国 BLU-73/B 云爆弹

将该弹（共 3 颗）装入 5UU-49/B 弹箱便构成 CBU-55/B 云爆弹。CBU-55/B 云爆弹是供直升机投弹使用的。投弹后，母弹在空中由引信炸开底盖，子弹脱离母弹下落，并借助阻力伞减速，至接近目标时触发爆炸，使液体燃料扩散在空气中形成汽化云雾。云雾借助子弹上的云爆管起爆，从而对地面形成超压，杀伤人员，清除雷区，破坏工事等。除此之外，这种炸弹具有夺氧的特点，能够使人因缺氧而窒息。

BLU-73/B 云爆弹的全弹质量为 59 kg，弹体直径为 350 mm，内装液体环氧乙烷 33 kg，该弹爆炸时燃料与空气混合形成直径为 15 m、高度为 2.4 m 的云雾，而云雾被引爆后可形成 20 MPa 的压力。

2. 美国 BLU-82 云爆弹

美国 BIU-82 云爆弹是美国空军研制并装备使用的重型航空炸弹，质量为 6.8 吨，主要用来在敌方大型布雷区域开辟一条安全通道，也用来杀伤敌方有生力量。该弹研制成功后，并没有机会在大型布雷区进行试验，直到 1991 年在海湾战争中才得以使用。

该弹被装在美国空军改装的 MC-130H 运输机的机舱货架上，从舱门投放，用来摧毁伊拉克的地雷区和高炮阵地，共投放 11 颗。另外，在阿富汗战争中也使用了这种炸弹。BIU-82 云爆弹的结构特点：全弹外形短粗。弹体像大铁桶，长为 5.37 m，直径为 1.56 m，弹头为圆锥形，前端装有一根长 1.24 m 的钢管，管头装有原用于 MK80 系列炸弹和 M717 炸弹的 M904 头部引信。该弹尾部没有尾翼装置，但装有降落伞，以保证其下落的稳定性。该弹通常成对投放，投弹高度为 5 200 m，圆概率误差为 32 m，但由于装药量巨大，可以认为直接命中目标。该弹在地雷区可开辟 4 228 m 长的通道。目前，该弹装备于美国空军改装的 MC – 130H 运输机上。

二、温压弹

温压弹是利用高温和高压造成杀伤效果的弹药，也被称为"热压"（Heat and Pressure）武器。它是在云爆弹的基础上研制出来的，因此温压弹与云爆弹具有一些相同点和不同点。

相同之处是，温压弹与云爆弹采用同样的燃料空气爆炸原理，都是通过药剂和空气混合生成能够爆炸的云雾；爆炸时都形成强冲击波，对人员、工事、装备可造成严重杀伤；都能消耗空气中的氧气，造成爆点区暂时缺氧。

不同之处是，温压弹采用固体炸药，而且爆炸物中含有氧化剂。当固体药剂呈颗粒状在空气中散开后，形成的爆炸杀伤力比云爆弹更强。在有限的空间里，温压弹可瞬间产生高温、高压和气流冲击波，对藏匿地下的设备和系统造成严重的损毁。另一个不同之处在于云爆弹多为二次起爆。第一次起爆把燃料抛撒成雾状，第二次起爆则把最佳状态的云雾团激励为爆轰反应。而温压弹一般采用一次起爆，实现了燃料抛撒、点燃、云雾爆轰一次完成。

（一）温压弹的结构与作用

1. 结构特点

与云爆弹相同，温压弹也有温压炸弹、单兵温压弹、温压火箭弹、温压导弹等多种类型。除此之外，由于温压弹独特的优越性，还有温压型硬目标侵彻弹，用于对深层坚固目标侵彻后毁伤内部空间的一切物体。

温压弹的结构随其种类不同而异，主要由弹体、装药、引信、稳定装置等组成。温压炸药是温压弹有效毁伤目标的重要组成部分，其中药剂的配方尤为重要，需要模拟与试验最终确定。引信是温压弹适时起爆和有效发挥作用的重要部件。当温压弹用于对付地下掩体目标时，要求引信在弹药贯穿混凝土之后引爆，才能发挥最佳效果。对主要用于侵彻掩体的温压弹来说，要求有较好的弹体外形结构，弹的长细比要大，阻力小，且弹体材料要保证在侵彻目标过程中不发生破坏。以最初出现的温压弹 BLU – 82/B 为例，其结构仍与云爆弹 BLU – 82 类似，由弹体、引信、稳定伞、含氧化剂的爆炸装药等部分组成，如图 9 – 24 所示。

■ 炸药爆炸理论及应用

图9-24　BLU-82/B温压弹

　　BLU-82/B是美国BLU-82云爆弹的改进型，质量为6 750 kg，全弹长5.37 m（含探杆长1.24 m），直径为1.56 m。该炸弹外形短粗，弹体像大铁桶，内装质量约5 715 kg的硝酸铵、铝粉和聚苯乙烯的稠状混合物。弹头为圆锥形，且前端装有一根探杆。探杆的前端装有M904引信，用于保证炸弹在距地面一定高度处起爆。炸弹没有尾翼装置，但装有降落伞系统，以保证炸弹下降时的飞行稳定性。由于主要用来对付地面目标，弹壳厚仅为6.35 mm。BLU-82/B既可用地面雷达制导，也可用飞行瞄准设备制导。炸弹由MC-130运输机投放，投掷前地面雷达控制员和空中领航员为最后的投掷引导目标。由于炸弹效果巨大，飞机必须在1 800 m以上高度投弹。在领航员做出弹道计算和风力修正结果后，MC-130打开舱门，炸弹依靠重力滑下，在飞行过程中靠稳定伞调整飞行姿态并起减速作用。

　　当飞机将BLU-82/B投放后，在距地面30 m处第一次爆炸，形成一片雾状云团落向地面；在靠近地表的几米处再次引爆，发生爆炸，所产生的峰值超压在距爆炸中心100 m处可达13.5 kg/cm^3（在核爆炸条件下，当超压为0.36 kg/cm^{3}时即可称之为"剧烈冲击波"），冲击波以每秒数km的速度传播，爆炸还能产生10 000～20 000 ℃的高温，持续时间要比常规炸药高5～8倍，可杀伤半径600 m内的人员；在半径100～270 m范围内，可大量摧毁敌方装备，同时还可形成直径为150～200 m的真空杀伤区。

　　在这一区域内，由于缺氧，即使潜伏在洞穴内的人也会窒息而死。该炸弹爆炸所产生的巨大回声和闪光还能极大地震撼敌军士气，因此其心理战效果也十分明显。

2. 作用原理

通常,温压弹的投放和爆炸方式有四种:
(1) 垂直投放,在洞穴或地下工事的入口处爆炸;
(2) 采用短延时引信跳弹爆炸,将其投放在目标附近,然后跳向目标爆炸;
(3) 采用长延时引信跳弹爆炸,将其投放在目标附近,然后穿透防护工事门在洞深处爆炸;
(4) 垂直投放,穿透防护工事表层,在洞穴内爆炸。

与云爆弹相比,温压弹使用的燃料空气炸药为固体燃料。它是一种呈颗粒状的温压炸药,属于含有氧化剂的"富燃料"合成物。战斗部炸开后温压药以粒子云形式扩散。这种微小的炸药颗粒充满空间,爆炸力极强。其爆炸效果比常规爆炸物和云爆弹更强,释放能量的时间更长,形成的压力波持续时间更长。温压弹爆炸后形成3个毁伤区:一区为中心区,区内人员和大部分设备会受爆炸超压和高热而毁伤;在中心区的外围一定范围内为二区,具有较强爆炸和燃烧效能,会造成人员烧伤和内脏损伤;在二区外面相当距离内为三区,仍有爆炸冲击效果,会造成人员某些部位的严重损伤和烧伤。图9-25所示为温压弹地面爆炸毁伤机理示意图。

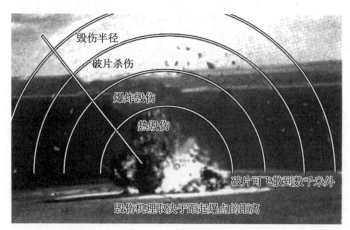

图9-25 温压弹地面爆炸毁伤机理示意图

温压弹爆炸后产生的高温、高压可以向四面八方扩散,通过目标上面尚未关好的各种通道,如射击孔、炮塔座圈缝隙、通气部位等进入目标结构内部。高温可使人员表皮烧伤,高压可造成人员内脏破裂。温压弹更多地被用来杀伤有限空间内的敌人，引爆后空间内氧气被迅速耗尽，爆炸带来的高压冲击波席卷洞穴，彻底杀伤洞内有生力量。

（二）典型温压弹

温压弹是美军在阿富汗战争中为打击阿富汗恐怖分子藏身洞穴和地道而专门研制的一种新型炸弹。BLU－118B 是美国于 2001 年 12 月研制的一种侵彻型温压炸弹，使用 BLU－109 钻地战斗部，在作战时用 F－15E 战斗机投放。BLU－118B 是一种装有先进温压炸药的战斗部（图 9－26），爆炸后能产生较高的持续爆炸压力，用于杀伤有限空间（如山洞）中的敌人。被引爆后洞内氧气被迅速耗尽，爆炸带来的高压冲击波席卷洞穴，彻底杀死洞内人员，同时却不毁坏洞穴和地道。BLU－118B 既可以垂直投放在洞穴和地道入口处而后引爆，也可以在垂直投放后穿透防护层在洞穴和地道内部爆炸。

图 9－26　BLU－118B 温压弹战斗部

第四节　炸药应用发展展望

炸药是各种火力系统毁伤目标的能源，直接影响并决定着武器装备的性能和军队战斗力的发挥。随着高新技术在军事领域的广泛应用,现代战争中侦察与反侦察,进攻与防御技术在矛盾对抗中迅速发展,威力大、机动性高、隐身性好是现代武器发展的趋势,对炸药及其应用技术提出了新的要求。武器装备的发展,促进了炸药的发展,而新型炸药及其应用技术的发展又促成了武器装备重大技术的突破和新武器装备的形成。

一、常规武器装备发展趋势

新中国成立以来,我国常规武器装备有了很大的发展,特别在改革开放以后,产品由仿制改变为自行设计研制,有计划、有针对性地开展了重点课题预研与型号研制工作,逐步形成了符合我国国情的装备系列。在现代化战争中,常规弹箭仍然是战场上的主要打击力量,发展新的武器装备适应高科技战争的需求,是一项长期任务。

(一) 改进和提高现有装备的综合性能

(1) 防空弹药:提高初速、射速和精度;大力发展对付低空、超低空飞机及武装直升机的弹药。

(2) 反装甲弹药:研究精密破甲战斗部技术(精密装药、精密药型罩、精密装配),提高破甲稳定性;研究串联装药技术,对付各类复合装甲。

(3) 压制兵器弹药:主攻方向是提高射程和射击精度;装填高能炸药,提高毁伤能力;研制多用途子母弹,增大杀伤面积和毁伤概率;装备标准化、系列化,实现一炮多弹,一弹多用。

(二) 发展趋势

21 世纪,在信息技术迅猛发展的推动下,军事高技术化呈现出加速发展的趋势,军事高技术将全面渗透及应用到武器装备的各个领域。高新技术向弹箭行业的渗透,必将在弹箭发展中产生新概念、新思维,加速其发展步伐。

1. 精确打击,高效毁伤

精确打击、高效毁伤,一直是设计、制造武器装备所追求的目标。

(1) 发展精确制导武器弹药、智能弹药,提高杀伤概率,减少弹药需求量;

(2) 应用高能量密度炸药,使毁伤高效化;

(3) 提高侵彻能力,研发能摧毁坚硬目标和地下目标的弹药;

(4) 改进破甲弹药结构,提高对复合装甲的毁伤效果。

2. 多维自我防护能力

（1）发射平台轻便、灵活机动：武器系统由重、厚、大、粗向轻、短、小、精方向发展，使战斗部队的快速部署能力、作战能力和防护能力显著提高；

（2）隐身化：加速新型含能材料的开发和应用，降低或消除发射特征信号，应用反红外探测、反光学探测等隐形技术；

（3）高能量化与高安全性的统一：高能量化与高安全性的统一，在很大程度上体现了武器装备的先进性，同时也体现了弹药从制造到使用全过程的先进性。武器装备的高能量化与高安全性的协调统一，是一个复杂的系统工程，已受到世界各国的高度重视。就武器战斗部而言，优化结构及装用性能良好的不敏感炸药、低易损性部件的弹药，将是今后装备部队的主弹药。

3. 身管武器、装药、火炮、电炮技术的发展

身管武器的随行装药技术，单元模块式装药以及液体发射药火炮、各种电炮（电磁、电热），也会有较快的发展。

二、炸药的发展趋势

（一）现状

目前世界各国，除某些弹种直接装填 TNT 炸药外，大部分是以 TNT、RDX、HMX、PETN 为主，加上少量的 TATB、HNS 等制成的混合炸药装填武器的战斗部。从 20 世纪 40 年代至今，作为混合炸药的主体炸药变化不大，但随着装药技术的不断发展，高能单体炸药在混合炸药中所占的比例不断增加，战斗部对目标的毁伤能力也不断提高。例如以 TNT 为载体的混合炸药中，其高能炸药的比例可达到 80%～85%，某些高聚物黏结炸药中更达到了 98%。

应用最多的是 TNT 与 RDX 混合炸药。世界各国采用这种炸药装填炮弹、航弹、火箭弹及导弹战斗部，只是所用配比略有差异。例如美国用 B 炸药装填杀爆弹、多用途破甲弹、反步兵地雷等，法国用以装填航弹、预制破片弹、导弹等。

随着对弹药高爆炸性能的要求，装 TNT 与 HMX 混合炸药的弹药越来越多，大部分国家用这种炸药装填对付活动目标的高精度、低过载的弹药，如反坦克火箭弹等。此外，PETN/TNT、CE/TNT、高聚物黏结炸药、蜡钝感炸药、含铝炸药等也广泛得到了应用。

(二) 发展趋势

随着科学技术的进步，弹药被直接击中的可能性越来越大，在战场上所处的环境越来越恶劣，提高武器装备的生存能力，已成为弹药发展的重点。因此炸药的发展，也由大幅度提高能量，向包括适当提高能量在内的改进综合性能为主的方向转变，全面满足使用性能、安全性能及经济性的要求。

1. 继续发展 RDX、HMX 为主体的高能混合炸药

鉴于高能量密度材料合成的复杂性，合成新型性能更优的化合物并达到市场化，近期内难以取得突破性进展，因此今后相当时期内，RDX、HMX 仍然是装备部队的能量最高的炸药。据统计，以 TNT、RDX、HMX 为基的炸药品种，占混合炸药品种的 90% 以上。

（1）研究新的合成技术，提高 HMX 的得率，降低成本，以扩大 HMX 的应用范围；

（2）改造 TNT/RDX 的混合炸药，降低机械感度，适应更多的装药方法和弹种；

（3）发展以 RDX、HMX 为主体炸药、含能黏结剂、增塑剂组合的挤注型高聚物黏结炸药。

2. 研制低易损性炸药

研制低易损性炸药，是炸药发展史上的一次重大改革。研究的重点是高能炸药与所添加惰性物的合适比例。目前在研的配方较多，如 HMX + TATB + 黏结剂等，有的配方已用于装填炮弹、航弹和导弹战斗部。

3. 发展新型燃料-空气炸药

由于燃料-空气炸药作用面积大，对目标的作用冲量大，对有生力量和软目标有很大的毁伤效应，引起了普遍重视，在航弹、各种导弹、水中兵器以及烟幕弹药上有广阔的应用前景。新型燃料-空气炸药主要从以下几个方面进行改进：

（1）高能化：用烃类燃料代替环氧乙烷，扩大冲击波作用范围。

（2）综合性能：改善低温条件下的可爆性，增强对恶劣环境的适应能力。

（3）开展起爆技术的研究。

4. 研制分子间炸药

氧化剂、可燃剂为单独的分子混合在一起后形成的炸药称分子间炸药，该炸药爆轰反应速度低，反应区宽度大、感度低，适用于爆破和水中作用时间长的弹药。当前研制较多的是以乙二胺二硝酸盐/硝酸铵/硝酸钾作为基本浇注材料，加入其他组分以达到所需的能量要求和安全性能，这类炸药对意外点火只燃烧，很难转变成爆轰，是现在和未来炸药中使能量－安全－成本获得最佳状态的复合炸药。

5. 发展高能量密度材料

高能量密度材料是指用作炸药、火药或装填于火工品的高能组合物，一般是由氧化剂、可燃剂、黏结剂及其他添加剂构成的复合系统，而不是某一种化合物。高能量密度材料的应用可显著提高炸药的能量指标，降低它们的使用危险性，增强使用可靠性。发展高能量密度材料的关键是它的主要组分即高能量密度化合物的研发。

三、装药技术发展趋势

（一）提高装药能量密度

高能量密度装药是高能量密度炸药与密实装药相结合，可以给武器系统提供额外的能量，提高武器的毁伤能力，在增大威力和精度方面起很重要的作用。

应用高能量密度炸药及提高装药密度能明显增加炸药的爆速和爆压。例如 TNT 炸药密度为 1.40 g/cm^3 时，爆速为 $6\,200 \text{ m/s}$；密度为 1.59 g/cm^3 时，爆速可达 $6\,700 \text{ m/s}$。

高能量密度炸药发展迅速，在武器装备中已得到应用，装药方法也在同步发展，分步装药法扩大了高能炸药在武器上的应用范围，新的先进的注装工艺使装药质量有了明显的改善。

（二）提高武器的生存能力

装药的高能量化，其敏感程度也随之增加，发生武器自伤、自毁的概率也在加大。

（1）研制应用低易损性火炸药（例如，用硝胺化合物代替易引起燃烧爆炸的硝酸酯化合物），使用惰性黏结剂，对装药部件进行钝感处理，提高武器自御能力。不敏感弹药是坦克、军舰，机载武器需求的重点弹药。

（2）双重炸药装药。战斗部采用一种炸药装填时，常常出现这样满足了爆炸冲击波对目标的作用，却又降低了对破片的加速能力，反之能获得高速破片，但爆炸冲击波的破坏效果却不好的情况。双重装药由同轴内外两层构成，内层装爆炸威力大的炸药（非理想炸药），外层采用对破片加速能力强的理想炸药，这样可使战斗部的破片加速能力和爆破作用同时加强。

（3）先进装药加工工艺。工艺落后会阻碍或延缓设计技术的进展。随着炸药应用技术的发展，炸药装药工艺的研究必将同步展开。现有的装药方法如何增加高能炸药的应用种类，研究和应用新的装药工艺是一项长期的工作任务。

参考文献

[1] 欧育湘. 炸药学 [M]. 北京：北京理工大学出版社，2014.

[2] 惠君明，陈天云. 炸药爆炸理论 [M]. 南京：江苏科学技术出版社，1995.

[3] 吴腾芳. 爆破材料与起爆技术 [M]. 北京：国防工业出版社，2008.

[4] 周听清. 爆炸动力学及其应用 [M]. 合肥：中国科技大学出版社，2001.

[5] 张国伟，韩勇，苟瑞君. 爆炸作用原理 [M]. 北京：国防工业出版社，2006.

[6] 金韶华. 炸药理论 [M]. 西安：西北工业大学出版社，2010.

[7] 郝志坚，王琪，杜世云. 炸药理论 [M]. 北京：北京理工大学出版社，2015.

[8] 宁建国. 爆炸与冲击动力学 [M]. 北京：国防工业出版社，2010.

[9] 奥尔连科. 爆炸物理学 [M]. 孙承纬，译. 北京：科学出版社，2011.

[10] 尹建平，王志军. 弹药学 [M]. 3 版. 北京：北京理工大学出版社，2020.

[11] 黄广炎，冯顺山，等. 爆炸技术及应用 [M]. 北京：北京理工大学出版社，2021.

[12] 朱建生，殷希梅，等. 弹药技术基础 [M]. 北京：军事科学出版社，2023.

索 引

0 ~ 9

1a、1b 区的参数分布 151
2 区的参数分布 153
3b、3a 区的参数分布 153
4b、4a 区的参数分布 155
5 区的参数分布 156

A ~ Z, φ

ARC 63、64
    测试过程 63
    加热—等待—搜索操作方式（图） 64
    结构示意图 63
BLU – 118B 温压弹战斗部（图） 296
BLU – 82/B 温压弹（图） 294
BTNENA 与某些高聚物混合物的在 160 ℃时的热分解半分解期（表） 69
B – K – W 状态方程 135
B – W 方法 25
ClO_3、ClO_4、NO_3 基团 8
C – J 123、129
    理论 123
    条件 129
C—NO_2、N—NO_2、O—NO_2 基团 8
C≡C 基团 7
D_2 的计算式 210
DSC 61、62
    和 TGA 对反应过程的判断（表） 62
    曲线 61
EFP 280、282、287
    成型模式 280
    成型影响因素 282
    远距离攻击装甲目标顶装甲（图） 287
    在末敏弹上的应用 287
EFP 战斗部 279
    特点 279
    结构、数值模拟和试验结果（图） 279
Hugoniot 曲线 127、128
    上各段的物理含义（图） 128
Jouguet 129
K – H – T 状态方程 136
$\lg K_p$ – T（表） 22
N=N、N≡N 基团 8
N≡C 基团 7

p_2 的计算式 208
p－V 平面的分区（图） 126
RDX 的爆炸反应方程式 24
Susan 试验 99
    用炮弹（图） 99
TATP 分子式（图） 9
TNT 24、195
    爆炸反应方程式 24
    球形装药在无限空气介质中爆炸 195
TNT 当量比较 206
TNT 当量系数 204、205
    基于冲击波效应的爆炸输出原理 205
    基于能量相似原理 204
TNT 装药 195
    在空气中爆炸的参量计算式 195
    在空气中爆炸时冲击波峰值超压的计算
        公式 195
VLW 状态方程 135
ZND 爆轰模型 129
ZND 模型 123、130
    基本假设 130
    物理构象（图） 130
ϕ_{0c} 与入射冲击波压力的关系（图） 218

A

阿贝尔余容状态方程 135
安全贮存期终点 67
按爆炸产物的内能值计算爆温 42
奥克托今四种晶型的性质（表） 111

B

靶板 278
摆式摩擦仪 100
    基本原理 100
    示意图 100
爆发点 80、94、95
    影响因素 80

试验测定装置（图） 95
爆轰 9
爆轰波 125～127、133、160、179
    波速线（图） 126
    传播和产物飞散的物理过程 179
    传播与产物飞散（图） 179
    等离子性 133
    基本关系式 125
    基本关系式的建立（图） 125
    绝热曲线 127
    在刚性壁面的反射 160
    在刚性壁面的正反射 160、160（图）
爆轰参数 137、139
    近似计算 139
    理论计算 137
爆轰产物 149～151、178、182
    飞散与抛射作用 149
    一维飞散（图） 151
    膨胀特点 178
    散射速度 182
    向真空的一维飞散 150
爆轰理论的形成与发展 123
爆轰热 26
爆轰与爆炸的区别（表） 10
爆破漏斗 237
    类型（图） 237
    及其构成要素（图） 237
爆破热 26
爆破作用指数及爆破作用分类 237
爆热 26、29、31
    计算 26
    经验计算 29
    理论计算 26
    试验测定 31
    一般概念 26
爆热弹装置（图） 32
爆生气体膨胀压力破坏理论 232

索引

爆速与装药直径的关系（图） 144
爆心周围产物压力随时间的变化（图） 190
爆炸产生的空气冲击波（图） 188
爆炸成型弹丸 278
爆炸冲击波 199、227
  破坏作用 227
  对人员的杀伤作用情况 227
  正压区作用时间 t_+ 的确定 199
爆炸 1、2、189、190
  定义 2
  基本概念 1
  空气冲击波对空气微元的作用 190
  空气冲击波及其传播 189
  空气冲击波及其对目标的破坏作用 189
  现象 2
爆炸空气冲击波 190、191、206
  破坏效应 190
  对空气微元的作用过程（图） 191
  在刚性壁面上的反射 206
爆炸能 73
爆炸现象的类型 2
爆炸相似律 192
贝尔特罗假设 81
标准抛掷爆破漏斗 238
表面反应机理 132
波后气流参数计算公式的数学推导 207
波头方程 152
波尾方程 152
不均温分布的定常热爆炸理论 78
不同 Q 值的爆轰波 Hugoniot 曲线（图） 127
不同起爆方式（图） 286
不同起爆位置下的 p-t 曲线（图） 166
不同温度时 3#露天硝铵炸药的撞击感度（表） 111
不同温度时梯恩梯的撞击感度（表） 110
不同药型罩材料所形成的 EFP 与长径比的关系（图） 283
不同药型罩结构形成的不同类型 EFP（图） 282
布登 75、86
布伦克里-威尔逊方法 24
布氏计试验 56
布氏压力计（图） 57
部分炸药和物质的氧平衡值（表） 18

C

参考文献 302
草酸盐的分解反应 3
测热法 59
差热分析法 60
差热分析仪 60
  原理图 60
差示扫描量热法 61
产物流场的一维等熵流动处理 162
产物散射图 182
产物状态参数分布的计算 151
常规武器装备发展趋势 297
常用公式 199
常用氧化物生成热比较（表） 36
常用药型罩形状（图） 275
常用炸药 46、96、99
  50%爆炸落高（表） 99
  爆发点（表） 96
  爆容实测值（表） 46
成组药包在介质中的爆破作用 238
冲击波 90、117~122、199、225、249
  参数的计算 121
  超压随时间的变化 199
  衰减 243
  形成 117
  形成过程（图） 118
  性质 122
  对目标的作用（图） 224
  关系式的能量方程 120

305

基础知识　117
起爆试验装置示意图　90
通过水和空气时 ΔS 与压力的关系
　　（表）　249
冲击波长度　201
冲击波作用下的起爆机理　90
冲击压缩后空气的温度　211
传热系数对爆发点的影响（图）　81

D

带孔穴的冲头（图）　83
单个药包　232~235
　　在岩土介质中爆炸的内部作用　232
　　在岩土介质中爆炸的外部作用　235
　　在岩土介质中爆炸的外部作用示意
　　　图　235
单体炸药　29、144
　　爆热的经验计算　29
　　与含铝炸药的爆轰参数对比（表）　144
单位面积冲量　165、200、202
　　与爆速的关系（表）　165
单位破坏功　226
弹体材料的演变　265
弹丸结构　277
弹形的演变　264
得热线　79、79（图）
　　与失热线关系中的三种可能情况
　　　（图）　79
等温热失重　58
典型炸药反应时间的近似变化（图）　134
电火花感度测试线路（图）　105
电能起爆机理　94
叠氮化铅（图）　8
端部固壁的有效装药计算　179
对分解规律不同的炸药所进行的热安定性评
　　价（图）　66
多点起爆数值模拟形成的 EFP 及其后视情
　　况（图）　286
多个药包齐发爆破应力波叠加示意图　239
惰性附加物对爆热的影响（图）　35

E~F

二次压力（缩）波　247
二硝基重氮酚（图）　8
反射波　208
反射冲击波　163、164、216
　　后刚壁面上的压力　164
　　压力与入射角关系曲线（图）　216
　　运动方程　163
反射拉应力波　233
　　和爆生气体压力共同作用理论　233
　　破坏理论　233
反应过程　3、4
　　放热性　3
　　快速性　4
放出气体分析方法　55
非等温热失重方法　58
非接触爆炸　258
非均相炸药　92
　　冲击波起爆　92
非理想爆轰现象　143
分析纯 AN/机械油（98/2）混合物的 TG 曲
　　线、DTG 曲线和 DSC 曲线（图）　62
弗兰克－卡曼涅斯基　75
负压区参数　201
负氧平衡　18
附加物的影响　147
复合区中参数的分布　173
傅里叶热传导定律　87

G

感度　74
干炸药　35
刚体运动速度　170、172

随时间关系（图）　172
刚性壁面所受压力随时间的变化（图）　164
高能附加物对爆热的影响（图）　36
高体积能量密度　6
高效毁伤技术　271
隔板的作用示意图　276
隔板试验　101
　　装置（图）　101
各种爆破弹的冲击波压力与距离的关系
　　（图）　258
根据计算作出爆轰产物的 Hugoniot 曲线并确
　　定 C-J 点——计算点（图）　139
根据能量相似原理计算圆柱形直列装药的空
　　气冲击波波阵面的压力　203
沟槽效应　147、147（图）
　　影响　147
构件在强度极限下的破坏　224
固体模型　136
光能起爆机理　93
规则反射　220
规则斜反射　213

H

含能破片　271
含氧化铁颗粒炸药爆热值（表）　37
含有掺合物的叠氮化铅和斯蒂芬酸铅的摩擦
　　起爆（表）　84
核爆炸　3
黑火药和几种起爆药的火焰感度（表）　97
黑火药时代　13
黑索今的热失重曲线（图）　59
亨利奇　199、201
　　单位冲量计算公式　201
　　公式　199
滑翔增程　270
化学爆炸　3
　　基本特征　3

混合反应机理　133
混合炸药爆热的经验计算　30
火药　11
霍普金森爆炸相似律（图）　193

J

机械能　73
机械作用下的起爆机理　81
基于 ZND 模型的炸药爆轰波结构（图）　124
激光感度仪示意图　107
几种常用炸药的爆炸百分数（表）　98
几种反应产物的热化学性质（表）　45
几种炸药的爆热试验值（表）　32
几种炸药的爆温实测值（表）　38
几种炸药的活化能和热感度的关系（表）　109
几种炸药的摩擦感度（表）　100
计算 TNT　41、45
　　爆容　45
　　爆温　41
计算爆热的盖斯三角形（图）　27
计算值的修正　174
加强抛掷爆破漏斗　238
加速反应量热法　63
减弱抛掷（加强松动）爆破漏斗　238
简化理论确定法　20
接触爆炸　168、258
　　对刚体的一维抛射　168
接触相容性　69
金属滑块的导热系数、负荷和滑动对硝化甘
　　油摩擦感度的影响（图）　86
金属结构在塑性变形下的破坏　226
近代炸药的兴起与发展　13
经验确定法　23
精确打击技术　271
静爆的破片分布　266、266（图）
静电的极性　105
静电量测定　104

装置（图） 104
聚能效应 272、273（图）
  试验（图） 272
聚能战斗部 272
绝热压缩气泡形成热点 83
均温分布的定常热爆炸理论 76
均相炸药 90
  冲击波起爆 90

K

颗粒尺寸和外壳强度的影响 147
空爆的破片分布 267、267（图）
空气冲击波 189、198、218～228
  超压对军事装备总体作用的破坏情况
   （表） 228
  能量 189
  对建筑物的破坏情况 228
  对建筑物的破坏情况（表） 228
  对目标破坏的主要特征量 223
  反射后压力与冲量的计算 218
  沿断面不变的直巷道运动时的衰减 198
  与有限尺寸刚性壁的相互作用 221
  对人员的杀伤作用（表） 228

L

拉应力集中（图） 239
莱第尔 75
朗道－斯达纽柯维奇方程 136
雷酸汞分子式（图） 8
立式落锤示意图 98
两端直坑道 197
裂隙圈 234
零氧平衡 17
流场分析 169
吕－查德里方法 23

M～N

马赫冲击波（图） 217

马赫反射 215、217（图）、220
美国 BLU－73/B 云爆弹 292、292（图）
美国 BLU－82 云爆弹 292
猛炸药 11
密闭火焰感度仪简图 96
密度的影响 146
密集杀伤半径 268
描述爆炸空气冲击波的主要特征量 189
摩擦感度 100
摩擦化学假说 82
摩擦形成热点 84
某气相爆轰与凝聚炸药爆轰参数的对比
  （表） 135
某些物质和炸药的生成热（表） 27
某些炸药形成热点的临界温度（表） 88
某一炸药的 DTA 曲线（图） 61
黏滞流动产生的热点 85
凝聚混合炸药 133
  爆轰特征 133
凝聚相炸药 132
  爆轰 132
凝聚炸药 132、134
  爆轰参数的计算 134
  爆轰的反应机理 132
  爆轰过程 132

P

炮孔堵塞质量 242
平面冲击波 221、222
  垂直作用于高而不宽的刚性壁 221、
   222（图）
  垂直作用于宽而不高的刚性壁 221、
   222（图）
平面正冲击波 119、207、214～216
  基本关系 119
  反射角与入射角关系曲线（图） 216
  刚性壁面规则斜反射情形下的空气流场

（图） 214
　　流场（图） 207
　　在刚性壁面上的规则斜反射（图） 213
平面正激波基本关系式的建立（图） 120
破甲弹 273
　　作用原理 273
破片 265、268
　　形式的演变 265
　　致伤的人员丧失战斗力时间 268

Q

其他特殊基团 8
起爆方式 285
起爆深度 92、93
　　与初始冲击波压力的关系（图） 93
　　与隔板厚度的关系（表） 92
起爆药 11
起爆药包位置 243
气泡半径与时间的关系（图） 246
气泡的脉动过程（图） 246
气泡脉动现象 246
气泡形成热点试验（图） 83
气体绝热压缩升高的温度 83
气体模型 135
气相色谱法 57
铅热剂反应 5
强冲击波 90、249
球形冲击波 218
　　在平刚壁上的马赫反射（图） 218
球形和柱形装药的 A 和 α 值（表） 255
确定爆炸反应方程式的意义 20

R

燃料空气弹药 288
燃料空气炸药 288
　　不足 288
　　特征 288

燃烧 9、10
　　与爆轰的区别（表） 10
热（失）重法 58
热安定性理论 65
热爆炸理论 75
热爆炸临界条件（表） 78
热点 82～90
　　成长为爆炸的条件 87
　　成长过程 89
　　尺寸 88
　　分解时间 88
　　温度 87
　　形成的原因 82
热点学说的基本观点 82
热分解 9
热感度的表示 94
热能 73
热容法 40
热自行加速 53
热作用下的起爆机理 75
人员丧失战斗力时间标准（表） 268
容器中炸药温度分布的三种典型情况
　　（图） 76
入射波 207
入射角和入射超压与反射系数的关系
　　（图） 219
弱爆炸 5
弱波近似求解爆轰波反射瞬间固壁处的参
　　数 162
弱冲击波 250

S

萨道夫斯基 199、201
　　单位面积冲量计算公式 201
　　公式 199
萨拉马辛压力计算公式 202
三种化学反应体系的比较（表） 4

散射面和散射面位移速度 182
扫描电镜法 64
杀爆弹 263、266、270
  发展 263
  发展趋势 270
  作用 266
杀伤爆破弹 263
杀伤面积 268
杀伤破片及杀伤标准 267
射流与杵体（图）274
生成气体产物 4
失热线（图）79
石蜡对太安撞击起爆的影响（表）113
试验测定结果 200
双谱线测温系统 38、39
  工作原理 39
  原理 38
水等附加物的影响 34
水流的能量密度 257
水中爆炸 247、254、258
  不同药量和不同距离时对人体的损伤
  （表）258
  能量分配（表）247
  压力与时间关系（图）247
  相似律 254
水中超压的计算 255
水中冲击波 245～253
  初始参数 251～253
  传播 253
  传播规律 253
  防护 259
  基本方程式 248
  计算 254
  作用 257
  作用与防护 257
  现象 245
水中冲击波压力

  及冲量与时间的关系（图）256
  随时间衰减的规律 256
  正压作用时间 t_+ 257
水中冲击波作用 257
  比冲量 257
瞬时爆轰假设 175～177、182
  爆轰参数 175
  爆轰产物的膨胀 176
  有效装药计算 182
  空气冲击波初始参数（表）177
松动爆破漏斗 238
随着装药长径比的增加 EFP 长度的变化
  （图）285

T～W

提高爆热的途径 35
外壳 33、34
  影响 33
  对特屈儿爆热的影响（表）33
  对炸药爆热的影响（表）34
往两端飞散的产物的质量、动量和能量的计
  算 158
微热量量热法 64
维里状态方程 135
温度对炸药热分解的影响 54
温压弹 293、295
  地面爆炸毁伤机理示意图 295
  结构特点 293
  投放和爆炸方式 295
  作用原理 295
物理爆炸 2
物体运动 169、172
  轨迹方程 172
  速度求解 169
物质的热分解 49

X

系数 X 与压力的关系（图）249

先进增程技术 270
相态、晶型对热分解的影响 54
向后翻转型 280、281
    EFP 成型过程（图） 281
向前压拢型 281
    EFP 成型过程（图） 281
消除静电的措施 106
硝化甘油 65
    速率常数和半分解期（表） 65
硝化甘油炸药 23
    爆炸反应方程式 23
硝基甲烷冲击波 91
    起爆感应期 91
    起爆的距离 – 时间关系（图） 91
楔形试验的装置（图） 102
谢苗诺夫 75、79
    热爆炸理论的图解说明 79
形成热点需要的热量 89
形式动力学曲线 49

Y

压垮型 281、282
    EFP 成型过程（图） 282
压碎圈 233
亚稳态 7
烟火剂 12
岩石爆破 232、233
    内部作用示意图 234
    破坏机理 232
    破碎分区 233
岩体内冲击波参数 243
岩体中传播的冲击波 243
岩体中的药包随最小抵抗线变化产生的爆破
    作用（图） 236
氧含量对爆炸产物的影响 16
氧平衡 17
    分类 17

计算方法 17
计算实例 17
氧系数 19
药包埋置深度 236
药量对爆发点的影响（图） 81
药型罩 274、282～285
    壁厚对 EFP 成型的影响（图） 285
    厚度 284
    形状 282
药型罩材料 283
    性能参数和形成的 EFP 性能参数
    （表） 283
液体模型 137
一端直坑道 198
一维爆轰的几种情况（图） 150
一维装药接触爆炸驱动刚体运动波系
    （图） 169
一维装药接触爆炸驱动刚体运动模型
    （图） 169
一些材料的 σ_B 和 E 的值（表） 226
一些产物的内能变化值（表） 42
一些金属材料的单位破坏功（表） 227
一些均相炸药的起爆参数（表） 92
一些猛炸药的最小起爆药量（表） 103
一些目标的 k 值（表） 226
应力加强示意图 239
影响爆破效果的因素 240
影响爆温的因素和改变爆温的途径 44
影响爆炸输出 TNT 当量的主要因素 205
影响破甲作用的因素 274
影响实际爆热的因素 32
影响炸药感度的因素 108
用侧向稀释波来解释爆轰的直径效应
    （图） 146
有无侧向膨胀的爆轰（图） 145
有效寿命终点 67
有效装药 179、183

原子发射光谱双谱线测温系统示意图　39
原子团的影响　108
圆柱形装药　272
云爆弹　288～291
　　工作原理　291
　　结构和作用　289
　　工作原理图　291
　　母弹外形（图）　289
　　子弹结构图　290

Z

增程方式的演变　264
炸高　278
炸药　1、5、7～13、16、25、38～51、65～71、75、94～110、115、185、204、224、231、298、299
　　安定性　48
　　安全贮存期和有效寿命　67
　　爆轰理论　115
　　爆热　25、109
　　爆热、活化能及其比值（表）　7
　　爆容　45
　　爆温　38
　　爆炸性基团　7
　　冲击波感度　101
　　初始分解反应动力学　51
　　定义　5
　　对电火花的感度　105
　　发展趋势　299
　　发展史　13
　　分类　11
　　感度　94
　　化学安定性　48
　　化学变化形式　9
　　挥发性　110
　　活化能　109
　　火焰感度　96

机械感度　97
基本概念　1
基本特征　6
激光感度　107
静电火花感度（表）　106
空中爆炸理论　185
摩擦生电　104
起爆　72
起爆感度　102
起爆机理　75
起爆理论　71
枪击感度　107
热安定性理论和安全贮存期　65
热分解　49
热感度　94
热容和导热率　109
生成热　109
物理安定性　48
现状　298
相容性　68
氧平衡　16
一般概念　5
在不同能量电火花作用下的爆炸百分数
　　（表）　105
在空气中爆炸的TNT当量　204
在空气中爆炸对近距离目标的破坏作
　　用　224
在密实介质中的爆炸作用　231
组成　16
炸药爆轰　143
　　直径效应　143
炸药爆速　144
　　影响因素　144
炸药爆温　40
　　计算　40
炸药爆炸　15、20、72、261
　　反应方程式　20

军事应用 261
能栅图 73
热化学 15
炸药钝感 112、113
方法 113
炸药发展的新时期 14
炸药反应区结构 132
炸药和燃料混合物的含能量（表）6
炸药结晶形状 111
影响 111
炸药静电火花感度 103
炸药颗粒度 111
影响 111
炸药密度 146
对爆速的影响（图）146
炸药敏化 114
方法 114
炸药起爆 72～74
能量形式 73
选择性和相对性 74
原因 72
炸药热安定性分析 66
炸药热分解 49～54
化学机理 52
阶段性 49
特点 54
形式动力学曲线（图）50
研究方法 55
自行加速 52
速率与温度的关系（图）55
通性 49
炸药温度的影响 110
炸药物理状态的影响 111
炸药相容性的定义 69
炸药应用发展展望 296
炸药中含水量对爆热的影响（表）34
炸药装药的演变 265

长方块、短圆柱体装药的空中爆炸冲击波压力 203
针刺感度 101
真空热安定性试验 55、56
装置（图）56
振动圈 235
整体反应机理 132
正反射 207、211、220
正压区时间 203
正氧平衡 18
质量为 173 kg 的 TNT 水中冲击波的传播情况（图）241
中等强度冲击波 250
中间起爆，一端刚壁情形下的产物流场 166
柱状装药爆轰生成物的飞散（图）272
装药 183、187、191～197、219、223～244、273、275、300
凹槽内衬金属药型罩 273
爆炸作用区域划分与确定 187
带有锥形凹槽 273
及结构 275
技术发展趋势 300
结构 242
空气中爆炸的爆炸场（图）192
利用率 183
有效部分示意图 183
在钢板、混凝土、岩石等的刚性地面爆炸 196
在坑道、矿井、人防工事内爆炸 197
在空气中爆炸的爆炸场 191
在空气中爆炸的基本知识 187
在空气中爆炸对目标的破坏作用 223
在空气中爆炸时，不同位置处所发生的情况（图）219
在普通土壤地面爆炸 196
在水介质中的爆炸作用 244

在水中爆炸的物理现象　244
在岩土介质中的爆炸作用　232
装药长径比　284
装药量计算公式　239
装药密度　32、112
　　影响　32、112
　　对起爆感度的影响（表）　112
装药形状对地面爆炸空气冲击波超压的影响　197
装药有效部分计算示意图　183
装药直径的影响　145
状态参数分布的规律　158
撞击感度　97
　　表示方法　97

自催化加速　53
自供氧　7
自行活化　6
自行加速反应的特征　54
自由基链锁反应自行加速　53
自由面的大小　241
组分相容性　69
最大爆热　26
最大放热量规则　24
最大速度及讨论　171
最小起爆药量　102、103
　　试验的操作步骤　103
　　试验装置（图）　102